全国中等职业学校机械类专业通用教材
全国技工院校机械类专业通用教材（中级技能层级）

数控加工基础

（第 五 版）

人力资源社会保障部教材办公室组织编写

中国劳动社会保障出版社

简介

本书主要内容包括：数控机床基础知识、数控机床编程基础、数控车床加工基础、数控铣床 / 加工中心加工基础、数控仿真加工等。

本书由崔兆华任主编，付荣、刘建宇、王伟、赵玉江参加编写，逯伟、李明强任主审。

图书在版编目（CIP）数据

数控加工基础 / 人力资源社会保障部教材办公室组织编写. -- 5 版. -- 北京：中国劳动社会保障出版社，2023

全国中等职业学校机械类专业通用教材　全国技工院校机械类专业通用教材. 中级技能层级

ISBN 978-7-5167-5549-5

Ⅰ. ①数…　Ⅱ. ①人…　Ⅲ. ①数控机床 - 加工 - 中等专业学校 - 教材　Ⅳ. ①TG659

中国国家版本馆 CIP 数据核字（2023）第 032347 号

中国劳动社会保障出版社出版发行

（北京市惠新东街 1 号　邮政编码：100029）

*

北京宏伟双华印刷有限公司印刷装订　　新华书店经销

787 毫米 ×1092 毫米　16 开本　14 印张　332 千字

2023 年 5 月第 5 版　　2023 年12月第 2 次印刷

定价：35.00 元

营销中心电话：400-606-6496

出版社网址：http://www.class.com.cn

http://jg.class.com.cn

前　言

为了更好地适应全国技工院校机械类专业的教学要求，全面提升教学质量，人力资源社会保障部教材办公室组织有关学校的一线教师和行业、企业专家，在充分调研企业生产和学校教学情况、广泛听取教师对教材使用反馈意见的基础上，对全国技工院校机械类专业通用教材进行了修订和补充开发。本次修订（新编）的教材包括:《机械制图（第八版）》《机械基础（第七版）》《极限配合与技术测量基础（第六版）》《金属材料与热处理（第八版）》《机械制造工艺基础（第八版）》《电工学（第七版）》《工程力学（第七版）》《数控加工基础（第五版）》《计算机制图——AutoCAD 2023》《计算机制图——CAXA 电子图板 2023》《计算机制图——中望 CAD 2023》等。

本次教材修订（新编）工作的重点主要体现在以下三个方面:

第一，更新教材内容，提升表现形式。

根据机械类专业毕业生所从事岗位的实际需要和教学实际情况的变化，合理确定学生应具备的能力与知识结构，对部分教材内容及其深度、难度做了适当调整；根据相关专业领域的最新发展，在教材中充实新知识、新技术、新设备、新材料等方面的内容，体现教材的先进性；采用最新国家技术标准，使教材更加科学和规范；在教材插图的制作中全面采用立体造型技术，并采用四色印刷，提升教材的表现力。

第二，打造新形态教材，体现时代发展。

《机械制图（第八版）》《机械基础（第七版）》《机械制图（第八版）习题册》为 AR（增强现实）教材。学生在移动终端上安装 App，扫描教材中带有 AR 图标的页面，可以对呈现的立体模型进行缩放、旋转、剖切等操作，以及观察模型的运动和拆分动画，便于更直观、细致地探究机构的内部结构和工作原理，还可以浏览相关视频、图片、文本等拓展资料。其他教材为融媒体教材。针对教材中的教学重点和难点制作了动画、视频、微课等多媒体资源，学生使用移动终端扫描二维码即可在线观看相应内容。

第三，开发配套资源，提供教学服务。

本套教材配有习题册、教学参考书、多媒体电子课件和电子教案，可以通过技工教育网（http://jg.class.com.cn）下载电子课件、电子教案等教学资源。

本次教材的修订（新编）工作得到了河北、辽宁、江苏、山东、广东、广西、陕西等省、自治区人力资源社会保障厅及有关学校的大力支持，在此我们表示诚挚的谢意。

人力资源社会保障部教材办公室

2023 年 4 月

目　录

第一章 数控机床基础知识

§1-1 数控机床概述

随着社会生产和科学技术的快速发展，机械制造技术发生了巨大的变化，对机械产品制造精度、复杂程度以及更新速度的要求越来越高，传统的生产方式和加工技术已很难适应现代制造业的需求。数控技术和数控机床应运而生，为高精度、高效率完成产品生产，特别是复杂型面零件（见图 1-1）的生产提供了自动加工手段。

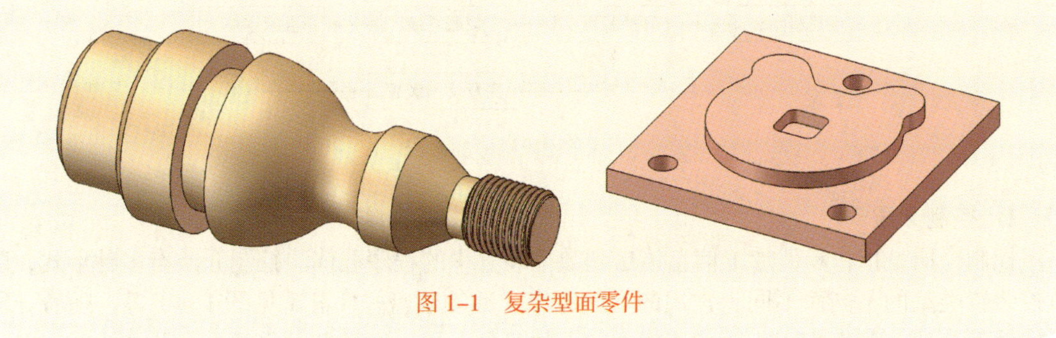

图 1-1 复杂型面零件

一、数控技术的基本概念

1. 数字控制

数字控制（Numerical Control）简称数控（NC），是一种借助数字、字符或其他符号对某一工作过程（如加工、测量、装配等）进行可编程控制的自动化方法。

2. 数控技术

数控技术（Numerical Control Technology）是指用数字量和字符发出指令并实现自动控制的技术，它已经成为制造业实现自动化、柔性化、集成化生产的基础技术。

3. 数控系统

数控系统（Numerical Control System）是指采用数字控制技术的控制系统。

4. 计算机数控系统

计算机数控系统（Computer Numerical Control System）是指以计算机为核心的数控系统。

5. 数控机床

数控机床（Numerically-Controlled Machine Tools）是按加工要求预先编制的程序，由控

制系统发出数字信息指令对工件进行加工的机床。具有数控特性的各类机床均可称为相应的数控机床，如数控车床、数控铣床等。图 1–2 所示为数控车床。

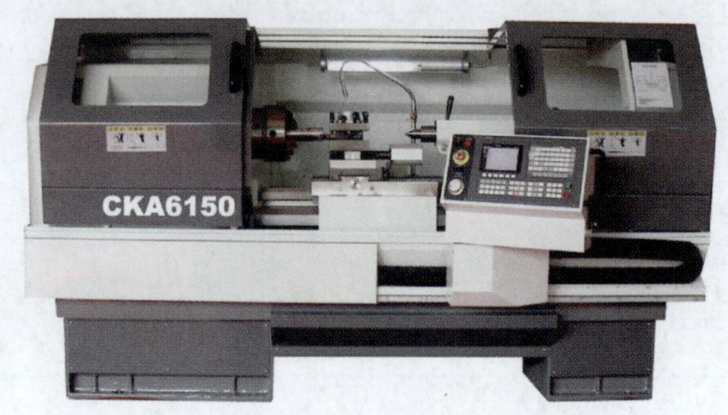

图 1–2　数控车床

二、数控机床的组成

数控机床一般由控制介质、数控装置、伺服系统、测量反馈装置和机床本体组成，如图 1–3 所示。

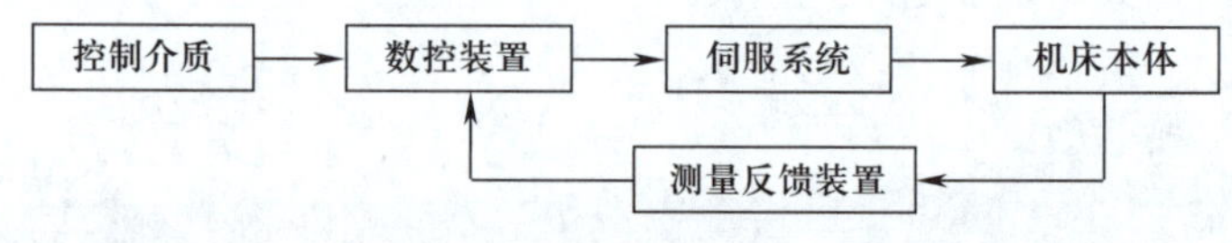

图 1–3　数控机床的组成

1. 控制介质

控制介质是指将零件加工信息传送到数控装置中的程序载体。控制介质有多种形式，随数控装置类型的不同而不同，常用的有闪存卡、移动硬盘、U 盘（见图 1–4）等。随着计算机辅助设计 / 计算机辅助制造（CAD/CAM）技术的发展，在某些计算机数字控制（CNC）设备上，可利用 CAD/CAM 软件先在计算机上编程，然后通过计算机与数控系统通信，将程序和数据直接传送给数控装置。

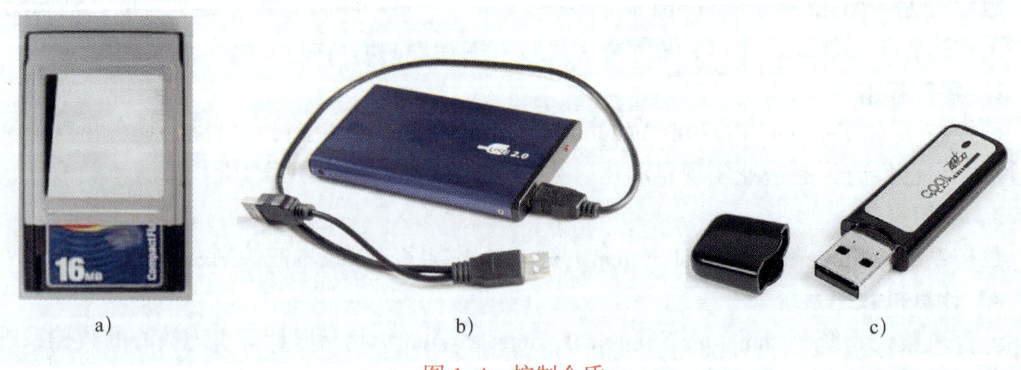

a)　b)　c)

图 1–4　控制介质

a）闪存卡　b）移动硬盘　c）U 盘

2. 数控装置

数控装置是数控机床的核心。现代数控装置通常是一台带有专门系统软件的专用计算机，如图 1–5 所示为某数控车床的数控装置。数控装置由输入装置（如键盘）、控制运算器和输出装置（如显示器）等构成。它接收控制介质中的数字化信息或输入装置输入的数字化信息，经过控制软件或逻辑电路进行编译、运算和逻辑处理后，输出各种信号和指令，控制机床的移动部件，使其进行规定、有序的运动。

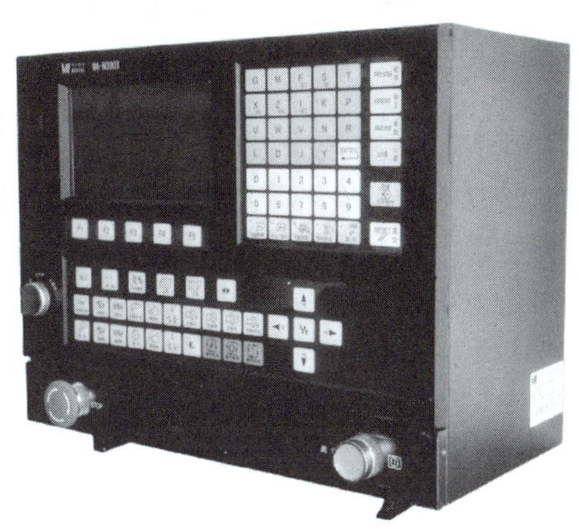

图 1–5　数控装置

3. 伺服系统

伺服系统由驱动装置和执行部件（如伺服电动机）组成，它是数控系统的执行机构，如图 1–6 所示。伺服系统分为进给伺服系统和主轴伺服系统。伺服系统的作用是把来自 CNC 的指令信号转换为机床移动部件的运动，使工作台（或滑板）精确定位或按规定的轨迹做严格的相对运动，最后加工出符合图样要求的零件。伺服系统作为数控机床的重要组成部分，其本身的性能直接影响整个数控机床的精度和速度。

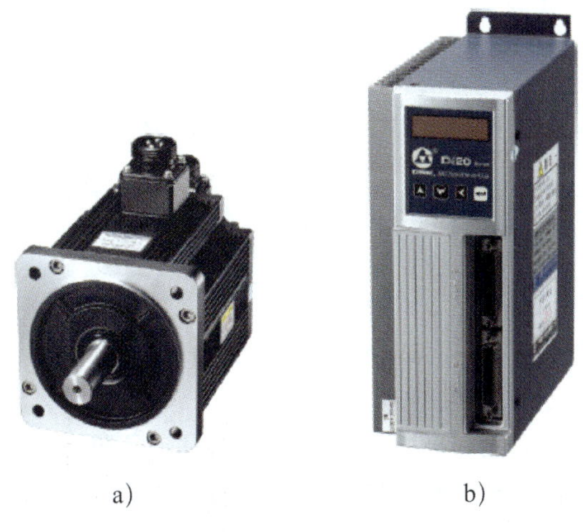

a)　　　　　　　　b)

图 1–6　伺服系统

a）伺服电动机　b）驱动装置

4．测量反馈装置

测量反馈装置的作用是通过测量元件将机床移动的实际位置、速度参数检测出来，转换成电信号，并反馈到 CNC 装置中，使 CNC 能随时判断机床的实际位置、速度是否与指令一致，并发出相应指令，纠正所产生的误差。测量反馈装置一般安装在数控机床的工作台或丝杠上。

5．机床本体

机床本体主要包括床身、主轴、进给机构等机械部件，还有冷却、润滑、换刀、夹紧等辅助装置。

三、数控机床的工作过程

数控机床加工零件时，根据零件图样要求及加工工艺，将所用刀具、刀具运动轨迹与速度、主轴转速与旋转方向、冷却等辅助操作以及相互间的先后顺序，以规定的数控代码形式编制成程序，并将其输入数控装置，在数控装置内部控制软件的支持下，经过处理、计算后，向机床伺服系统及辅助装置发出指令，驱动机床各运动部件及辅助装置进行有序的动作与操作，实现刀具与工件的相对运动，加工出所要求的零件。如图 1–7 所示为数控车床的工作过程。

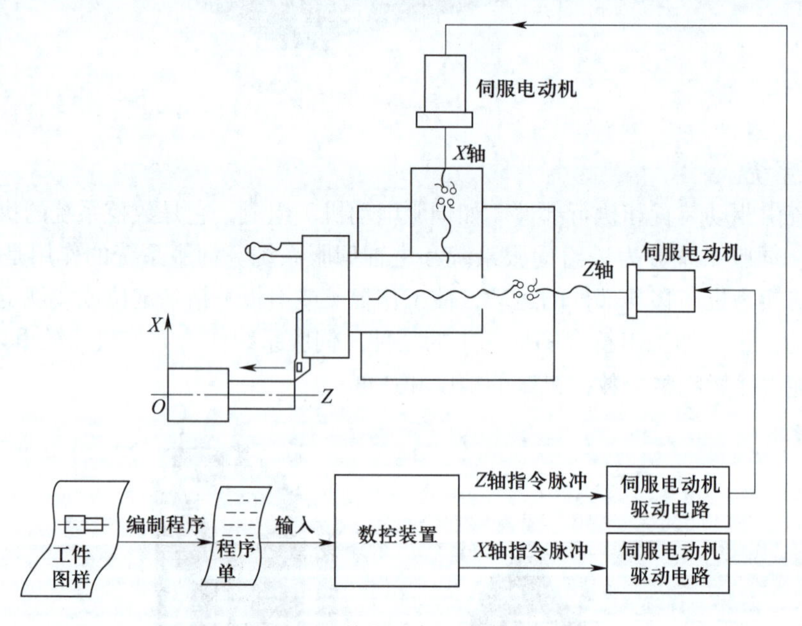

图 1–7　数控机床的工作过程

四、数控机床的特点

与普通机床相比，数控机床具有以下特点：

1．加工零件适应性强，灵活性好

数控机床是一种高度自动化和高效率的机床，可适应不同品种和不同尺寸规格零件的自动加工，能完成很多普通机床难以胜任或者根本不可能加工出来的复杂型面零件的加工。当加工对象改变时，只要改变数控加工程序，就可改变加工零件的品种，为复杂结构零件的单件小批生产以及试制新产品提供了极大的便利。

2. 加工精度高，产品质量稳定

数控机床按照预定的程序自动加工，不受人为因素的影响，加工同批零件尺寸的一致性好，其加工精度由机床来保证，还可利用软件来校正和补偿误差。因此，可以获得比机床本身精度还要高的加工精度及重复精度（中、小型数控机床的定位精度可达 0.005 mm，重复定位精度可达 0.002 mm）。

3. 综合功能强，生产率高

数控机床的生产率比普通机床高 2～3 倍，尤其是某些复杂零件的加工，生产率可提高十几倍甚至几十倍。这是因为数控机床具有良好的结构刚度，可进行大切削用量的强力切削，能有效地节省机动时间，还具有自动变速、自动换刀、自动交换工件和自动完成其他辅助操作等功能，使辅助时间缩短，而且不需要工序间的检测。例如，对壳体零件采用加工中心进行加工，利用转台自动换位、自动换刀，几乎可以实现在一次装夹的情况下完成零件的全部加工，节约了工序之间的运输、测量、装夹等辅助时间。

4. 自动化程度高，减轻工人劳动强度

数控机床主要是自动加工，能自动换刀、开关切削液、自动变速等，其大部分操作不需要人工完成，可大大减轻操作者的劳动强度和紧张程度，改善劳动条件。

5. 生产成本降低，经济效益好

数控机床自动化程度高，减少了操作人员的人数，同时加工精度稳定，降低了废品率、次品率，使生产成本下降。在单件小批生产情况下，使用数控机床加工，可节省划线工时，减少调整、加工和检测时间，节省直接生产费用和工艺装备费用。此外，数控机床可实现一机多用，节省厂房面积和建厂投资。因此，使用数控机床可获得良好的经济效益。

6. 数字化生产，管理水平提高

在数控机床上加工，能准确地计算零件加工时间，加强了零件的计时性，便于实现生产计划调度，简化和减少了检验、工具与夹具准备、半成品调度等管理工作。数控机床具有通信接口，可实现与计算机之间的连接，组成工业局域网络，采用制造自动化协议（Manufacture Automation Protocol，MAP）规范，实现生产过程的计算机管理与控制。

1948 年，美国帕森斯公司接受美国空军委托，研制直升机螺旋桨叶片轮廓检验用样板的加工设备。由于样板形状复杂多样，精度要求高，一般加工设备难以适应，于是提出采用数字脉冲控制机床的设想。1949 年，该公司与美国麻省理工学院开始共同研究，并于 1952 年试制成功第一台三坐标数控铣床。

从 1952 年第一台数控机床问世后，数控装置已先后经历了两个阶段和六代的发展，其中六代是指电子管、晶体管、集成电路、小型计算机、微处理器和基于工业控制 PC 的通用 CNC 系统。其中前三代为第一阶段，称为硬件连接数控，简称 NC 系统；后三代为第二阶段，称为计算机软件数控，简称 CNC 系统。

§1-2 数控机床的分类及常见数控机床简介

普通机床按加工性质和所用刀具可分为车床、铣床、钻床、磨床等，如图 1-8 所示。每种机床又有很多种类，如铣床按主轴布置方式不同可分为立式铣床和卧式铣床，按用途不同可分为普通铣床和万能铣床等。那么数控机床又是如何分类的呢？

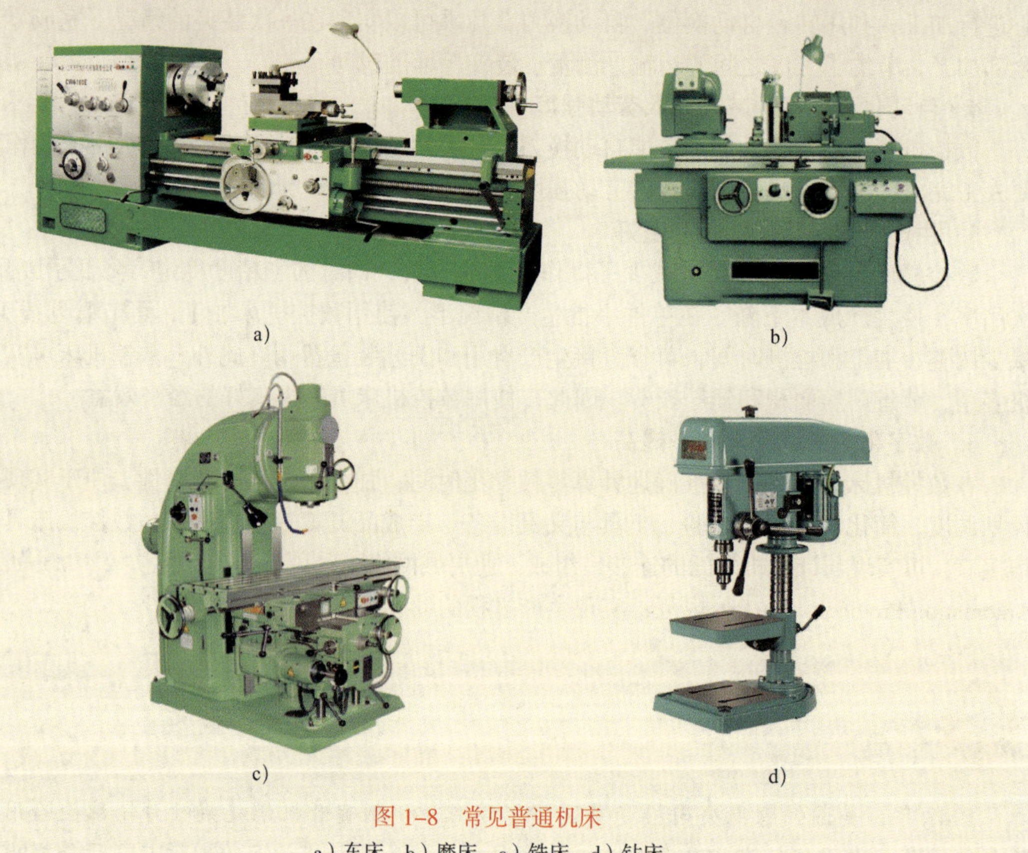

图 1-8 常见普通机床

a）车床 b）磨床 c）铣床 d）钻床

一、数控机床的分类

数控机床的种类很多，通常按下面几种方法进行分类。

1. 按加工路线分类

数控机床按其进刀与工件的相对运动方式不同，可以分为点位控制数控机床、直线控制数控机床和轮廓控制数控机床。

（1）点位控制数控机床

点位控制方式就是刀具相对于工件移动过程中不进行切削加工，它对运动轨迹没有严格要求，只要实现从一点坐标到另一点坐标位置的准确移动，而不考虑两点之间的运动路径和方向，如图 1–9 所示。这种控制方式多用于数控钻床、数控冲床、数控坐标镗床和数控点焊机等。

（2）直线控制数控机床

直线控制方式就是刀具与工件相对运动时，除控制从起点到终点的准确定位外，还要保证平行于坐标轴方向的直线切削运动，如图 1–10 所示。由于只做平行于坐标轴方向的直线进给运动，因此一般只能加工矩形、台阶形零件。这种控制方式用于简易数控车床、数控铣床、数控磨床等。

（3）轮廓控制数控机床

轮廓控制方式就是刀具与工件相对运动时，能对两个或两个以上坐标轴的运动同时进行控制。它不仅能够控制机床移动部件的起点和终点坐标，而且能按需要严格控制刀具移动轨迹，以加工出任意斜率的直线、圆弧、抛物线及其他函数关系的曲线和曲面，如图 1–11 所示。采用这类控制方式的数控机床有数控车床、数控铣床、数控磨床、加工中心等。

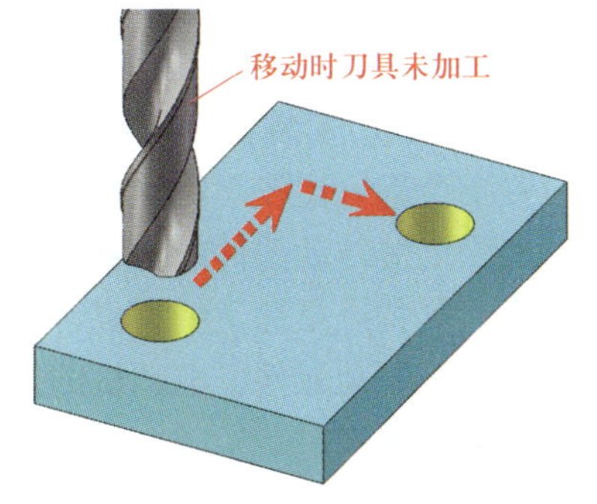

图 1–9　点位控制

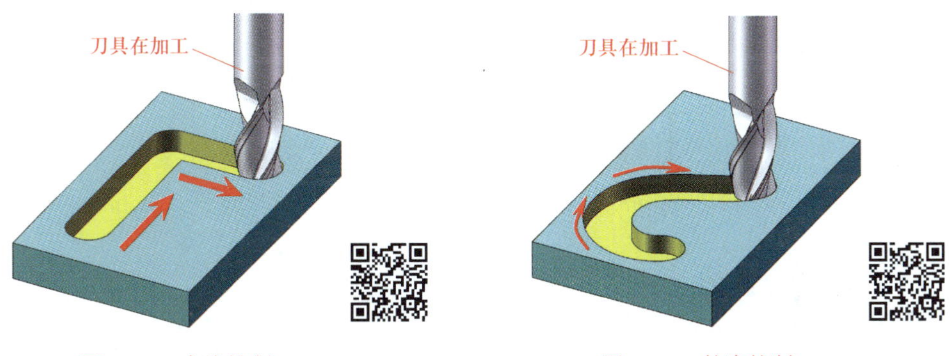

图 1–10　直线控制　　　图 1–11　轮廓控制

2. 按控制方式分类

数控机床按照对被控量有无检测装置可分为开环控制和闭环控制两种。在闭环控制系统中，根据检测装置安放的部位又分为全闭环控制和半闭环控制两种。

（1）开环控制数控机床

开环控制系统框图如图 1–12 所示。开环控制系统中没有检测反馈装置。数控装置将工件加工程序处理后，输出数字指令信号给伺服驱动系统，驱动机床运动，但不检测运动的实际位置，即没有位置反馈信号。开环控制的伺服系统主要使用步进电动机，受步进电动机步距精度和工作频率以及传动机构传动精度的影响，开环控制系统的速度和精度都相对较低。但由于开环控制结构简单，调试方便，容易维修，成本较低，仍被广泛用于经济型数控机床。

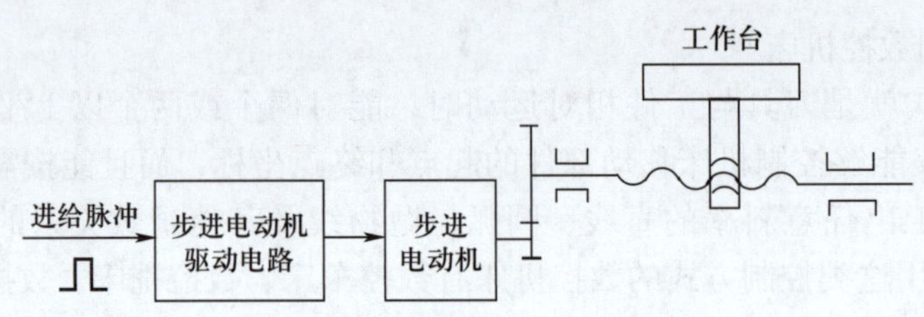

图 1–12　开环控制系统框图

（2）全闭环控制数控机床

全闭环控制系统框图如图 1–13 所示。安装在工作台上的检测元件将工作台实际位移量反馈到计算机中，与所要求的位置指令进行比较，用比较的差值进行控制，直到差值消除为止。可见，全闭环控制系统可以消除机械传动部件的各种误差和工件加工过程中产生的干扰的影响，从而使加工精度大大提高。其特点是加工精度高，移动速度快。这类数控机床采用直流伺服电动机或交流伺服电动机作为驱动元件，电动机的控制电路比较复杂，检测元件价格昂贵，因此调试和维修比较复杂，成本高。

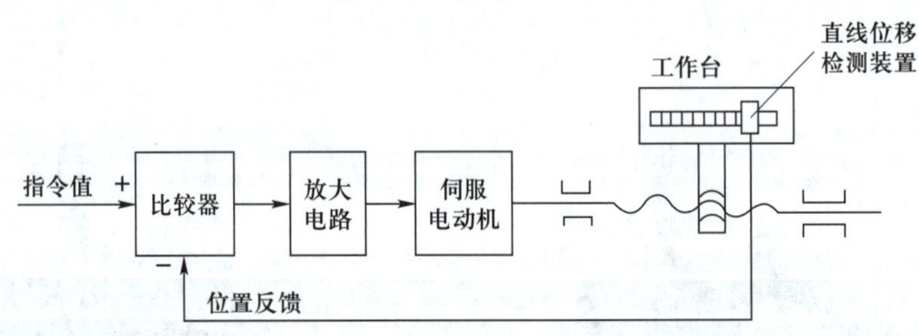

图 1–13　全闭环控制系统框图

（3）半闭环控制数控机床

半闭环控制系统框图如图 1–14 所示。它不是直接检测工作台的位移量，而是采用角度检测装置（如光电编码器）测出伺服电动机或丝杠的转角，推算出工作台的实际位移量，反馈到计算机中进行位置比较，用比较的差值进行控制。由于反馈环内没有包含工作台，故称半闭环控制。半闭环控制精度比全闭环控制低，但稳定性好，成本较低，调试、维修也较容易，兼顾了开环控制和全闭环控制两者的优点，因此应用比较普遍。

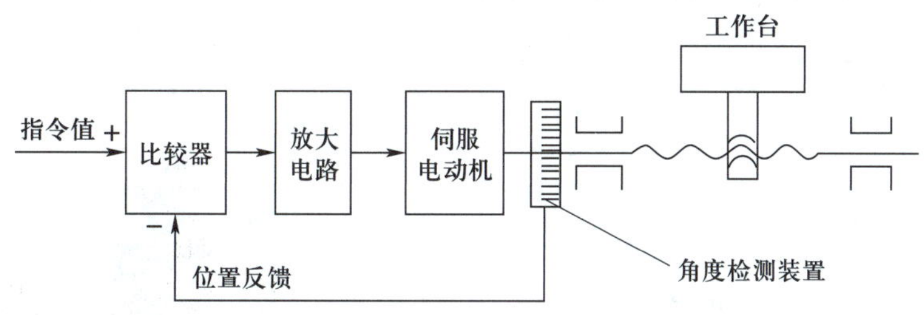

图 1–14　半闭环控制系统框图

3. 按加工方式分类

（1）金属切削类数控机床

这类机床的种类与传统的通用机床一样，有数控车床、数控铣床、数控钻床、数控磨床、数控镗床等。每一种又有很多品种和规格，如在数控磨床中有数控平面磨床、数控外圆磨床、数控工具磨床等。

（2）金属成形类数控机床

如数控折弯机、数控弯管机、数控回转头压力机等。

（3）数控特种加工机床

如数控线切割机床、数控电火花成形机床、数控激光切割机等。

（4）其他类型的数控机床

如火焰切割机、数控三坐标测量机等。

二、常见数控机床简介

常见数控机床的类型和特点见表 1–1。

表 1–1　　常见数控机床的类型和特点

类型	特点	图示
数控车床	数控车床是一种用于完成车削加工的数控机床，使用量较大，覆盖面较广，主要用于旋转体工件的加工	

续表

类型	特点	图示
数控铣床	数控铣床是一种用于完成铣削加工或镗削加工的数控机床，在数控机床中所占的比例较大，在航空航天、汽车制造、一般机械加工和模具制造业中应用非常广泛	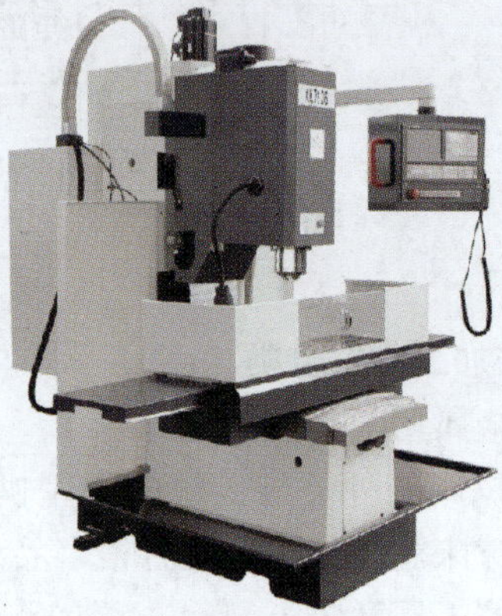
加工中心	加工中心带有刀库，具有自动换刀功能，是对工件一次装夹后进行多工序加工的数控机床。通常所说的加工中心是指带有刀库和刀具自动交换装置的数控铣床	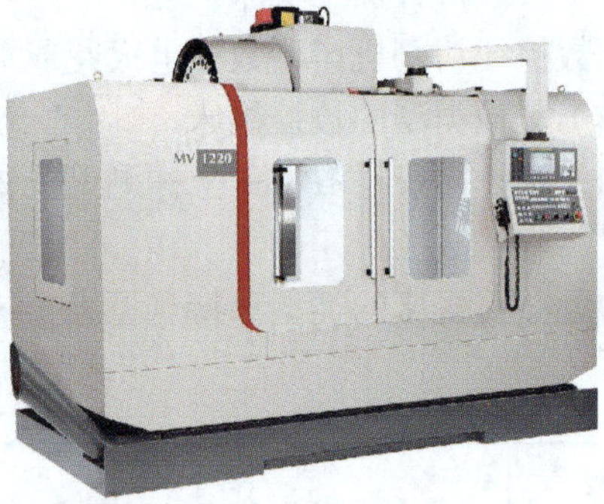
数控磨床	数控磨床是利用磨具对工件表面进行磨削加工的数控机床	

类型	特点	图示
数控钻床	数控钻床主要用于钻孔、扩孔、铰孔、攻螺纹等加工，是一种采用点位控制系统的数控机床	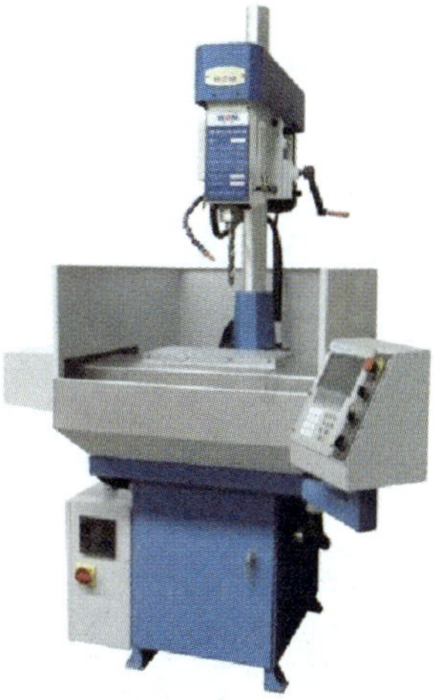
数控电火花成形机床	数控电火花成形机床属于特种加工机床。其工作原理是利用两个不同极性的电极在绝缘液体中产生的放电现象去除材料，从而完成加工。它适用于形状复杂的模具及难加工材料的加工	
数控线切割机床	数控线切割机床的工作原理与数控电火花成形机床一样，其电极是电极丝，加工液一般采用去离子水	

§1-3　数控机床坐标系

采用普通车床加工工件时，通常将床鞍带动车刀沿床身导轨的运动称为纵向进给，将中滑板带动车刀沿床鞍导轨的运动称为横向进给，以此来描述车刀和工件的相对运动，如图 1-15 所示。在数控机床上，应该如何描述机床的运动呢？

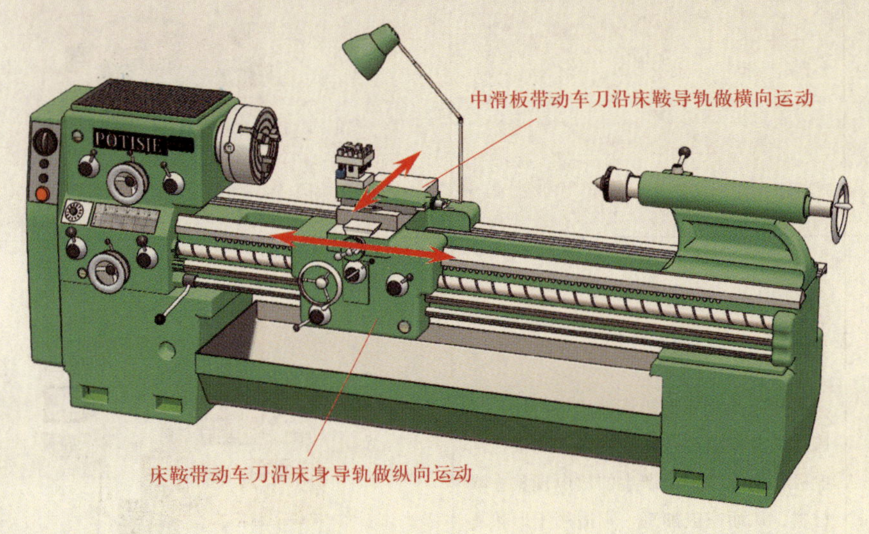

图 1-15　普通车床的运动

为了便于描述数控机床的运动，数控研究人员引入了数学中的坐标系，用数控机床坐标系来描述机床的运动。

一、坐标系确定原则

1. 刀具相对于静止工件而运动的原则

这一原则使编程人员能在不知道是刀具移近工件还是工件移近刀具的情况下，就可根据零件图样确定零件的加工过程。

2. 标准坐标（机床坐标）系的规定

在数控机床上，机床的动作是由数控装置来控制的，为了确定机床上的成形运动和辅助运动，必须先确定机床上运动的方向和距离，这就需要一个坐标系才能实现，这个坐标系被称为机床坐标系。

标准的机床坐标系是一个右手笛卡儿直角坐标系，如图 1-16 所示，图中规定了 X、Y、Z 三个直角坐标轴的方向。伸出右手的拇指、食指和中指，并互呈 90°，拇指代表 X 坐标轴，食指代表 Y 坐标轴，中指代表 Z 坐标轴。拇指的指向为 X 坐标轴的正方向，食指的指向为 Y 坐标轴的正方向，中指的指向为 Z 坐标轴的正方向。围绕 X、Y、Z 坐标轴的旋转坐

标轴分别用 A、B、C 表示，根据右手螺旋定则，拇指的指向为 X、Y、Z 坐标轴中任意轴的正向，则其余四指的旋转方向即为旋转坐标轴 A、B、C 的正向。

3. 运动方向的规定

对于数控机床各坐标轴的运动方向，均将增大刀具与工件距离的方向确定为各坐标轴的正方向。

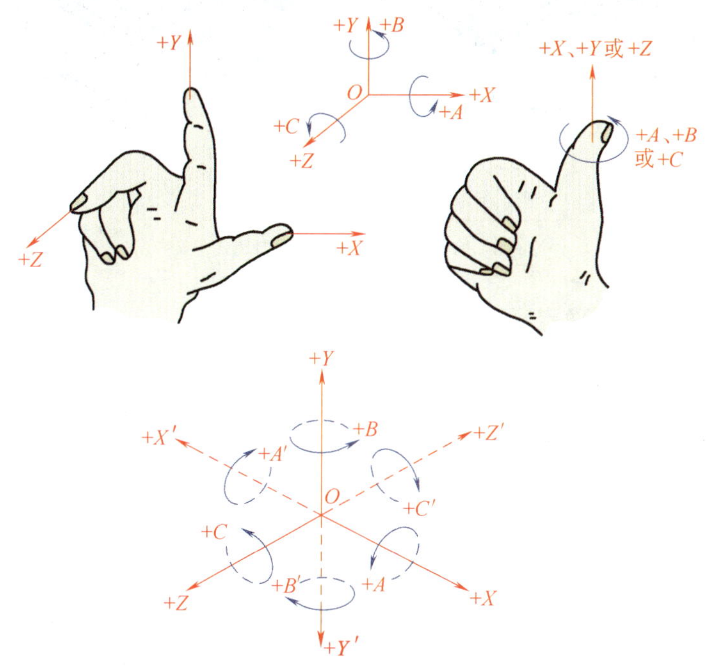

图 1–16　右手笛卡儿直角坐标系

二、坐标系的确定

1. 数控车床坐标系的确定

（1）Z 坐标轴

Z 坐标轴的运动由主要传递切削动力的主轴所决定。对任何具有旋转主轴的机床，其主轴及与主轴轴线平行的坐标轴都称为 Z 坐标轴。根据坐标系正方向的确定原则，刀具远离工件的方向为该坐标轴的正方向。

（2）X 坐标轴

X 坐标轴一般为水平方向并垂直于 Z 坐标轴。对于数控车床而言，X 坐标轴方向规定为工件的径向且平行于车床的横导轨。同时也规定其刀具远离工件的方向为 X 坐标轴的正方向。

（3）Y 坐标轴

Y 坐标轴垂直于 X、Z 坐标轴，依据右手笛卡儿直角坐标系确定。

根据刀架位置的不同，数控车床分为前置刀架式（刀架靠近操作者一侧）和后置刀架式（刀架在操作者的另一侧）两种，两种机床的坐标系如图 1–17 所示。虽然其坐标系中 X 轴的正、负方向不同，但两种机床的编程完全相同。

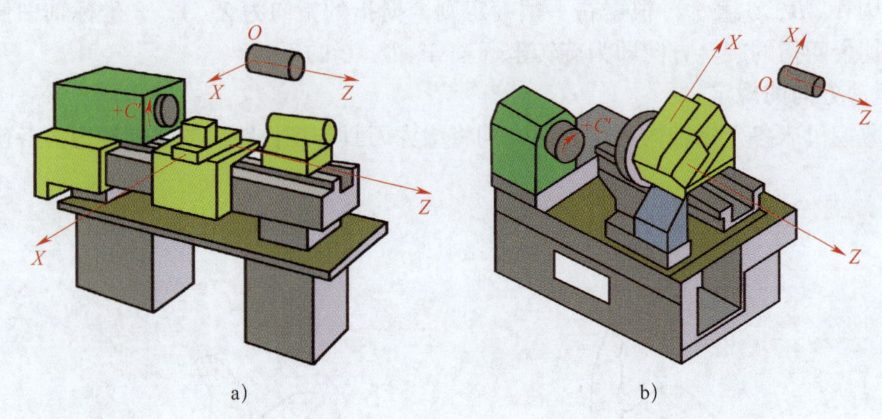

图 1–17　数控车床坐标系

a）前置刀架式　b）后置刀架式

2. 数控铣床坐标系的确定

（1）*Z* 坐标轴

Z 坐标轴的运动由传递切削力的主轴所决定。在有主轴的机床中，与主轴轴线平行的坐标轴即为 *Z* 坐标轴。根据坐标系正方向的确定原则，在钻削、镗削、铣削加工中，钻入、镗入或铣入工件的方向为 *Z* 坐标轴的负方向。

（2）*X* 坐标轴

X 坐标轴一般为水平方向，它垂直于 *Z* 坐标轴且平行于工件的装夹方向。对于立式铣床，*Z* 坐标轴方向是铅垂的，站在工作台前，从刀具主轴向立柱看，水平向右方向为 *X* 坐标轴的正方向，如图 1–18a 所示；对于卧式铣床，*Z* 坐标轴方向是水平的，从主轴向工件看（即从机床背面向工件看），向右方向为 *X* 坐标轴的正方向，如图 1–18b 所示。

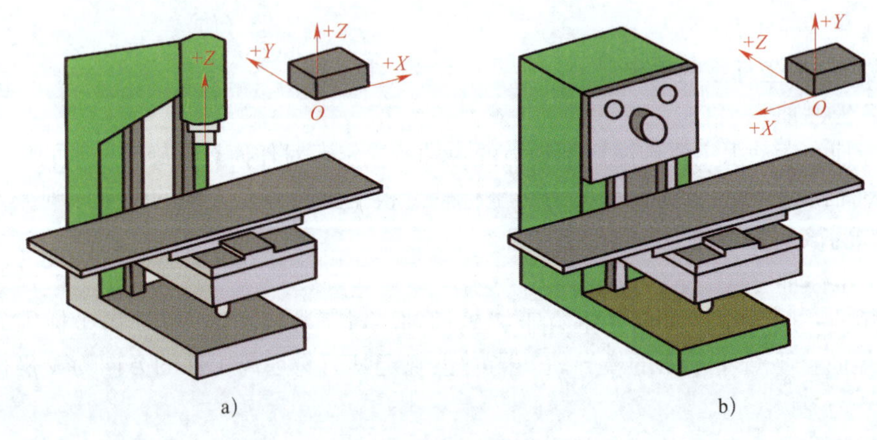

图 1–18　数控铣床坐标系

a）立式铣床　b）卧式铣床

（3）*Y* 坐标轴

Y 坐标轴垂直于 *X*、*Z* 坐标轴，根据右手笛卡儿直角坐标系进行判别。

由此可见，不管是数控车床还是数控铣床，确定机床坐标系各坐标轴时，总是先根据主

轴来确定 Z 坐标轴，再确定 X 坐标轴，最后确定 Y 坐标轴。此外，对于工件运动而不是刀具运动的机床，编程人员在编程过程中也按照刀具相对于工件的运动来进行编程。

绘制如图 1–19 所示机床的机床坐标系。

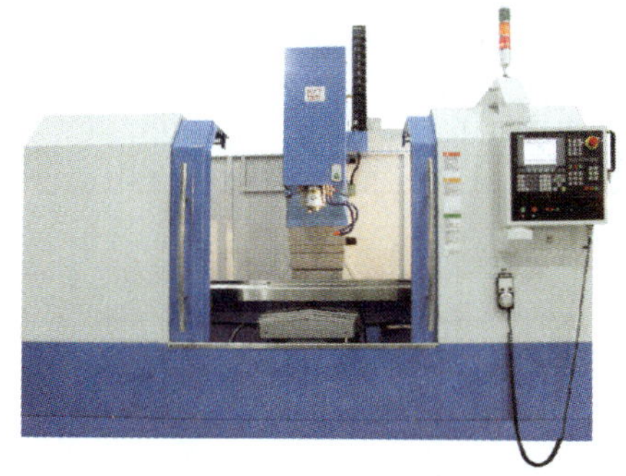

图 1–19　课堂练习图

三、工件坐标系

机床坐标系是机床能够直接建立和识别的基础坐标系，但实际很少在机床坐标系中进行编程。因为编程时，还不知道工件在机床坐标系中的确切位置，因而也就无法在机床坐标系中取得编程所需要的相关几何数据信息，当然也就无法进行编程。

为了使编程人员能够直接根据图样进行编程，通常在工件上确定一个与机床坐标系有一定关系的坐标系，这个坐标系即称为工件坐标系或编程坐标系，如图 1–20 所示。

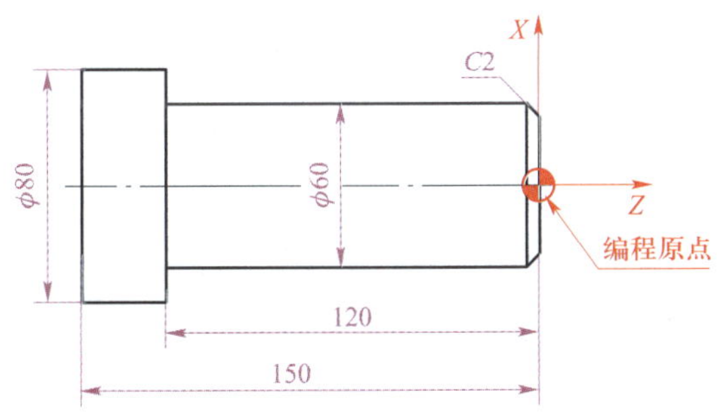

图 1–20　工件坐标系

四、数控机床上的有关点

数控机床上的有关点主要包括机床原点、机床参考点、工件原点、刀具相关点等。

1．机床原点

机床原点是机床制造厂家设置在机床上的一个基准位置，它不仅是在机床上建立机床坐标系的基准点，而且是机床调试和加工时的基准点。

数控车床的机床原点一般为主轴回转中心与卡盘后端面的交点，如图 1–21 所示。数控铣床的机床原点一般设在 X、Y、Z 坐标轴的正方向极限位置上，如图 1–22 所示。

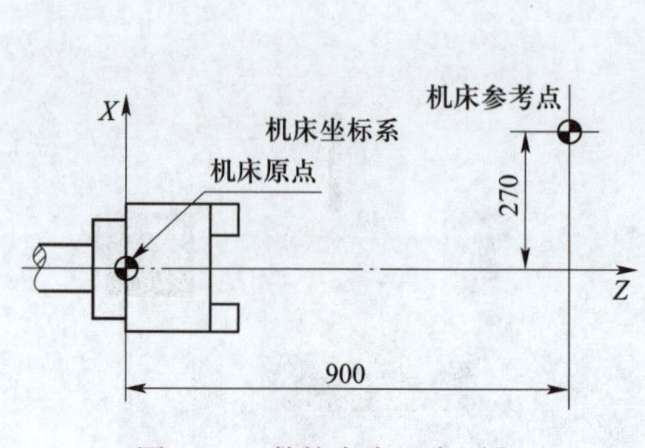

图 1–21　数控车床机床原点

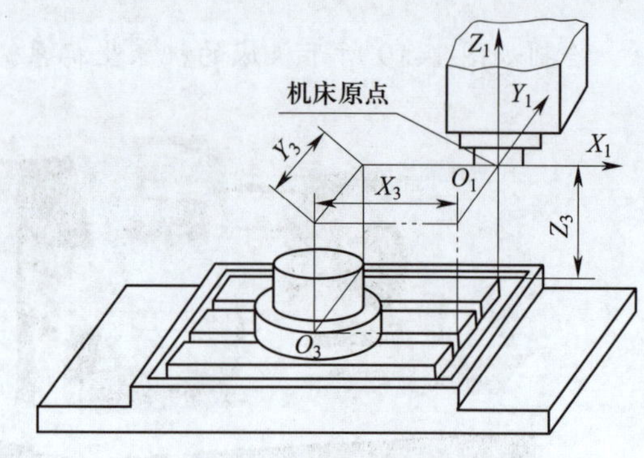

图 1–22　数控铣床机床原点

2. 机床参考点

机床参考点是用于对机床运动进行检测和控制的固定位置点。机床参考点的位置是由机床制造厂家在每个进给轴上用限位开关精确调整好的，坐标值已输入数控系统中。因此，机床参考点对机床原点的坐标是一个已知数。

对于大多数数控机床，开机第一步总是先使机床返回参考点（即机床回零）。开机回参考点的目的就是建立机床坐标系，只有机床参考点被确认后，刀具（或工作台）移动才有基准。

机床参考点可以与机床原点重合，也可以不重合。通常在数控铣床上机床原点和机床参考点是重合的（见图 1–22），而在数控车床上机床参考点一般是离机床原点最远的极限点（见图 1–21）。

3. 工件原点

工件原点就是工件坐标系的原点，是由编程人员设置在工件坐标系上的一个基准位置。选择工件原点时，最好把工件原点放在零件图样上的尺寸能够方便地转换成坐标值的地方。

车削类零件 X 向编程原点均取在 Z 轴轴线上，Z 向编程原点一般取在工件左端面或右端面中心处。如果工件左右对称，Z 向编程原点可取在其对称面中心线上，以便采用同一个程序对工件进行掉头加工。

铣削类零件的编程原点一般选在作为设计基准或工艺基准的端面或孔轴线上。对称件通常将原点选在对称面或对称中心上。Z 向原点习惯上取在工件上平面，以便于检查程序。

4. 刀具相关点

（1）刀位点

刀具在机床上的位置是由刀位点的位置来表示的。所谓刀位点，是指刀具的定位基准点。不同的刀具刀位点不同。圆柱铣刀、端铣刀类刀具，刀位点为其底面中心；钻头刀位点为钻尖；球头铣刀刀位点为其球心；车刀、镗刀类刀具，刀位点为其刀尖，如图 1–23 所示。

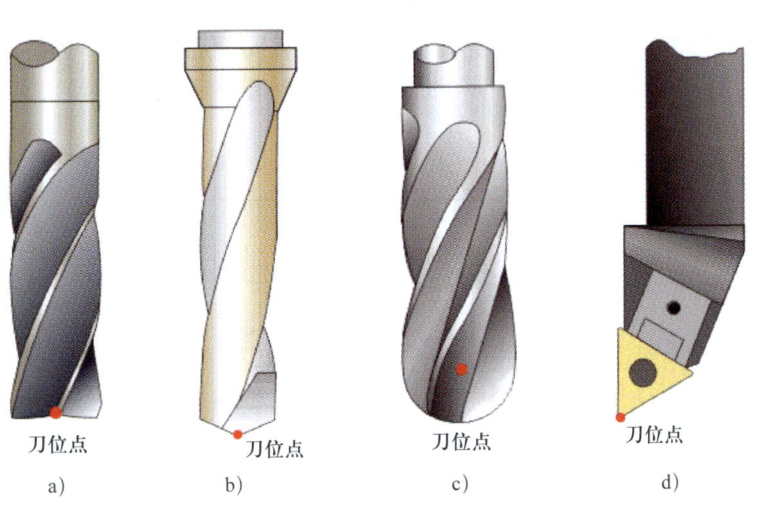

图 1–23　刀位点

a）圆柱铣刀刀位点　b）钻头刀位点

c）球头铣刀刀位点　d）车刀刀位点

（2）对刀点

对刀点是数控加工中刀具相对于工件运动的起点，也可以叫作程序起点或起刀点。通过对刀点，可以确定机床坐标系和工件坐标系之间的相互位置关系。对刀点可选在工件上，也可选在工件外面（如夹具上或机床上），但必须与工件的定位基准有一定的尺寸关系，如图 1–24 所示为车削零件的对刀点。对刀点选择的原则是找正容易，编程方便，对刀误差小，加工时检查方便、可靠。

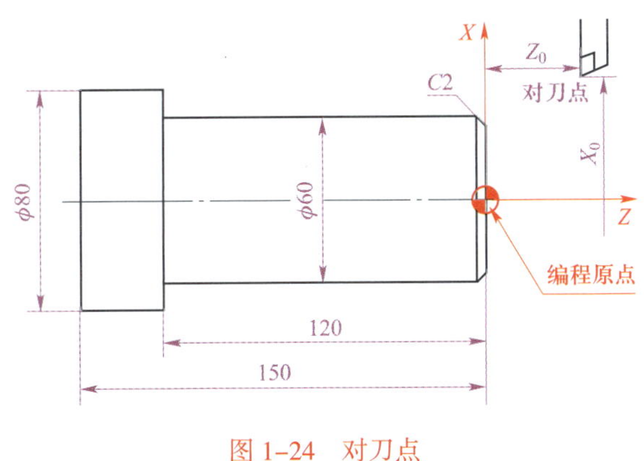

图 1–24　对刀点

对刀是数控加工中一项很重要的准备工作。所谓对刀，是指使刀位点与对刀点重合的操作。

（3）换刀点

换刀点是为数控车床、加工中心等多刀加工的机床而设置的，因为这些机床在加工过程中需要自动更换刀具，其设定的位置要根据工序内容而定。如图 1-25 所示，*A*、*B* 两螺纹孔需先钻孔，然后攻螺纹，因此加工中途需要换刀，这就要规定换刀点。为防止换刀时碰伤零件或夹具，换刀点常常设置在被加工零件的外面，并要有一定的安全量。

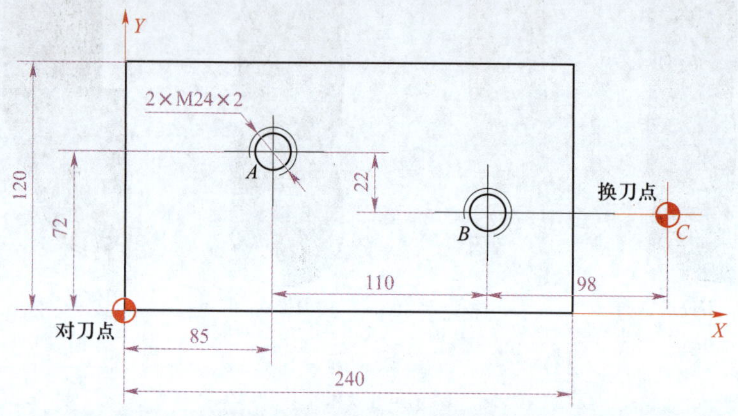

图 1-25 螺纹加工换刀点的设置

第二章 数控机床编程基础

§2-1 数控加工工艺的制定

在普通车床上加工如图2-1所示零件，一般采用如下工艺：车两端面、钻中心孔→粗、精车工件左端外圆、倒角→粗、精车右端外圆、倒角→粗、精车锥体→粗、精车圆弧→车槽→车螺纹。若采用数控车床加工该零件，应该如何制定加工工艺？

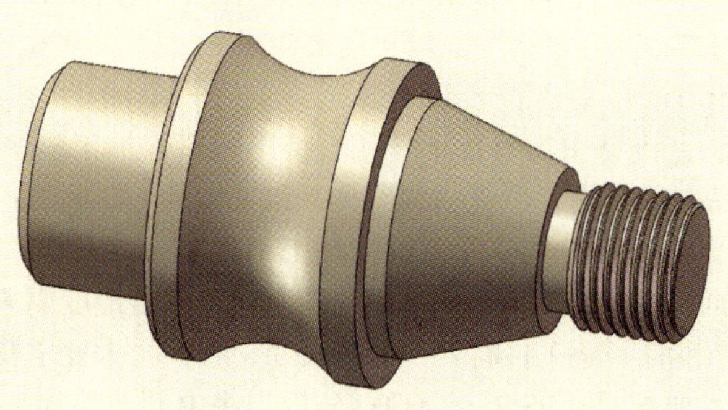

图2-1 轴类零件

在数控机床上加工零件与在普通机床上加工零件所涉及的工艺问题大致相同，首先要对被加工零件进行工艺分析和处理，然后根据工艺装备（机床、夹具、刀具等）的特点拟订出合理的工艺方案，最后编制出零件的加工工艺和加工程序。

一、零件的工艺分析

1. 选择并决定进行数控加工的内容

（1）适宜数控加工的内容

在选择并决定某个零件进行数控加工时，并不是说零件所有的加工内容都采用数控加工，数控加工可能只是零件加工工序中的一部分。因此，有必要对零件图样进行仔细分析，选择那些最适合、最需要进行数控加工的内容和工序。同时，还应结合实际情况，立足于解决工艺难题、提高生产率和充分发挥数控加工的优势。一般可按下列顺序考虑进行数控加工的内容：

1）普通机床无法加工的内容应作为优先选择内容。

2）普通机床难加工、质量也难保证的内容应作为重点选择内容。

3）普通机床加工效率低、手工操作劳动强度大的内容，可在数控机床尚存富余能力的基础上进行选择。

（2）不宜数控加工的内容

一般来说，上述加工内容采用数控加工后，在产品质量、生产率与综合经济效益等方面都会得到明显提高。相比之下，下列加工内容则不宜选择数控加工：

1）需要通过较长时间占机调整的加工内容，如零件的粗加工，特别是铸、锻毛坯的基准平面、定位面等部位的加工等。

2）装夹困难或完全靠找正定位来保证加工精度的零件。

3）按某些特定的制造依据（如样板、样件、模胎等）加工的型面轮廓。此类表面不宜选择数控加工的主要原因是获取数据难，易与检验依据发生矛盾，增加编程难度。

4）不能在一次装夹中加工完成的部位，采用数控加工很繁杂，效果不明显，可安排用普通机床加工。

此外，在选择和决定数控加工内容时，也要考虑生产批量、生产周期、工序间周转等情况，避免把数控机床当普通机床使用。

2. 数控加工零件工艺性分析

当选择并决定数控加工零件及其加工内容后，应对零件的数控加工工艺性进行全面、认真、仔细的分析。

（1）零件图样分析

分析零件图样是工艺准备中的首要工作，直接影响零件加工程序编制及加工结果。首先，要熟悉零件在产品中的作用、位置、装配关系和工作条件，搞清各项技术要求对零件装配质量和使用性能的影响，找出主要和关键的加工工艺基准。其次，分析并了解零件的外形、结构，零件上需加工的部位及其形状、尺寸精度和表面粗糙度要求；了解各加工部位之间的相对位置和尺寸精度；了解工件材料、毛坯尺寸、相关技术要求及加工数量。最后，分析零件精度与各项技术要求是否齐全、合理；分析工序中的数控加工精度能否达到图样要求；找出零件图中有较高位置精度的表面，决定这些表面能否在一次装夹下完成；对零件表面质量要求较高的表面，确定是否使用恒线速功能进行加工。

（2）零件图形的数学处理和编程尺寸的计算

零件图形数学处理的结果将用于编程，该结果的正确性将直接影响最终的加工结果。对零件图形应进行以下处理：

1）编程原点的选择

编程原点的选择要尽量满足编程简单、尺寸换算少、引起的加工误差小等条件。一般情况下选择在尺寸基准或定位基准上。

2）编程尺寸的确定

在很多情况下，零件图样上的尺寸基准与编程所需要的尺寸基准不一致，所以应将零件图样上的各基准尺寸换算为编程坐标系中的尺寸，然后再进行下一步数学处理工作。

上述零件工艺性分析，也是后续合理选择机床、刀具、夹具及确定切削用量的重要依据。在进行图样分析时，若发现问题，应及时与设计人员或有关部门沟通，提出修改意见，以便完善零件的设计工作。

二、选择刀具、夹具

合理选择数控加工用的刀具和夹具，是工艺处理工作中的重要内容。在数控加工中，产品的加工质量和生产率在很大程度上受刀具、夹具的制约。虽然数控加工中所用的大部分刀具、夹具与普通加工中所用的刀具、夹具基本相同，但对一些工艺难度较大或轮廓、形状等较特殊零件的加工，所选用的刀具、夹具必须具有较高要求，或需做进一步的特殊处理，以满足数控加工的需要。

1. 刀具的选择

一般优先选用标准刀具，不用或少用特殊的非标准刀具，必要时也可以采用各种高生产率的复合刀具及一些专用刀具。此外，应结合实际情况，尽可能选用各种先进刀具，如可转位刀具、陶瓷刀具等。刀具的类型、规格和精度等级应符合加工要求，刀具材料应与工件材料相适应。

2. 夹具的选择

数控加工的特点对夹具提出了两个基本要求，一是保证夹具的坐标方向与机床的坐标方向相对固定，二是要能确定工件与机床坐标系的尺寸。除此之外，重点考虑以下几点：

（1）单件小批生产时，应优先使用通用夹具、组合夹具或可调夹具，以节省费用及缩短生产准备时间。

（2）成批生产时，可采用专用夹具，但力求结构简单。

（3）装卸工件要方便、可靠，以缩短辅助时间。有条件且生产批量较大时，可采用液动、电动、气动或多工位夹具，以提高加工效率。

（4）夹具上的各零部件应不妨碍机床对工件各表面的加工，即夹具要敞开，其定位、夹紧机构元件不能影响加工中的进给（如产生碰撞等）。

三、确定加工路线

所谓加工路线，是指数控机床在加工过程中刀具刀位点相对于工件的运动轨迹。确定加工路线就是确定刀具刀位点运动的轨迹和方向，也就是程序编制的轨迹和运动方向。因此，在确定加工路线时，最好画一张工序简图，将已经拟定好的加工路线画上去（包括进、退刀路线），这样可为编程带来不少方便。

加工路线的确定与工件的加工精度和表面粗糙度要求直接相关，在确定加工路线时要考虑以下几点：

1. 对点位加工的数控机床，如钻床、镗床等，要考虑尽可能缩短加工路线，以减少空程时间，提高加工效率。以图 2–2a 所示工件的加工为例，按照一般习惯，都是先加工一圈均布于圆上的 8 个孔，然后再加工另外一圈，如图 2–2b 所示。但对于数控加工来说，这并不是最好的加工路线。若进行必要的尺寸换算，按图 2–2c 所示的路线加工，比常规加工路线要短，并且还可以缩短定位时间。

2. 为保证工件轮廓加工后表面粗糙度的要求，最终完工轮廓应由最后一刀连续加工而成。这时，刀具的进、退刀位置要考虑妥当，尽量不要在连续的轮廓中安排切入和切出或换刀及停顿，以免因切削力突然变化而造成弹性变形，致使光滑连接轮廓上产生表面划伤、形状突变或接刀痕等缺陷。

3. 刀具的进、退刀路线须认真考虑，要尽量避免在轮廓处接刀，对刀具的切入和切出要仔细设计。例如，在铣削平面轮廓零件外形时，一般是利用立铣刀的圆周刃进行切削，这

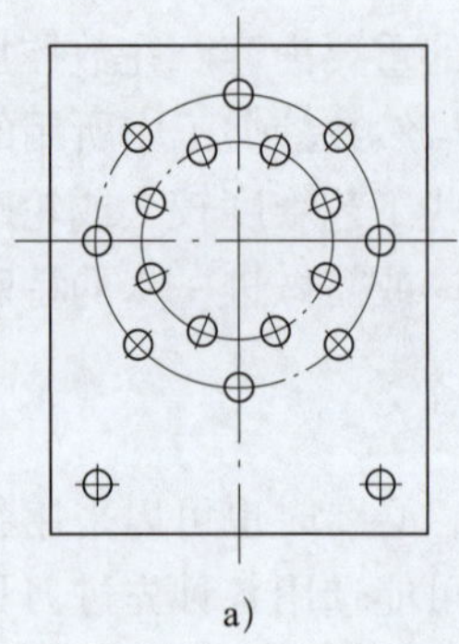

a)

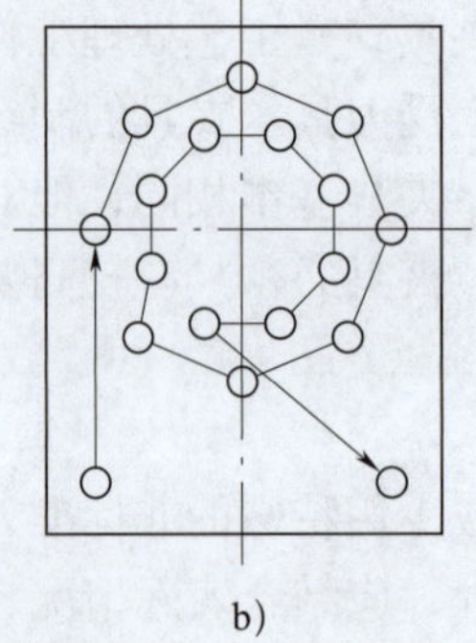

b)

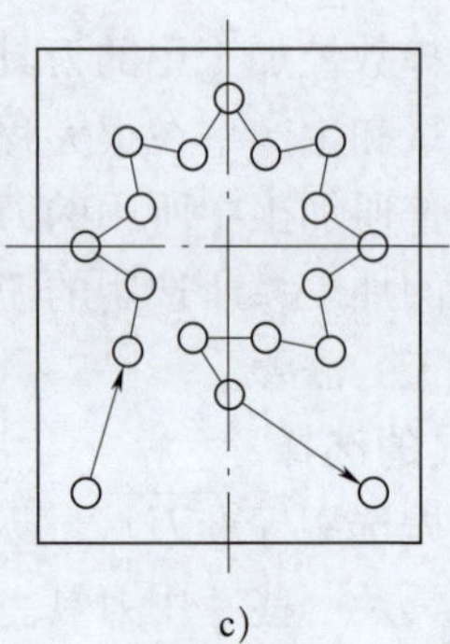

c)

图 2-2　最短加工路线的设计

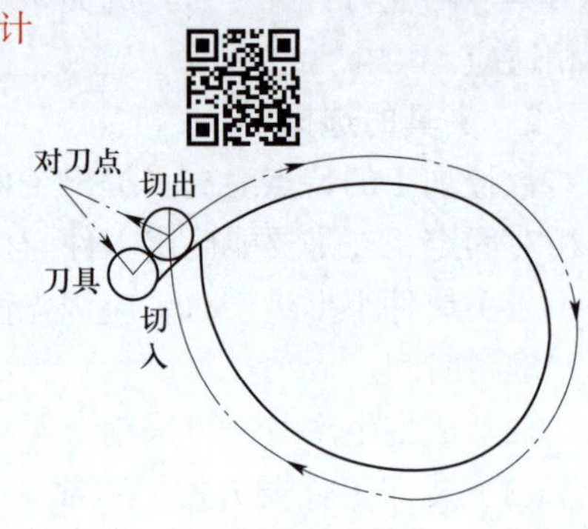

图 2-3　刀具切入和切出方式

样在加工时，其切入和切出部分应设计外延路线，以保证工件轮廓形状的平滑。如图 2-3 所示的零件加工，应当避免径向切入和切出零件轮廓，而应沿零件轮廓外形的延长线切入和切出，这样可以避免在轮廓切入和切出处留下刀痕。在铣削平面零件时，还要避免在被加工表面范围内的垂直方向下刀或抬刀，因为这样会留下较大的划痕。

4. 铣削轮廓的加工路线要合理选择。图 2-4 所示为铣凹槽的例子，图 2-4a 所示为行切法进给方式，图 2-4b 所示为环切法进给方式，图 2-4c 所示为行切 + 环切法进给方式。为了保证凹槽侧面达到所要求的表面质量，最终轮廓应由最后的环形进给连续加工出来，所以图 2-4c 所示的加工路线方案最好。

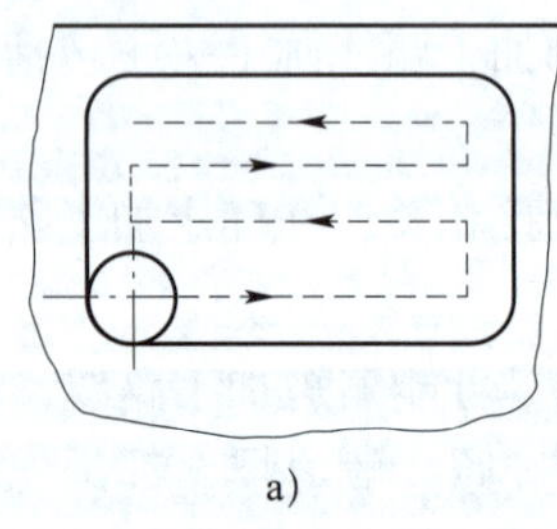

a)

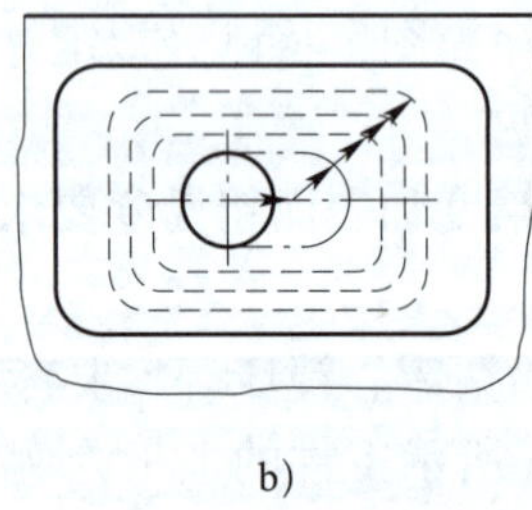

b)

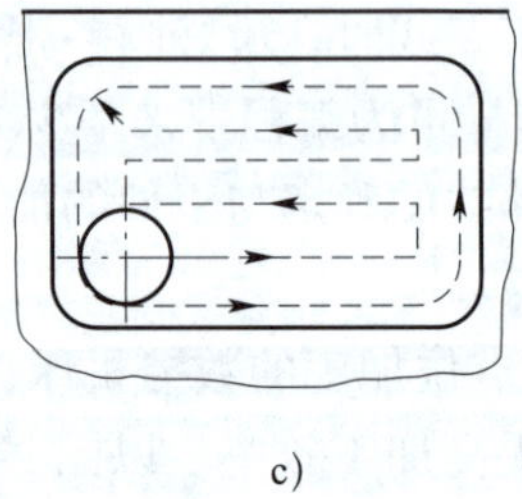

c)

图 2-4　铣凹槽的三种加工方案

a）行切法　b）环切法　c）行切 + 环切法

5. 旋转体类零件的加工一般采用数控车床或数控磨床加工。由于车削零件的毛坯多为棒料或锻件，加工余量大且不均匀，因此，合理制定粗加工时的加工路线对于编程至关重要。

如图 2-5 所示为手柄加工实例，其轮廓由三段圆弧组成，由于加工余量较大且不均匀，因此，比较合理的方案是先用直线和斜线加工路线车去图中细双点画线所示的加工余量，再用圆弧路线进行精加工。

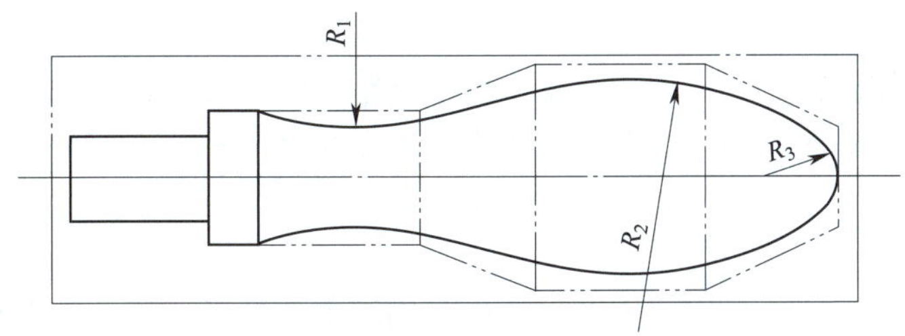

图 2-5　直线、斜线加工路线

四、确定切削用量

1. 影响切削用量的因素

制定加工工艺及编制程序时，切削用量的选择关系到工艺方案的实施和加工效率。制定数控加工工艺时，一般是根据工件材料、加工要求、刀具材料及类型、机床刚度、主轴功率等因素来确定切削用量。通常可根据机床的具体情况参考刀具切削手册来确定。影响切削用量的主要因素如下：

（1）工件材料

工件材料硬度会影响刀具切削速度，同一刀具加工硬材料时切削速度应降低，而加工较软材料时切削速度可以提高。

（2）刀具材料

刀具材料不同，允许的最高切削速度也不同。高速钢刀具耐高温切削速度不到 50 m/min，碳化物刀具耐高温切削速度可达 100 m/min 以上，陶瓷刀具的耐高温切削速度可高达 1 000 m/min。

（3）刀具几何角度

刀具几何角度合理，就可以减小切削变形和摩擦，降低切削力和切削热，可以提高切削用量。

（4）机床及夹具刚度

机床的刚度直接影响切削用量的选择，高刚度机床可以承担较大的主轴转速、背吃刀量和进给速度。同理，夹具的刚度也会影响切削用量的选择。

2. 切削用量的选择

在加工程序的编制工作中，选择好切削用量，使背吃刀量、主轴转速和进给速度三者能相互适应，以形成最佳切削参数，这是工艺处理的重要内容。

（1）背吃刀量的确定

背吃刀量可根据数控机床、工件、刀具系统的刚度来确定。在刚度允许的情况下，尽可能选取较大的背吃刀量，以减少进给次数，提高生产率。当零件的精度要求较高时，则应考虑适当留出半精加工和精加工余量，所留精加工余量一般比普通加工时留的余量小。车削和镗削加工时，常取精加工余量为 0.1～0.5 mm；铣削时，则常取为 0.2～0.8 mm。

（2）主轴转速的确定

确定主轴转速时，根据允许的切削速度计算转速值，从机床说明书规定的转速值中选定相近的转速值，通常以主轴转速代码填入程序单。根据数控加工的实践经验，允许的切削速度常选用 100～200 m/min，加工铝镁合金时可提高 1 倍。

（3）进给速度的确定

通常根据零件加工精度和表面质量要求选取进给速度。要求较高时，进给速度应选得小些，可在 20～50 mm/min 范围内选取。最大进给速度受机床特性（如拖动系统性能）限制并与脉冲当量有关。

五、填写数控加工工艺文件

将工艺规程的内容填入一定格式的卡片中，用于生产准备、工艺管理和指导工人操作等的各种技术文件称为工艺文件。它是编制生产计划、组织生产、安排物资供应、指导工人加工操作及技术检验等的重要依据。

1. 数控加工工序卡

数控加工工序卡与普通加工工序卡相似，除表达加工工序内容外，还要反映使用的辅具、刀具及切削用量等，它是操作人员配合数控程序进行数控加工的主要指导性工艺资料。数控加工工序卡应按已确定的工步顺序填写，见表 2–1。

表 2–1　　数控加工工序卡

<table>
<tr><td colspan="2" rowspan="2">单位名称</td><td colspan="2" rowspan="2">数控加工工序卡</td><td colspan="2">产品名称或代号</td><td colspan="2">零件名称</td><td>零件图号</td></tr>
<tr><td colspan="2"></td><td colspan="2"></td><td></td></tr>
<tr><td colspan="2">工艺序号</td><td>程序编号</td><td>夹具名称</td><td colspan="2">夹具编号</td><td colspan="2">使用设备</td><td>车间</td></tr>
<tr><td colspan="2"></td><td></td><td></td><td colspan="2"></td><td colspan="2"></td><td></td></tr>
<tr><td>工步号</td><td>工步内容</td><td>加工部位</td><td>刀具号</td><td>刀具规格</td><td>主轴转速 /（r · min^{-1}）</td><td>进给速度 /（mm · min^{-1}）</td><td>背吃刀量 / mm</td><td>备注</td></tr>
<tr><td>1</td><td></td><td></td><td></td><td></td><td></td><td></td><td></td><td></td></tr>
<tr><td>2</td><td></td><td></td><td></td><td></td><td></td><td></td><td></td><td></td></tr>
<tr><td>3</td><td></td><td></td><td></td><td></td><td></td><td></td><td></td><td></td></tr>
<tr><td>4</td><td></td><td></td><td></td><td></td><td></td><td></td><td></td><td></td></tr>
<tr><td>5</td><td></td><td></td><td></td><td></td><td></td><td></td><td></td><td></td></tr>
<tr><td>6</td><td></td><td></td><td></td><td></td><td></td><td></td><td></td><td></td></tr>
<tr><td colspan="2">编制</td><td colspan="2">审核</td><td colspan="3">批准</td><td>共　页</td><td>第　页</td></tr>
</table>

2. 数控加工刀具卡

数控加工对刀具要求十分严格，加工前应根据刀具实际尺寸调整刀具参数值。数控加工刀具卡是调刀人员调整刀具、操作人员进行刀具数据输入的主要依据，其格式见表 2–2。

表 2-2　　数控加工刀具卡

<table>
<tr><td>零件图号</td><td>零件名称</td><td>材料</td><td colspan="3" rowspan="2">数控加工刀具卡</td><td colspan="2">程序编号</td><td>车间</td><td>使用设备</td></tr>
<tr><td></td><td></td><td></td><td colspan="2"></td><td></td><td></td></tr>
<tr><td rowspan="2">刀号</td><td rowspan="2">刀位号</td><td rowspan="2">刀具名称</td><td colspan="2">刀具直径 /mm</td><td>刀具长度 /mm</td><td colspan="2">刀补地址</td><td>换刀方式</td><td rowspan="2">加工部位</td></tr>
<tr><td>设定</td><td>补偿</td><td>设定</td><td>直径</td><td>长度</td><td>自动 / 手动</td></tr>
<tr><td></td><td></td><td></td><td></td><td></td><td></td><td></td><td></td><td></td><td></td></tr>
<tr><td></td><td></td><td></td><td></td><td></td><td></td><td></td><td></td><td></td><td></td></tr>
<tr><td>编制</td><td></td><td>审核</td><td></td><td>批准</td><td></td><td colspan="2">年　月　日</td><td>共　页</td><td>第　页</td></tr>
</table>

§2-2　数控加工程序及编制过程

一、数控加工程序的概念

数控机床加工是严格按照一套特殊的指令，并经机床数控系统处理后，使机床自动完成零件加工。这一套特殊指令的作用，除了与工艺卡的作用相同外，还能被数控系统所“接收”。这种能被机床数控系统所接收的指令集合就是数控机床加工中所必需的加工程序。由此可以得出数控加工程序的定义：按规定格式描述零件几何形状和加工工艺的数控指令集。

二、数控编程的方法

数控编程是指根据被加工零件的图样和技术要求、工艺要求，将零件加工的工艺顺序、工序内的工步安排、刀具相对于工件运动的轨迹与方向、工艺参数及辅助动作等，用数控系统所规定的规则、代码和格式编制成文件，并将程序单的信息输入数控系统的整个过程。数控编程通常分为手工编程和自动编程两大类。

1．手工编程

手工编程是指编程的各阶段均由人工完成。手工编程的意义在于加工形状简单的零件（如直线与直线或直线与圆弧组成的轮廓）时，编程快捷、简便，不需要具备特别的条件（如价格较高的自动编程机及相应的硬件和软件等），使机床操作人员或程序员不受特殊条件的制约，具有较大的灵活性和编程费用少等优点。

手工编程在目前仍是广泛采用的编程方式，即使在自动编程高速发展的现在与将来，手工编程的重要地位也不可取代。在先进的自动编程方法中，许多重要的经验都来源于手工编程。手工编程一直是自动编程的基础，并不断丰富和推动自动编程的发展。

2. 自动编程

自动编程是利用计算机专用软件来编制数控加工程序。编程人员只需根据零件图样的要求，使用数控语言，由计算机自动地进行数值计算及后置处理，编写出零件加工程序单。自动编程能够顺利地编出一些计算烦琐、手工编程困难或无法编出的程序。

按计算机专用软件的不同，自动编程可分为数控语言自动编程、图形交互自动编程和语音提示自动编程等。目前应用较广泛的是图形交互自动编程，它直接利用 CAD 模块生成几何图形，采用人机交互的实时对话方式，在计算机屏幕上指定被加工部位，输入相应的加工参数，计算机便可自动进行必要的数学处理并编制出数控加工程序，同时在计算机屏幕上动态显示出刀具的加工轨迹。

目前，市场上较为流行的图形交互式自动编程软件有 UG、Creo、Cimatron、Mastercam、CAXA 等。各软件都有其自身的特点，不同层次、不同行业、不同地区有不同的选择倾向。

三、数控编程的步骤

数控编程的步骤如图 2–6 所示。

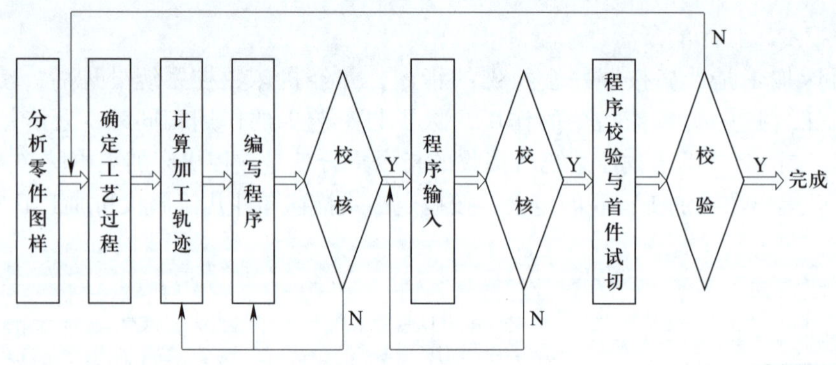

图 2–6　数控编程的步骤

1. 分析零件图样

编程人员在拿到零件图样后，首先应准确地识读零件图样表达的各种信息，主要包括零件的材料、形状、尺寸、精度、批量、毛坯形状和热处理要求等，通过分析，确定该零件是否适合在数控机床上加工，或适宜在哪种数控机床上加工，甚至还要确定零件的哪几道工序在数控机床上加工。

2. 确定工艺过程

在分析图样的基础上，进行工艺分析，选定机床、刀具和夹具，确定零件加工的工艺路线、工步顺序以及切削用量等工艺参数。

3. 计算加工轨迹

根据零件图样、加工路线和零件加工允许的误差，计算出零件轮廓的坐标值。对于形状较简单零件（如直线和圆弧组成的零件）的轮廓加工，需要计算出基点（构成零件轮廓的不同几何素线的交点或切点称为基点）的坐标值。对于形状较复杂的零件（如非圆曲线、曲面组成的零件），需要用直线段或圆弧段逼近，根据要求的精度计算出其节点（用多个直线段或圆弧近似地代替非圆曲线称为拟合处理，拟合线段的交点或切点称为节点）坐标值，这种情况一般要用计算机来完成数值计算工作。

4. 编写程序

加工路线、工艺参数和刀具数据确定后，编程人员可以根据数控系统规定的功能指令代码及程序段格式，逐段编写加工程序，并校核上述两个步骤的内容，纠正其中的错误。此外，还应填写有关的工艺文件，如数控加工工序卡、数控加工刀具卡等。

5. 程序输入

将编制好的程序输入数控装置中。

6. 程序校验与首件试切

编制好的加工程序必须经过校验和试切才能正式使用。校验的方法是将编制好的加工程序输入数控装置后让机床空运行，检查机床的运动轨迹是否正确。在有图形模拟功能的数控机床上，通过刀具模拟运动轨迹检验程序是否正确。机床空运行和图形模拟不能查出被加工零件的加工精度，因此，有必要进行零件的首件试切。当发现有加工误差时，应分析误差产生的原因，找出问题所在并加以修正。

§2-3 数控加工代码及程序格式

一、字符

字符是用来组织、控制或表示数据的各种符号，如字母、数字、标点符号和数学运算符号等。字符是计算机进行存储或传送的信号，也是加工程序的最小组成单元。常规加工程序用的字符分为四类：第一类是字母，它由 26 个大写英文字母组成；第二类是数字和小数点，它由 0~9 共 10 个阿拉伯数字和一个小数点组成；第三类是符号，它由正号（+）和负号（–）组成；第四类是功能字符，它由程序开始 / 结束符（如“%”）、程序段结束符（如“；”）、跳过任选程序段符（“/”）和空格符等组成。

二、地址

地址又称地址符，在数控加工程序中，它是指位于程序字头的字符或字符组，用以识别其后的数据；在传递信息时，它表示其出处或目的地。常用的地址有 N、G、X、Z、U、W、I、K、R、F、S、T、M 等字符，每个地址都有它的特定含义，见表 2–3。

表 2-3　常用地址符含义

功能	代码	备注
程序名	O	定义程序名
程序段号	N	顺序号
准备功能	G	定义运动方式
坐标地址	X、Y、Z	轴向运动指令
	U、V、W	附加轴运动指令
	A、B、C	旋转坐标轴
	R	圆弧半径
	I、J、K	圆心坐标
进给速度	F	定义进给速度
主轴转速	S	定义主轴转速
刀具功能	T	定义刀具号
辅助功能	M	机床的辅助动作
子程序名	P	定义子程序名
重复次数	L	子程序的循环次数

三、程序字

程序字是一套有规定次序的字符，可以作为一个信息单元（信息处理的单位）存储、传递和操作，如“X1234.56”就是由 8 个字符组成的一个程序字。加工程序中常见的程序字有以下几种。

1. 程序段号

程序段号也称顺序号字，一般位于程序段开头，可用于检索，便于检查交流或指定跳转目标等，它由地址符 N 和随后的 1～4 位数字组成。

使用程序段号应注意以下问题：数字部分应为正整数，所以最小顺序号是 N1；程序段号的数字可以不连续使用，也可以不从小到大使用；程序段号不是程序段中的必用字，对于整个程序，可以每个程序段均有程序段号，也可以均没有程序段号，也可以只有部分程序段有程序段号。

2. 准备功能字

准备功能字的地址符是 G，又称 G 功能或 G 指令，它是设立机床工作方式或控制系统工作方式的一种命令。在程序段中，G 指令一般位于尺寸字的前面。G 指令由字母 G 及其后面的两位数字组成，从 G00 到 G99 共 100 种代码。附录中列出了 FANUC 0i 系统数控车床和数控铣床常用 G 代码。

G 指令分为模态指令和非模态指令两类。模态指令是一组可相互注销的功能指令，这些功能指令一旦被执行，则一直有效，直到被同组的其他指令注销为止。非模态指令只在所规定的程序段中有效，程序段结束时被注销，也称一次性代码。

由于各数控系统的功能要求及生产厂家不同，系统中的 G 功能指令名称、格式、参数含义可能存在很大差别，因此，在编制程序时，必须预先了解所使用的数控系统本身所具有的 G 功能指令，不能生搬硬套。

3. 坐标尺寸字

坐标尺寸字在程序段中主要用来指定机床上刀具运动到达的坐标位置。坐标尺寸字由规定的地址符及后续的带正、负号或者带正、负号又有小数点的多位十进制数组成。坐标尺寸字地址符用得较多的有三组：第一组是 X、Y、Z、U、V、W、P、Q、R，主要用来指定到达点坐标值或距离；第二组是 A、B、C、D、E，主要用来指定到达点角度坐标；第三组是 I、J、K，主要用来指定零件圆弧轮廓圆心点的坐标尺寸。

坐标尺寸字可以使用公制，也可以使用英制，多数系统用准备功能字选择，如 FANUC 系统用 G21、G20 选择，也有一些系统用参数设定来选择。坐标尺寸字中数值的具体单位，采用公制时一般用 1 μm、10 μm、1 mm，采用英制时常用 0.000 1 in 和 0.001 in。选择何种单位，通常用参数设定。现代数控系统在坐标尺寸字中允许使用小数点编程，有的允许在同一程序中有小数点和无小数点的指令混合使用，给用户带来方便。无小数点的坐标尺寸字指令的坐标长度等于数控机床设定单位与坐标尺寸字中后续数字的乘积。例如，采用公制单位，若设定为 1 μm，指令 *Y* 向尺寸 360 mm 时，应写成 Y360. 或 Y360000。

4. 进给功能字

进给功能字的地址符为 F，又称 F 功能或 F 指令，它的功能是指定切削的进给速度。现在 CNC 机床一般都能使用直接指定方式，即可用 F 后的数字直接指定进给速度，为用户编程带来方便。

FANUC 车床数控系统进给量单位用 G98 和 G99 指定，系统开机默认为 G99。G98 表示的是与主轴转速或速度无关的每分钟进给量，单位为 mm/min 或 in/min；G99 表示的是与主轴转速或速度有关的主轴每转进给量，单位为 mm/r 或 in/r。

5. 主轴功能字

主轴功能字的地址符为 S，又称 S 功能或 S 指令，它主要用来指定主轴转速或速度，单位为 r/min 或 m/min。中档以上的数控车床，其主轴驱动采用主轴伺服控制单元，主轴转速采用直接指定方式，例如，S1500 表示主轴转速为 1 500 r/min。

对于中档以上的数控机床，还有一种使切削速度保持不变的恒线速功能。这意味着在切削过程中，如果切削部位的回转直径不断变化，那么主轴转速也要不断地做相应变化，此时 S 指令是指定车削加工的线速度。在程序中，用 G96 或 G97 指令配合 S 指令来指定主轴的速度。G96 为恒线速控制指令，如用“G96 S200”表示线速度为 200 m/min；“G97 S200”表示取代 G96，即主轴不是恒线速功能，其转速为 200 r/min。

6. 刀具功能字

刀具功能字用地址符 T 及随后的数字代码表示，又称 T 功能或 T 指令，它主要用来指定加工中所用的刀具号及自动补偿编组号。其自动补偿内容主要是刀具的刀位偏差或长度补偿及刀尖圆弧半径补偿。

数控车床地址符 T 的后续数字可分为两位和四位两种。在经济型数控车床系统中，普遍采用两位数的规定，一般来说，前位数字表示刀具的编码号，常用 0～8 共 9 个数字，其中“0”表示不转刀；后位数字表示刀具补偿的编组号，常用 0～8 共 9 个数字，其中“0”表示补偿量为零，即撤销其补偿。T 后随四位数字的形式用得也比较多，一般前两位数表示刀具的编码号，后两位数为刀具补偿的编组号。

7. 辅助功能字

辅助功能字又称 M 功能或 M 指令，它用以指定数控机床中辅助装置的开关动作或状态，如主轴启、停，切削液通、断，更换刀具等。与 G 指令一样，M 指令由地址符 M 和其后的两位数字组成，M00～M99 共 100 种。常用的 M 指令见表 2–4。

表 2–4　常用 M 指令

M 代码	功能	指令说明
M00	程序暂停	程序停在本段状态，不执行下段，相当于按下操作面板上的循环暂停按钮。按下操作面板上的循环启动按钮可取消 M00 状态，使程序继续向下执行
M01	选择停止	功能与 M00 相似。不同的是 M01 只有在机床操作面板上的“选择停止”开关处于“ON”状态时才有效。M01 常用于关键尺寸的检验和临时暂停
M02	程序结束	该指令表示加工程序全部结束。它使主运动、进给运动、切削液供给等停止，机床复位
M03	主轴正转	该指令使主轴正转。主轴转速由主轴功能字 S 指定，如某程序段为“N10 S500 M03”，它的意义为指定主轴以 500 r/min 的转速正转
M04	主轴反转	该指令使主轴反转，与 M03 相似
M05	主轴停止	在 M03 或 M04 指令作用后，可以用 M05 指令使主轴停止
M06	自动换刀	该指令为自动换刀指令，数控车床或加工中心用于刀具的自动更换

续表

M 代码	功能	指令说明
M08	切削液开	该指令使切削液开启
M09	切削液关	该指令使切削液停止供给
M30	程序结束	程序结束并返回程序的第一条语句，准备下一个零件的加工
M98	子程序调用	该指令用于子程序调用
M99	子程序结束	该指令表示子程序运行结束，返回主程序

指出下列符号的含义。

N100：　　G01：

X36.0：　　F0.2：

F100：　　T0303：

S500：　　M30：

四、程序段格式

所谓程序段，就是为了完成某一动作要求所需的程序字的组合。

程序段格式是指程序字在程序段中的顺序及书写方式的规定。程序段格式有多种，如固定程序段格式、使用分隔符的程序段格式、使用地址符的程序段格式等，现在最常用的是使用地址符的程序段格式，其格式见表 2–5。

表 2–5　程序段格式

1	2	3		4	5	6	7	8
N__	G__	X__Y__Z__ U__V__W__	I__J__K__ R__	F__	S__	T__	M__	LF
顺序号	准备功能	坐标尺寸字		进给功能	主轴转速	刀具功能	辅助功能	结束符号

表 2–5 所列的程序段格式是用地址符来指明指令数据的意义，程序段中程序字的数目是可变的，因此程序段的长度也是可变的。这种形式的程序段又称地址符可变程序段格式。使用地址符的程序段格式的优点是程序段中所包含的信息可读性高，便于人工编辑修改，为数控系统解释执行数控加工程序提供了一种便捷的方式。例如：

N20 S800 T0101 M03；

N30 G01 X25.0 Z80.0 F0.1；

每种数控系统，根据系统本身的特点及编程的需要，都有一定的程序段格式。对于不同的机床，其程序段格式也不同。因此，编程人员必须严格按照机床说明书规定的格式编程。

五、数控加工程序的组成与结构

1. 数控加工程序的组成

一个完整的数控加工程序由程序名、程序内容和程序结束三部分组成，见表 2–6。

表 2–6　数控加工程序的组成

数控加工程序	注释
O9999;	程序名
N0010 G92 X100.0 Z50.0; N0020 S300 M03; N0030 G00 X40.0 Z0; …… N0120 M05;	程序内容
N0130 M30;	程序结束

（1）程序名

为了区别存储器中的程序，每个程序都要有程序名。程序名位于程序主体之前，是程序的开始部分，一般独占一行。程序名一般由规定的字母“O”“P”或符号“%”开头，后面紧跟若干位数字组成，常用的有两位数和四位数两种，前面的零可以省略。

（2）程序内容

程序内容部分是整个程序的核心部分，由若干程序段组成。一个程序段表示零件的一段加工信息，若干个程序段的集合则完整地描述一个零件加工的所有信息。

（3）程序结束

程序结束是以程序结束指令 M02 或 M30 来结束整个程序。M02 和 M30 允许与其他程序字合用一个程序段，但最好还是将其单列一段。

2. 数控加工程序的结构

数控加工程序的结构形式随数控系统功能的强弱而略有不同。对功能较强的数控系统，数控加工程序可分为主程序和子程序，其结构见表 2–7。

表 2–7　主程序和子程序的结构形式

主程序		子程序	
O2001;	主程序名	O2002;	子程序名
N10 G92 X100.0 Z50.0;		N10 G01 U–12.0 F0.1;	
N20 S800 M03 T0101;		N20 G04 X1.0;	
…		N30 G01 U12.0 F0.2;	
N80 M98 P2002 L2;	调用子程序	N40 M99;	程序返回
…			
N200 M30;	程序结束		

（1）主程序

主程序由指定加工顺序、刀具运动轨迹和各种辅助动作的程序段组成，它是加工程序的主体。在一般情况下，数控机床是按主程序的指令执行加工的。

（2）子程序

在编制加工程序时会遇到一组程序段在一个程序中多次出现或在几个程序中都要用到，那么就可把这一组程序段编制成固定程序，并单独予以命名，这组程序段即称为子程序。

使用子程序可以减少不必要的编程重复，从而达到简化编程的目的。子程序可以在存储器方式下调出使用，即主程序可以调用子程序，一个子程序也可以调用下一级子程序。

在主程序中，调用子程序指令是一个程序段，其格式随具体的数控系统而定。FANUC 0i 系统子程序调用格式见表 2–8。

表 2–8　　子程序调用格式

格式		字地址含义	注意事项	举例说明
格式一	M98 P×××× L××××；	地址 P 后的四位数字为子程序名 地址 L 后的四位数字为重复调用次数，取值范围 1～9 999	子程序名及调用次数前的 0 可省略 子程序调用一次可省略 L 及其后的数字	“M98 P200 L3；”表示调用子程序 O200 三次 “M98 P200；”表示调用子程序 O200 一次
格式二	M98 P××××××××；	地址 P 后的前四位数字为重复调用次数，后四位数字为子程序名	调用次数前的 0 可省略，但子程序名前的 0 不可省略	“M98 P30200；”表示调用子程序 O200 三次

查阅附录，识读下列程序的含义。

```
O0001;
N10 G97 G99 M03 S500 T0101;
N20 G00 X52.0 Z2.0;
N30 G01 X46.0 F0.2;
N40 G01 Z-30.0 F0.15;
N50 G01 X52.0;
N60 G00 X100.0 Z50.0;
N70 M30;
```

第三章

数控车床加工基础

§3-1　数控车床的主要功能及加工对象

普通车床可进行车外圆、车端面、切断和车槽、钻中心孔、钻孔、扩孔、铰孔、车圆锥、车特形面、车螺纹、滚花和盘绕弹簧等加工，如图 3-1 所示。

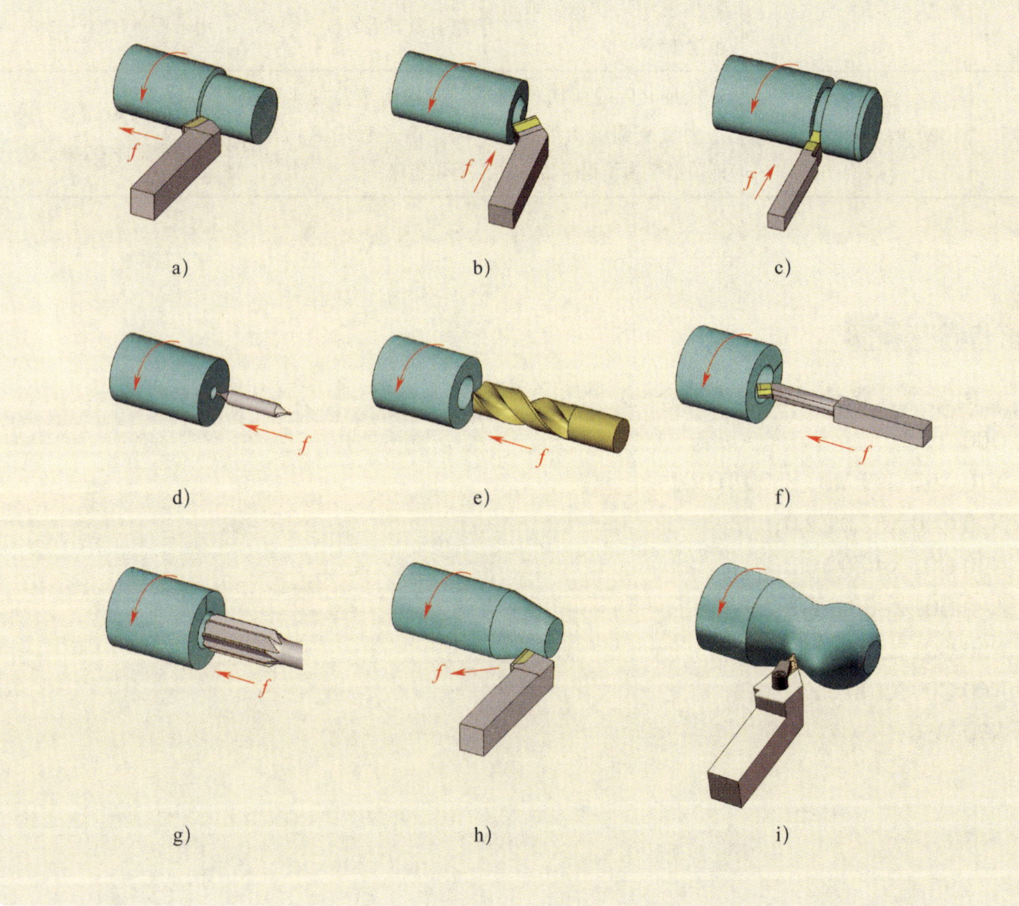

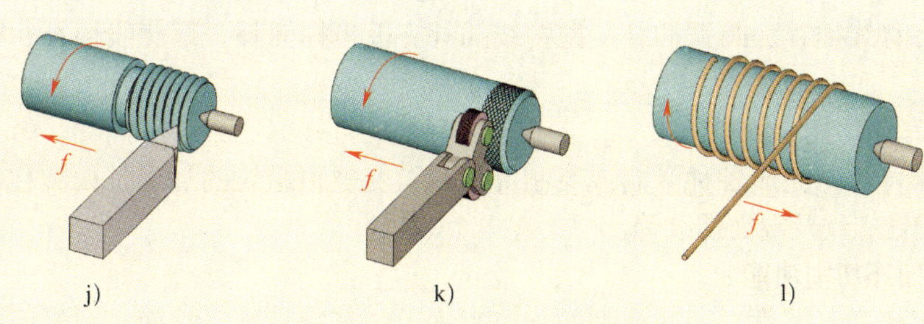

图 3-1　普通车床的加工对象

a）车外圆　b）车端面　c）切断和车槽　d）钻中心孔
e）钻孔　f）车孔　g）铰孔　h）车圆锥　i）车特形面
j）车螺纹　k）滚花　l）盘绕弹簧

在普通车床上能加工的对象，能不能在数控车床上加工？数控车床还能加工哪些对象？

一、数控车床的主要功能

数控车床配置的数控系统不同，其功能也不尽相同。数控车床的功能主要反映在准备功能指令代码和辅助功能指令代码上。现以 FANUC 数控系统为例，简述其部分功能。

1. 主轴功能

主轴功能除对机床进行无级调速外，还具有同步进给控制、恒线速度控制及主轴最高转速控制等功能。

（1）同步进给控制

在加工螺纹时，主轴的旋转与进给运动必须保持一定的同步运行关系。如车削等螺距螺纹时，主轴每旋转一周，其进给运动方向（Z 向或 X 向）必须严格移动一个螺距或导程。其控制是通过检测主轴转速及角位移原点（起点）的元件（如主轴脉冲发生器）与数控装置相互进行脉冲信号的传递而实现的。

（2）恒线速度控制

在车削表面粗糙度要求十分均匀的变径表面，如端面、圆锥面及任意曲线构成的旋转面时，车刀刀尖处的切削速度（线速度）必须随着刀尖所处直径的不同位置而相应自动调整。该功能由 G96 指令控制其主轴转速按所规定的恒线速度值运行。当需要恢复恒定转速时，可用 G97 指令对其注销。

（3）主轴最高转速控制

当采用 G96 指令加工变径表面时，由于刀尖所处直径在不断变化，当刀尖接近工件轴线（中心）位置时，因其直径接近零，线速度又规定为恒定值，主轴转速将会急剧升高。为预防因主轴转速过高而发生事故，系统规定可用 G50 指令限定其恒线速运动中的主轴最高转速。

2. 插补功能

CNC 装置通过软件进行插补计算，连续控制时实时性很强，计算速度很难满足数控机床对进给速度和分辨率的要求。因此，实际的 CNC 装置插补功能被分为粗插补和精插补。进行轮廓加工的零件形状，大部分由直线和圆弧构成，有的由更复杂的曲线构成，因此，有直线插补、圆弧插补、抛物线插补、极坐标插补、螺旋线插补、样条曲线插补等。

3. 螺纹车削功能

数控车床可控制完成各种米制或英制等螺距、变螺距螺纹的加工，如圆柱（右旋或左旋）螺纹、圆锥螺纹及端面螺纹等。

4. 固定循环切削功能

用数控车床加工零件，一些典型的加工工序，如车削外圆、端面、圆锥面及车孔和车螺纹等，所需完成的动作循环十分典型，将这些典型动作预先编好程序并存储在存储器中，用G代码进行指令。固定循环中G代码指令的动作程序比一般G代码所指令的动作多得多，因此，使用固定循环功能可以大大简化程序编制工作。FANUC数控系统具有以下循环切削功能：

（1）单一固定循环

单一固定循环包括车削外圆、端面、螺纹的矩形循环和车削圆锥面的固定循环。

（2）多重复合循环

多重复合循环的形式很多，如外圆粗车循环、端面粗车循环、固定形状粗车循环、端面钻孔复合循环、车槽复合循环、螺纹车削循环、精车循环等。

5. 补偿功能

加工过程中，由于刀具磨损或更换刀具，以及机械传动中的丝杠螺距误差和反向间隙，将使实际加工出的零件尺寸与程序规定的尺寸不一致，造成加工误差。因此，数控车床CNC装置设计了补偿功能，它可以把刀具磨损、刀尖圆弧半径的补偿量、丝杠的螺距误差和反向间隙误差的补偿量输入CNC装置的存储器，按补偿量重新计算刀具的运动轨迹和坐标尺寸，从而加工出符合要求的零件。

6. 自诊断功能

CNC装置中设置了各种诊断程序，可以防止故障的发生或扩大，在故障出现后可迅速查明故障类型及部位，减少因故障而造成的停机时间。

7. 通信功能

CNC装置通常有RS-232C接口，有的还有DNC接口。现在部分数控机床还有网卡，可以接入互联网。

二、数控车床主要加工对象

数控车削是数控加工中用得最多的加工方法之一。由于数控车床具有加工精度高、能做直线和圆弧插补，以及在加工过程中能自动变速的特点，因此，其工艺范围比普通车床宽得多。凡是能在数控车床上装夹的回转体零件都能在数控车床上加工。针对数控车床的特点，下列几种零件最适合数控车削加工。

1. 精度要求高的回转体零件

数控车床刚度高，制造和对刀精度高，能方便和精确地进行人工补偿和自动补偿，所以能加工尺寸精度要求较高的零件，在有些场合可以以车代磨；对于圆弧以及其他曲线轮廓，加工出的形状与图样上所要求的几何形状的接近程度比仿形车床高得多。数控车削对提高位置精度特别有效，不少位置精度要求高的零件用普通车床车削时，因机床制造精度低、工件装夹次数多而达不到要求，只能在车削后用磨削或其他方法弥补。如图 3–2 所示轴承内圈，原来采用三台液压半自动车床和一台液压仿形车床加工，需多次装夹，因而造成较大的壁厚差，达不到图样要求，而改用数控车床加工，一次装夹即可完成滚道和内孔的车削，壁厚差大为减小，且加工质量稳定。

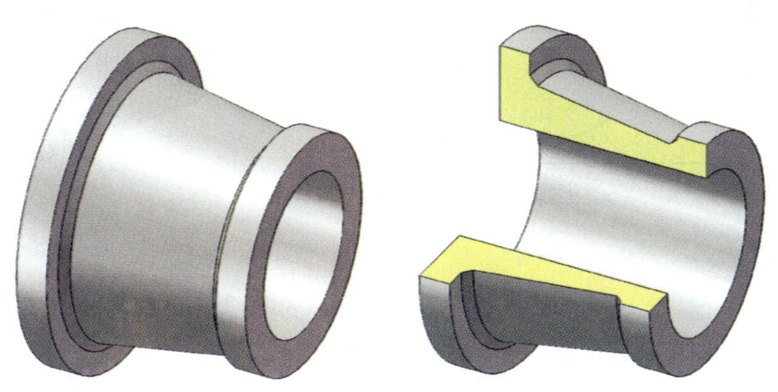

图 3–2 轴承内圈

2. 表面质量要求高的回转体零件

数控车床基本上都具有恒线速度切削功能，能加工出表面粗糙度值小且均匀的零件。在材质、加工余量和刀具已确定的情况下，表面粗糙度取决于进给量和切削速度。在普通车床上车削锥面、球面（见图 3–3）和端面时，由于转速恒定不变，致使车削后的表面粗糙度值不一致，只有某一直径处的表面粗糙度值最小；使用数控车床的恒线速度切削功能，就可选用最佳线速度来车削锥面和端面，使车削后的表面粗糙度值既小又一致。数控车削还适合于车削各部位表面粗糙度要求不同的零件，表面粗糙度值要求大的部位选用大的进给量，要求小的部位选用小的进给量。

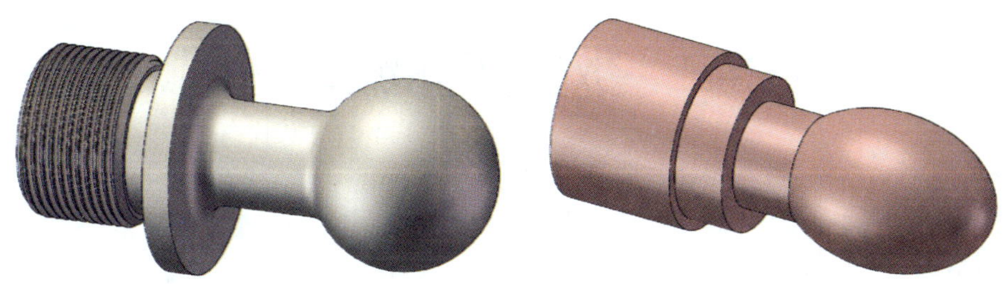

图 3–3 球头类零件

3. 表面形状复杂的回转体零件

由于数控车床具有直线和圆弧插补功能，因此，可以车削任意直线和曲线组成的形状复杂的回转体零件。如图 3–4 所示壳体零件封闭内腔的特形面，在普通车床上是无法加工的，而在数控车床上则很容易加工出来。

4. 带特殊螺纹的回转体零件

普通车床所能车削的螺纹种类相当有限，在没有特殊附加装置的情况下，只能车削等导程的直、锥面的公、英制螺纹，而且一台车床只能限定加工若干种导程的螺纹。数控车床不

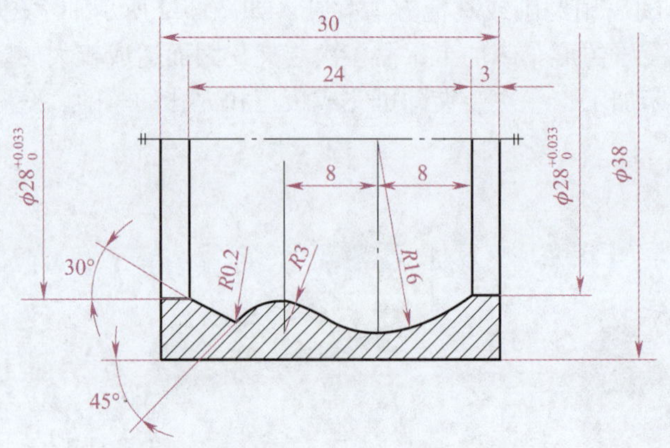

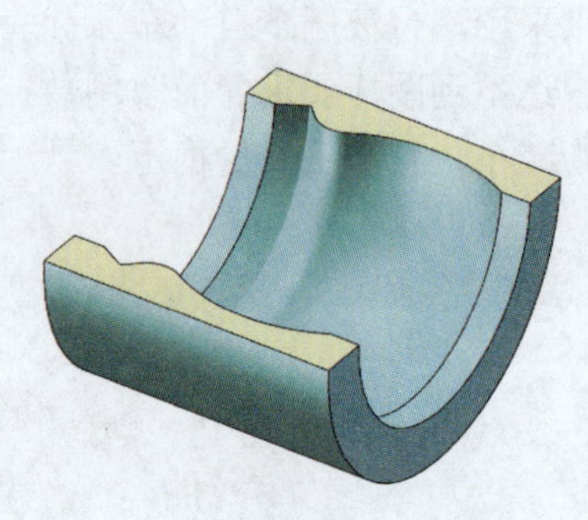

图 3-4　成形内腔零件

但能车削任何等导程的直、锥螺纹（见图 3-5）和端面螺纹，还能车削变导程以及要求等导程与变导程之间平滑过渡的螺纹。数控车床车削螺纹时，主轴转向不必像普通车床那样交替变换，它可以一刀一刀不停顿地循环，直至完成加工，所以车削螺纹的效率很高。数控车床可以配备精密螺纹切削功能，再加上采用硬质合金成形刀片，以及使用较高的转速，所以车削出来的螺纹精度高，表面粗糙度值小。

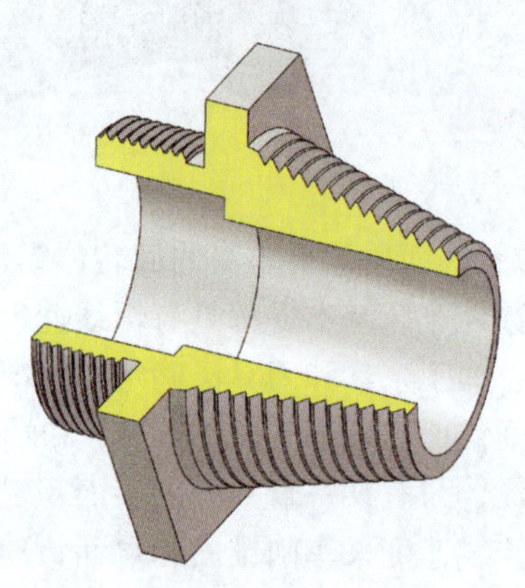

图 3-5　带特殊螺纹的回转体零件

§3-2　数控车床编程基础

一、数控车床编程基础知识

1. 直径编程和半径编程

因为车削零件的横截面一般都为圆形，所以尺寸有直径指定和半径指定两种方法。当用直径指定时称为直径编程，当用半径指定时称为半径编程。具体是用直径指定还是半径指定，可以用参数设置。

（1）在后面的编程中，凡是没有特别指出的均为直径编程。

（2）当车削外圆时，用直径指定，位置偏置值的变化量与工件外圆直径的变化量相同，如刀具补偿量变化 10 mm，则工件外圆的直径也变化 10 mm。

2. 小数点编程

数字单位以公制为例分为两种，一种以 mm 为单位，另一种以脉冲当量（机床的最小输入单位）为单位。现在大多数数控机床常用的脉冲当量为 0.001 mm。

对于数字的输入，有些系统可省略小数点，有些系统则可通过系统参数来设定是否可以省略小数点，大部分系统小数点不可省略。对于不可省略小数点编程的系统，当使用小数点编程时，数字以 mm 为输入单位；而当不用小数点编程时，则以机床的最小设定单位作为输入单位。

在应用小数点编程时，数字后面可以写“.0”，如“X50.0”，也可以直接写“.”，如“X50.”。若忽略了小数点，则指令值将变为原来的 1/1 000，此时若加工，则会造成事故。此外，脉冲当量为 0.001 mm 的系统采用小数点编程，其小数点后的位数超过三位时，数控系统按四舍五入处理。例如，当输入“X50.4567”时，经系统处理后的数值为“X50.457”。

在进行数控编程时，不管采用哪种系统，为了保证程序的正确性，最好不要省略小数点。

3. 绝对值编程、增量值编程和混合编程

数控车床编程时，可以采用绝对值编程、增量值（也称相对值）编程和混合编程。绝对值编程是根据已设定的工件坐标系计算出工件轮廓上各点的绝对坐标值进行编程的方法，程序中用 X、Z 表示。增量值编程是用相对于前一个位置的坐标增量来表示坐标值的编程方法，程序中用 U、W 表示，其正负由行程方向确定，当行程方向与工件坐标轴方向一致时为正，反之为负。混合编程是将绝对值编程和增量值编程混合起来进行编程的方法。

如图 3-6 所示，为实现从起点 *A* 至终点 *B* 的位移，用绝对值编程：

X70.0 Z40.0;

用增量值编程：

U40.0 W-60.0;

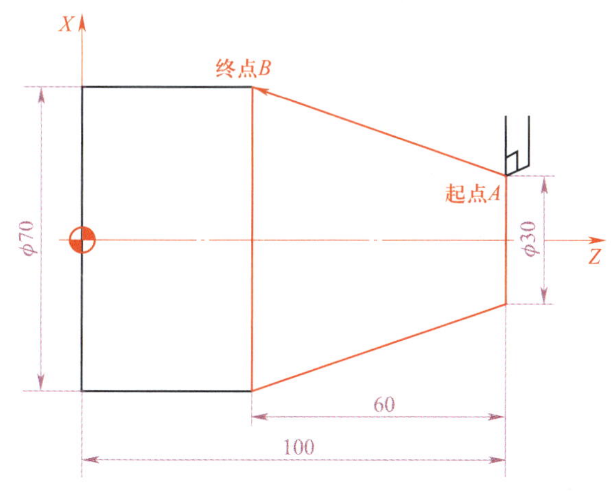

图 3-6　绝对值 / 增量值编程

混合编程：

X70.0 W–60.0；或 U40.0 Z40.0；

当 X 和 U 或 Z 和 W 在一个程序段中同时指定时，后面的指令有效。

二、常用准备功能指令

1. 快速点定位指令（G00）

G00 指令使刀具以点定位控制方式从刀具所在点快速运动到下一个目标位置。它只是快速定位，而无运动轨迹要求，且无切削加工过程，一般用于加工前的快速定位或加工后的快速退刀。

（1）指令格式

G00 X（U）__ Z（W）__；

X、Z：刀具目标点的绝对坐标值；

U、W：刀具目标点相对于起始点的增量坐标值。

（2）指令说明

1）G00 为模态指令，可由 G01、G02、G03 或 G32 功能注销。

2）移动速度不能用程序指令设定，而是由机床参数预先设置，它可由面板上的进给修调旋钮修正。

3）G00 的执行过程如下：刀具由程序起始点加速到最大速度，然后快速移动，最后减速到终点，实现快速点定位。

4）执行 G00 指令时，*X*、*Z* 两轴同时以各轴的快进速度从当前点开始向目标点移动，一般各轴不能同时到达终点，其行走路线可能为折线，如图 3–7 所示。使用时注意刀具是否与工件干涉。

（3）示例

如图 3–7 所示，要求刀具快速从 *A* 点移到 *B* 点，编程如下：

1）绝对值编程：G00 X50.0 Z80.0；

2）增量值编程：G00 U–40.0 W–40.0；

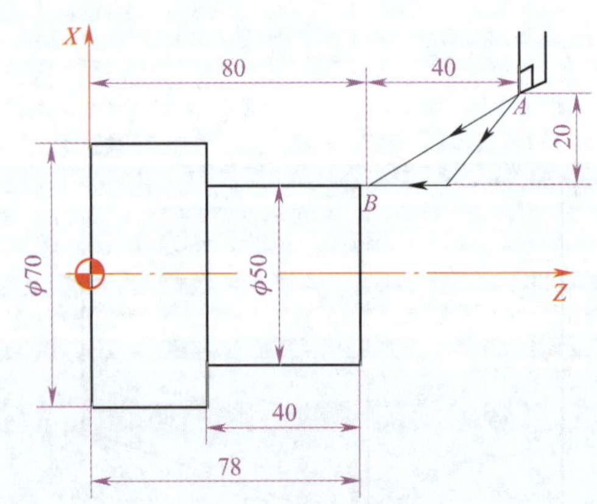

图 3–7　G00 应用示例

2. 直线插补指令（G01）

G01 指令是直线插补指令，规定刀具在两坐标间以插补联动方式按指定的进给速度做任意斜率的直线运动。

（1）指令格式

G01 X（U）__ Z（W）__ F__；

X、Z：刀具目标点的绝对坐标值；

U、W：刀具目标点相对于起始点的增量坐标值；

F：刀具切削进给速度，单位可以是每分钟进给，也可以是每转进给。

（2）指令说明

1）G01 程序中必须含有 F 指令，进给速度由 F 指令决定。F 指令是模态指令，不必在每个程序段中都写入 F 指令。如果在 G01 之前的程序段中没有 F 指令，且现在的 G01 程序段中也没有 F 指令，则机床不运动。

2）G01 为模态指令，可由 G00、G02、G03 或 G32 功能注销。

（3）示例

如图 3-8 所示，编写 $A \rightarrow B \rightarrow C$ 的加工程序。

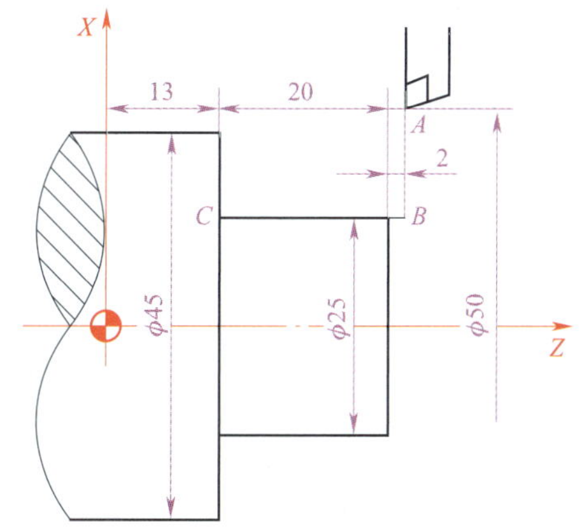

图 3-8　G01 应用示例

1）绝对值编程为：

G00 X25.0 Z35.0;　　　　$A \rightarrow B$

G01 Z13.0 F0.3;　　　　$B \rightarrow C$

2）增量值编程为：

G00 U-25.0 W0;　　　　$A \rightarrow B$

G01 W-22.0 F0.3;　　　　$B \rightarrow C$

试用 G00、G01 指令编写图 3-9 所示零件的精加工程序。

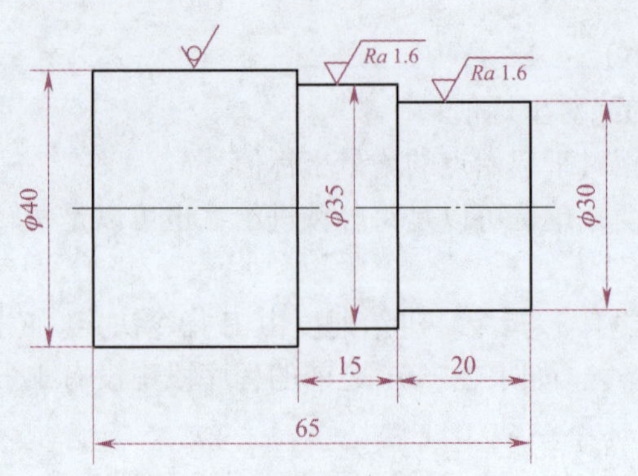

图 3-9 G00/G01 应用示例

3. 圆弧插补指令（G02/G03）

圆弧插补指令使刀具相对于工件以指定的速度从当前点（起始点）向终点进行圆弧插补。G02 为顺时针圆弧插补，G03 为逆时针圆弧插补，如图 3-10 所示。

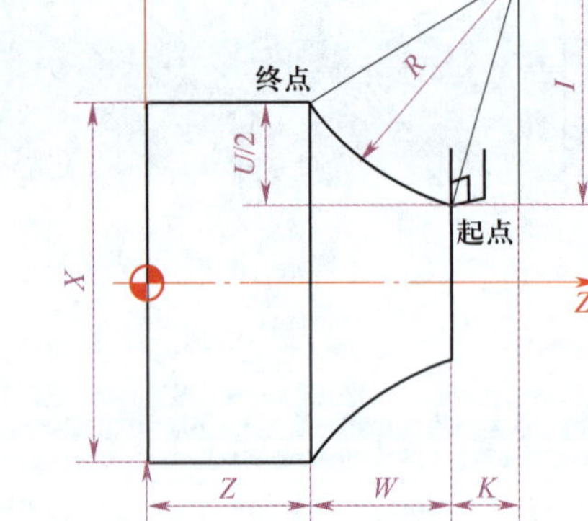

a）

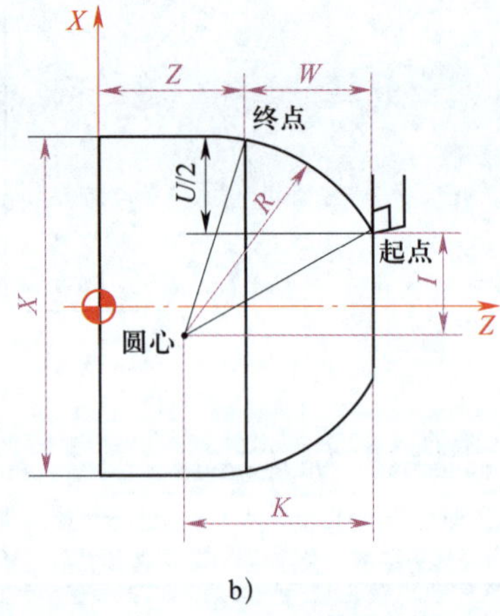

b）

图 3-10 圆弧插补指令

a）顺时针圆弧插补（G02） b）逆时针圆弧插补（G03）

（1）指令格式

$$\left.\begin{matrix} G02 \\ G03 \end{matrix}\right\} X(U)\_\ Z(W)\_\ \left\{\begin{matrix} I\_\quad K\_ \\ R\_ \end{matrix}\right\} F\_;$$

指令格式中各程序字的含义见表 3-1。

表 3–1　　圆弧插补指令各程序字的含义

程序字	指令内容	含　义
G02	进给方向	顺时针圆弧插补
G03		逆时针圆弧插补
X__ Z__	终点位置	圆弧终点的绝对坐标值
U__ W__		圆弧终点相对于圆弧起点的增量坐标值
I__ K__	圆心坐标	圆心在 X、Z 轴方向上相对于圆弧起点的增量坐标值
R__	圆弧半径	圆弧半径
F__	进给速度	沿圆弧的进给速度

在使用圆弧插补指令时，需要判断刀具是沿顺时针还是逆时针方向加工零件。判别方法是：处在圆弧所在平面（数控车床为 XZ 平面）的另一个轴（数控车床为 Y 轴）的正方向看该圆弧，顺时针方向为G02，逆时针方向为 G03。在判别圆弧的顺、逆方向时，一定要注意刀架的位置及 Y 轴的方向，如图 3–11 所示。

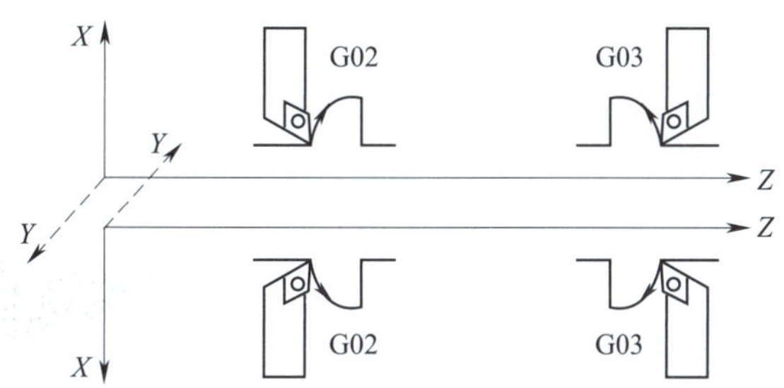

图 3–11　顺时针圆弧与逆时针圆弧的判别

（2）圆心坐标的确定

圆心坐标 I、K 值为圆弧起点到圆弧圆心的矢量在 X 轴、Z 轴上的投影，如图 3–12 所示。I、K 为增量值，带有正负号，且 I 值为半径值。I、K 的正负取决于该矢量方向与坐标轴方向的异同，相同者为正，相反者为负。若已知圆心坐标和圆弧起点坐标，则 $I=(X_{圆心}-X_{起点})/2$，$K=Z_{圆心}-Z_{起点}$。图 3–12 中 I 值为 –10，K 值为 –20。

（3）圆弧半径的确定

圆弧半径 R 有正值与负值之分。当圆弧所对的圆心角小于或等于 180° 时，R 取正值；当圆弧所对的圆心角大于 180° 且小于 360° 时，R 取负值，如图 3–13 所示。通常情况下，在数控车床上所加工圆弧的圆心角小于 180°。

（4）示例

编制如图 3–14 所示圆弧精加工程序。$P_1 \rightarrow P_2$ 圆弧加工程序见表 3–2。

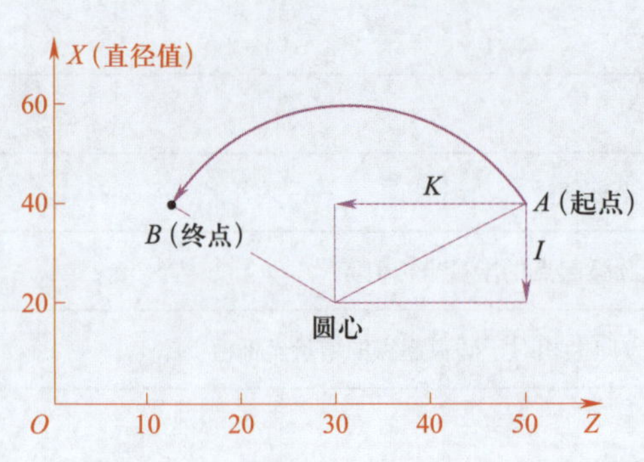

图 3-12　圆心坐标 I、K 值的确定

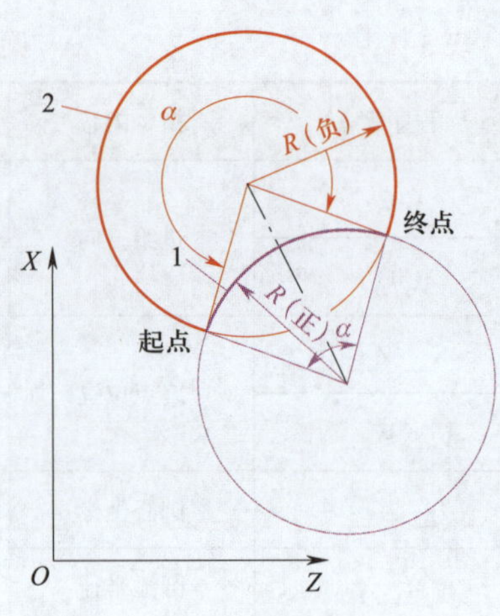

图 3-13　圆弧半径 R 正负的确定

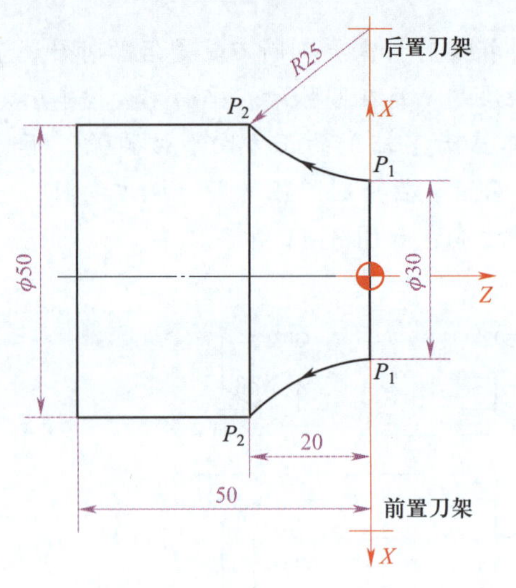

图 3-14　圆弧编程实例

表 3-2　　$P_1 \rightarrow P_2$ 圆弧加工程序

刀架形式	编程方式	指定圆心 I、K	指定半径 R
后置刀架	绝对值编程	G02 X50.0 Z-20.0 I25.0 K0 F0.3;	G02 X50.0 Z-20.0 R25.0 F0.3;
	增量值编程	G02 U20.0 W-20.0 I25.0 K0 F0.3;	G02 U20.0 W-20.0 R25.0 F0.3;
前置刀架	绝对值编程	G02 X50.0 Z-20.0 I25.0 K0 F0.3;	G02 X50.0 Z-20.0 R25.0 F0.3;
	增量值编程	G02 U20.0 W-20.0 I25.0 K0 F0.3;	G02 U20.0 W-20.0 R25.0 F0.3;

从表 3-2 可以看出，刀架前置还是后置不影响零件中圆弧顺逆方向的判别，所以，无论是用前置刀架还是用后置刀架加工图 3-14 所示圆弧，其加工程序是相同的。

试编制如图 3-15 所示零件的精加工程序。

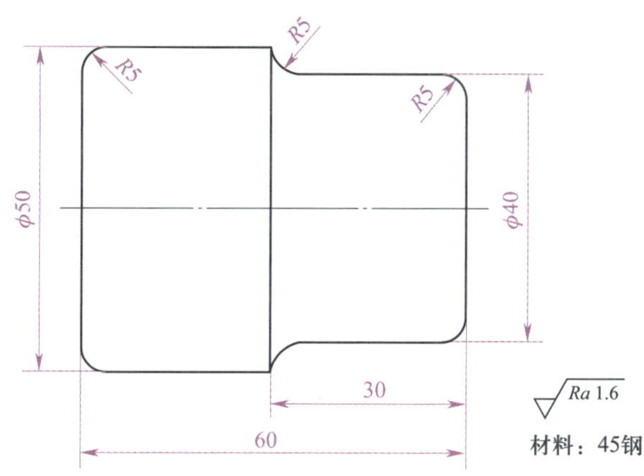

图 3-15　G02/G03 应用示例

4. 螺纹插补指令（G32）

（1）指令格式

G32 X（U）__ Z（W）__ F__ ；

X（U）、Z（W）：螺纹终点坐标。X（U）省略时为圆柱螺纹切削，Z（W）省略时为端面螺纹切削，X（U）、Z（W）均不省略时为圆锥螺纹切削。

F：螺纹导程，单位为 mm。

（2）指令说明

1）螺纹切削应在两端设置足够的升速进刀段 δ_1 和降速退刀段 δ_2。δ_1 和 δ_2 的数值与机床拖动系统的动态特性有关，还与螺纹的螺距和螺纹的精度有关。δ_1 一般取（2～3）P，对大螺距和高精度的螺纹取较大值；δ_2 一般取（1～2）P。若螺纹退尾处没有退刀槽，其 δ_2=0，这时该处的收尾形状由数控系统的功能设定。

2）加工多线螺纹时，在加工完一条螺旋槽后，将车刀用 G00 或 G01 方式移动一个螺距，再按要求编程加工下一条螺旋槽。

编制螺纹加工程序时，为何设置升速进刀段和降速退刀段？

（3）示例

加工如图 3-16 所示 M30×1.5 圆柱螺纹，δ_1=3 mm，δ_2=2 mm，编写该螺纹的加工程序。

1）相关计算

螺纹大径：$d_1=D-0.13P=30\ \text{mm}-0.13\times1.5\ \text{mm}=29.805\ \text{mm}$。

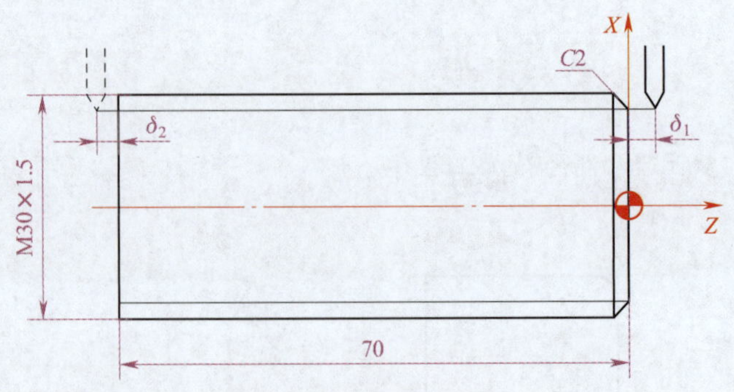

图 3-16 G32 应用示例 1

螺纹小径：$d_2=D-1.08P=30\ \text{mm}-1.08\times1.5\ \text{mm}=28.38\ \text{mm}$。

2）程序编制（见表 3-3）

表 3-3 螺纹加工程序

参考程序	注 释
O3001；	程序名
N10 M03 S600 T0101；	主轴正转，转速为 600 r/min，选 1 号螺纹刀
N20 G00 X32.0 Z2.0；	快速靠近工件
N30 X29.3；	*X* 向进刀，车第一刀
N40 G32 W–75.0 F1.5；	螺纹插补
N50 G00 X40.0；	*X* 向退刀
N60 W75.0；	*Z* 向退刀
N70 X28.9；	车第二刀
N80 G32 W–75.0 F1.5；	
N90 G00 X40.0；	
N100 W75.0；	
N110 X28.5；	车第三刀
N120 G32 W–75.0 F1.5；	
N130 G00 X40.0；	
N140 W75.0；	
N150 X28.38；	车第四刀
N160 G32 W–75.0 F1.5；	
N170 G00 X32.0；	
N180 X100.0 Z50.0；	快速退至安全点
N190 M05；	主轴停转
N200 M30；	程序结束

试用 G32 编写图 3-17 所示零件的螺纹加工程序。

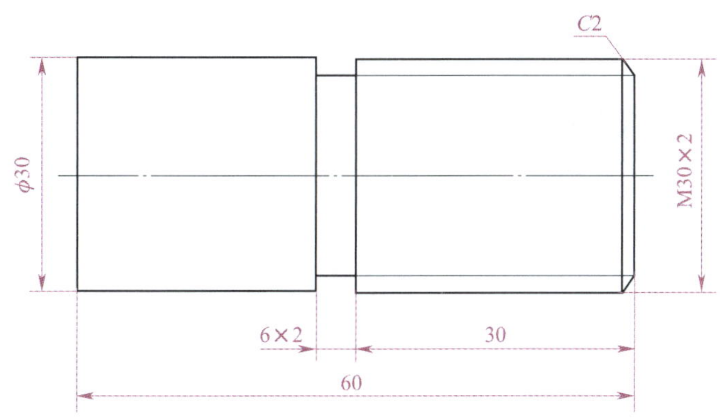

图 3-17　G32 应用示例 2

三、刀尖圆弧半径补偿

1. 刀尖圆弧半径补偿的目的

在切削加工中，为了提高刀尖强度，降低工件表面粗糙度值，通常在车刀刀尖处磨一圆弧过渡刃。一般不重磨刀片的刀尖处均呈圆弧过渡，且有一定的半径值。即使是专门刃磨的“尖刀”，其实际状态还是有一定的圆弧倒角，不可能是绝对的尖角。因此，实际上真正的刀尖是不存在的，这里所说的刀尖只是一个“假想刀尖”。但是，编程计算点是根据理论刀尖（假想刀尖）A（见图 3-18a）计算的，相当于图 3-18b 所示尖头刀的刀尖点。

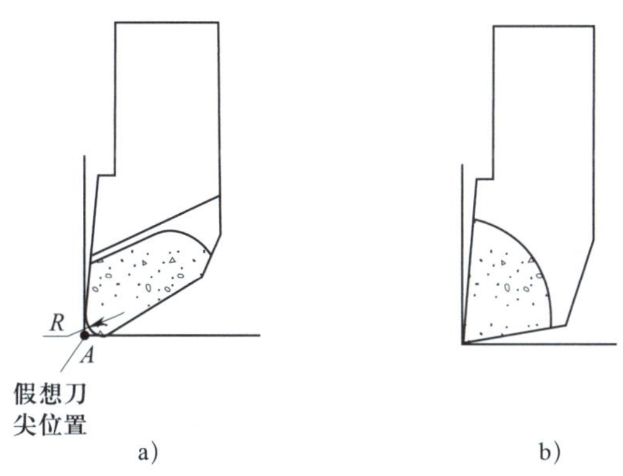

图 3-18　刀尖圆弧和刀尖

a）刀尖圆弧　b）尖头刀的刀尖点

使用带有刀尖圆弧的外圆车刀加工与坐标轴平行的圆柱面和端面轮廓时，刀尖圆弧并不影响其尺寸和形状，只是可能在起点与终点处造成欠切，这可采用分别加导入、导出切削段的方法解决。当加工锥面、圆弧等非坐标方向轮廓时，刀尖圆弧将引起尺寸和形状误差。这种误差的大小不仅与轮廓形状、走势有关，而且与刀尖圆弧半径有关。因此，当使用带有刀尖圆弧半径的刀具加工锥面和圆弧面时，必须将假设刀尖点的路径做适当修正，使切削加工出来的工件能获得正确的尺寸，这种修正方法称为刀尖圆弧半径补偿。

现代数控车床控制系统一般都具有刀尖圆弧半径补偿功能。编程时不必计算刀尖圆弧中心的运动轨迹，只需直接按零件轮廓编程，并在加工前输入刀尖圆弧半径数据，通过在程序中使用刀尖圆弧半径补偿指令，数控装置可自动计算出刀尖圆弧中心轨迹，并使刀尖圆弧中心按此轨迹运动。

2. 刀尖圆弧半径补偿的指令

刀尖圆弧半径补偿一般通过准备功能指令 G41/G42 建立。刀尖圆弧半径补偿建立以后，刀尖圆弧中心在偏离编程工件轮廓一个半径的等距线轨迹上运动。

（1）刀尖圆弧半径左补偿（G41）

如图 3-19b 和图 3-20a 所示，顺着刀具运动方向看，刀具在工件的左侧，称为刀尖圆弧半径左补偿，用 G41 指令编程。

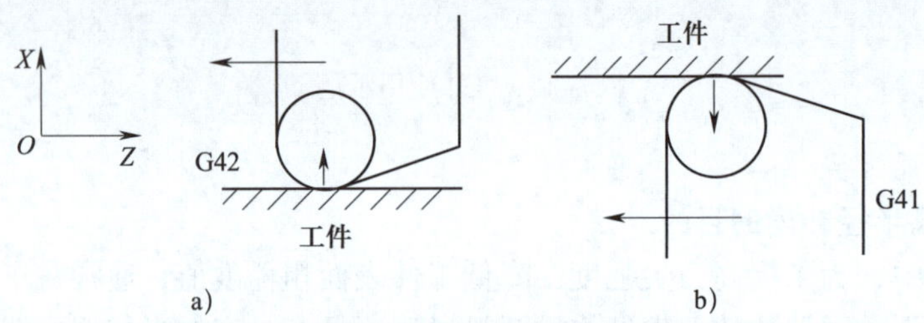

图 3-19　后置刀架刀尖圆弧半径补偿

a）刀尖圆弧半径右补偿　b）刀尖圆弧半径左补偿

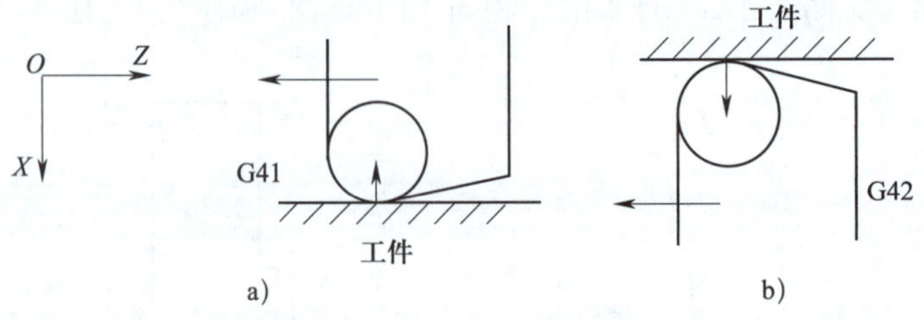

图 3-20　前置刀架刀尖圆弧半径补偿

a）刀尖圆弧半径左补偿　b）刀尖圆弧半径右补偿

（2）刀尖圆弧半径右补偿（G42）

如图 3-19a 和图 3-20b 所示，顺着刀具运动方向看，刀具在工件的右侧，称为刀尖圆弧半径右补偿，用 G42 指令编程。

在使用刀尖圆弧半径补偿指令时，需要判断刀尖圆弧半径是向左补偿还是向右补偿。判别方法如下：顺着刀具所在平面（数控车床为 *XZ* 平面）另一个轴（数控车床为 *Y* 轴）的正方向看刀具的运动方向，刀具在工件左侧为 G41，刀具在工件右侧为 G42。

（3）取消刀尖圆弧半径补偿（G40）

如需要取消刀尖圆弧半径补偿，可编入 G40 代码。

3. 刀尖圆弧半径补偿的过程

刀尖圆弧半径补偿的过程分为三步：刀补的建立，刀尖圆弧中心从与编程轨迹重合过渡到与编程轨迹偏离一个偏移量的过程；刀补的进行，执行 G41 或 G42 指令的程序段后，刀尖圆弧中心始终与编程轨迹相距一个偏移量；刀补的取消，刀具离开工件，刀尖圆弧中心要过渡到与编程轨迹重合的过程。图 3–21 所示为刀尖圆弧半径补偿建立与取消的过程。

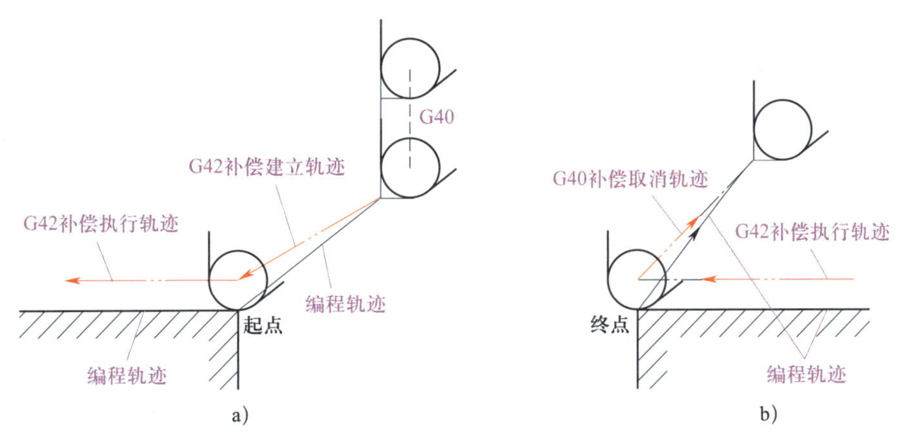

图 3–21　刀尖圆弧半径补偿的建立与取消

a）刀补建立　b）刀补取消

4. 刀尖方位的确定

具备刀尖圆弧半径补偿功能的数控系统，除利用刀尖圆弧半径补偿指令外，还应根据刀具在切削时所处的位置选择假想刀尖的方位，从而使系统能根据假想刀尖方位确定及计算补偿量。假想刀尖方位共有九种，如图 3–22 所示。

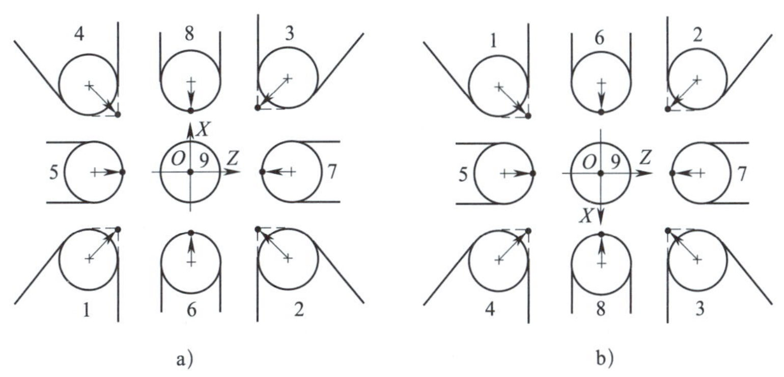

图 3–22　刀尖方位号

a）后置刀架　b）前置刀架

（1）G41、G42、G40 指令不能与圆弧切削指令写在同一个程序段内，可与 G01、G00 指令在同程序段出现，即它是通过直线运动来建立或取消刀尖圆弧半径补偿的。

（2）在调用新刀具前或要更改刀具补偿方向时，中间必须取消刀尖圆弧半径补偿，目的是避免产生加工误差或干涉。

（3）刀尖圆弧半径补偿取消程序段 G40 在 G41 或 G42 程序段后面，格式为：

G41（或 G42）；

…

G40；

程序最后必须以取消偏置状态结束；否则刀具不能在终点定位，而是停在与终点位置偏移一个矢量刀尖圆弧半径的位置上。

（4）G41、G42、G40 是模态代码。

四、单一形状固定循环

1. 内 / 外圆车削循环（G90）

（1）内 / 外圆柱面切削循环

1）指令格式

G90 X（U）__ Z（W）__ F__ ；

X（U）、Z（W）：*X*、*Z* 为圆柱面切削终点坐标值，*U*、*W* 为圆柱面切削终点相对于循环起点的增量坐标值，即图 3-23 所示 *C* 点的坐标值。

F：进给速度。

2）指令说明

①如图 3-23 所示为刀具的运动轨迹，刀具从 *A* 点出发，第 1 段沿 *X* 轴快速移动到达 *B* 点，第 2 段以 F 指令的进给速度切削到达 *C* 点，第 3 段切削进给退到 *D* 点，第 4 段快速退回到出发点 *A* 点，完成一个切削循环。

②在固定循环切削过程中，M、S、T 等功能都不能改变；如需改变，必须在 G00 或 G01 的指令下变更，然后再指定固定循环。

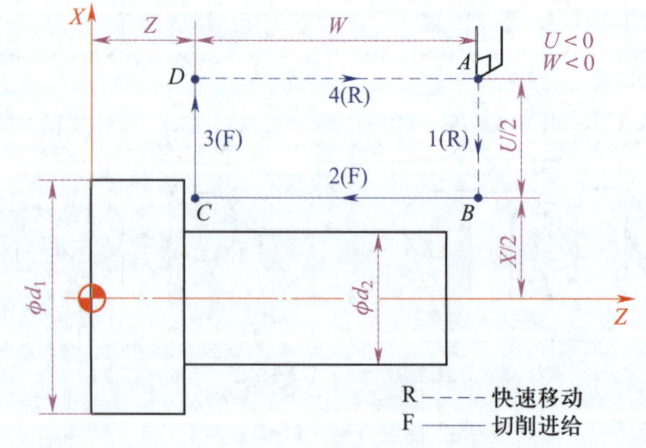

图 3-23　圆柱面切削循环

③ G90 循环每一次切削加工结束后，刀具均返回循环起点。G90 循环第一步移动为 *X* 轴方向移动。

3）示例

加工如图 3–24 所示零件，编写加工程序。

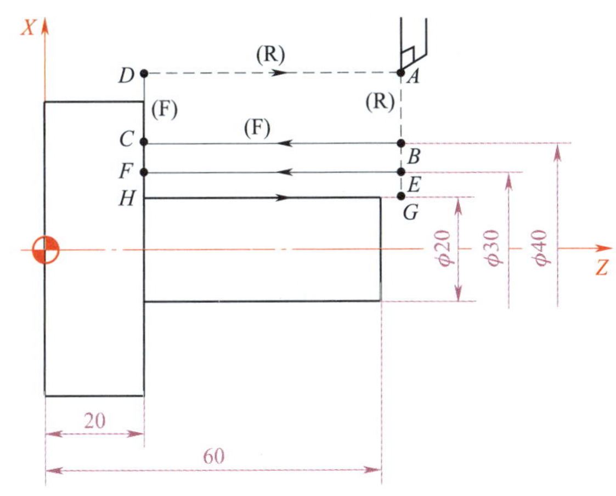

图 3–24　圆柱面切削循环示例

其加工程序如下：

…

N50 G90 X40.0 Z20.0 F0.3;　　　　$A \to B \to C \to D \to A$

N60 X30.0;　　　　$A \to E \to F \to D \to A$

N70 X20.0;　　　　$A \to G \to H \to D \to A$

…

试用 G90 指令编制如图 3–25 所示零件的加工程序。

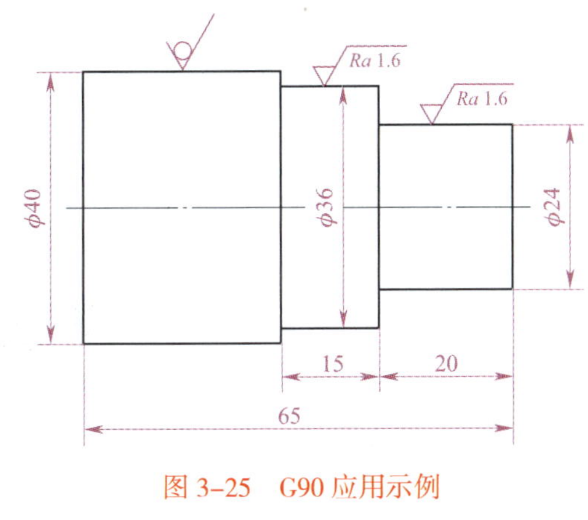

图 3–25　G90 应用示例

（2）内 / 外圆锥面车削循环

1）指令格式

G90 X（U）__ Z（W）__ R__ F__ ；

X（U）、Z（W）：*X*、*Z* 为圆锥面切削终点绝对坐标值，*U*、*W* 为圆锥面切削终点相对循环起点的增量值，即图 3–26 所示 *C* 点的坐标。

R：车削圆锥面时起点半径与终点半径的差值。

F：进给速度。

2）指令说明

如图 3–26 所示为圆锥面切削循环运动轨迹。刀具从 *A* → *B* 为快速进给，因此，在编程时，*A* 点在轴向上要离开工件一段距离，以保证快速进刀时的安全；刀具从 *B* → *C* 为切削进给（按照指令中的 F 值进给）；刀具从 *C* → *D* 时也为切削进给，为了提高生产率，*D* 点在径向上不要离毛坯轮廓太远。

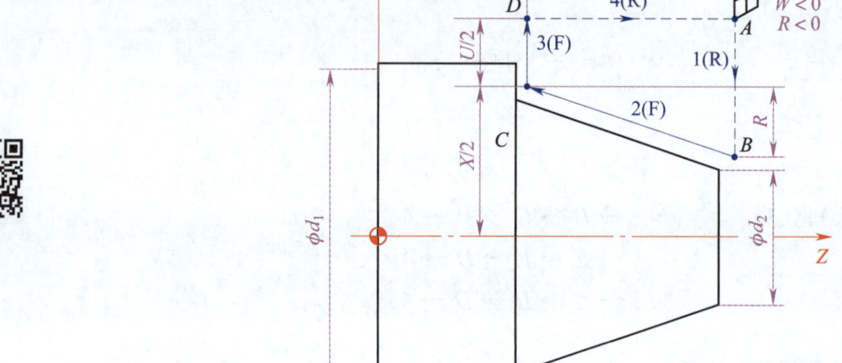

图 3–26 圆锥面切削循环

3）示例

加工如图 3–27 所示零件，试用 G90 指令编写圆锥面加工程序。

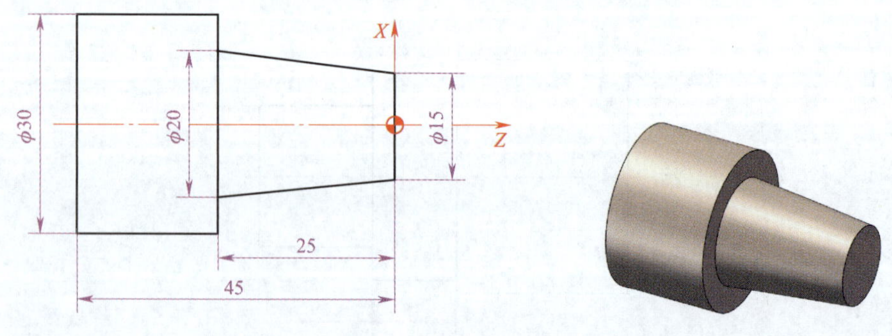

图 3–27 圆锥面切削循环示例

其加工程序见表 3-4。

表 3-4　　圆锥面加工程序

参考程序	注　释
O3002;	程序名
N10 T0101;	选 1 号刀，执行 1 号刀补
N20 G99 M03 S800;	主轴正转，转速为 800 r/min
N30 G00 X35.0 Z2.0;	快速靠近工件
N40 G90 X28.0 Z-25.0 R-2.7 F0.2;	第一次循环加工
N50 X24.0;	第二次循环加工
N60 X20.0;	第三次循环加工
N70 G00 X100.0 Z50.0;	快速回安全点
N80 M30;	程序结束

2. 端面车削循环（G94）

这里的端面是指与 *X* 坐标轴平行的端面。G94 与 G90 指令的使用方法类似，G90 主要用于轴类零件的内外圆切削，G94 主要用于大小径之差较大而轴向台阶长度较短的盘类零件的端面切削。

（1）圆柱端面车削循环

1）指令格式

G94 X（U）__ Z（W）__ F__ ；

X（U）、Z（W）、F 的含义与 G90 相同。

2）指令说明

①如图 3-28 所示为刀具的运动轨迹，刀具从 *A* 点出发，第 1 段沿 *Z* 轴快速移动到 *B* 点，第 2 段以 F 指令的进给速度切削到达 *C* 点，第 3 段切削进给退到 *D* 点，第 4 段快速退回到循环起点 *A*，完成一个切削循环。

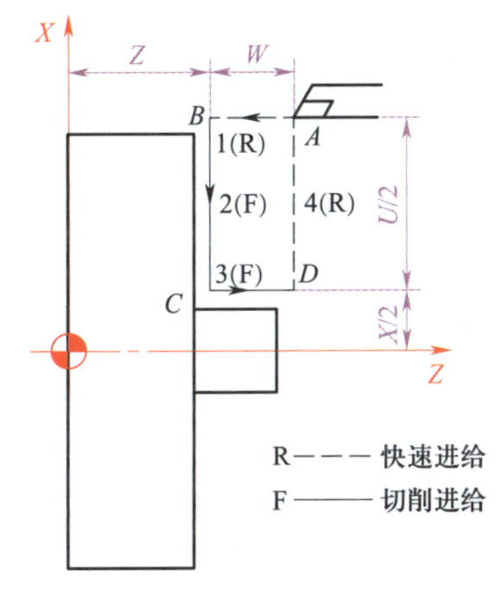

图 3-28　圆柱端面车削循环

② G94 指令的特点是选用刀具的端面切削刃作为主切削刃，以车端面的方式进行循环加工。G90 与 G94 的区别在于 G90 在工件径向做分层粗加工，而 G94 在工件轴向做分层粗加工；G94 第一步先沿 *Z* 轴运动，而 G90 则先沿 *X* 轴运动。

3）示例

加工如图 3-29 所示零件，试用 G94 指令编写加工程序。

其加工程序见表 3-5。

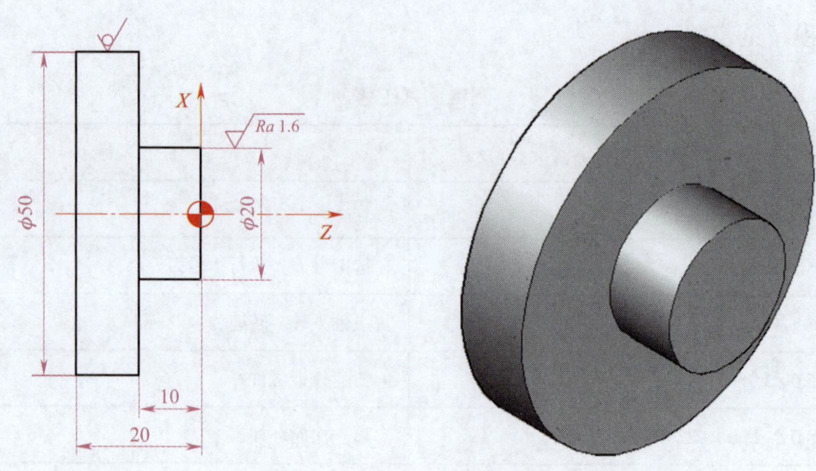

图 3-29　圆柱端面切削循环示例

表 3-5　圆柱端面加工程序

参考程序	注　释
O3003；	程序名
N5 T0101；	选 1 号刀，执行 1 号刀补
N10 G99 M03 S500；	主轴正转，转速为 500 r/min
N20 G00 X52.0 Z1.0；	快速靠近工件
N30 G94 X20.2 Z–2.0 F0.2；	粗车第一刀，*Z* 向切深为 2 mm
N40 Z–4.0；	粗车第二刀
N50 Z–6.0；	粗车第三刀
N60 Z–8.0；	粗车第四刀
N70 Z–9.8；	粗车第五刀
N80 X20.0 Z–10.0 S900；	精加工
N90 G00 X100.0 Z50.0；	快速退至安全点
N100 M30；	程序结束

（2）圆锥端面车削循环

1）指令格式

G94 X（U）__ Z（W）__ R__ F__；

X（U）、Z（W）、F：含义与 G90 相同；

R：端面切削的起点相对于终点在 *Z* 轴方向上的增量值，圆台左大右小取正值，反之为负值。

2）指令说明

G94 的刀具运动轨迹如下：刀具从 *A* 点出发，第 1 段沿 *Z* 轴快速移动到达 *B* 点，第 2 段以 F 指令的进给速度切削到达 *C* 点，第 3 段切削进给退到 *D* 点，第 4 段快速退回到出发点 *A* 点，完成一个切削循环，如图 3-30 所示。

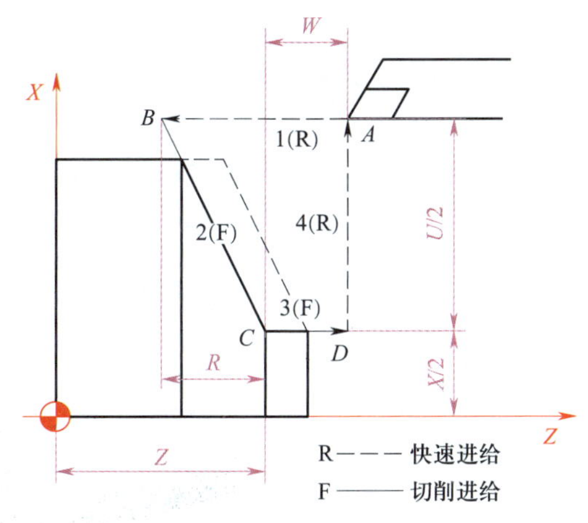

图 3–30 圆锥端面车削循环

3. 螺纹车削循环（G92）

（1）指令格式

G92 X（U）__ Z（W）__ R__ F__ ；

X、Z：螺纹终点的绝对坐标值。

U、W：螺纹终点相对于螺纹起点的增量坐标值。

R：圆锥螺纹起点与终点的半径差；加工圆柱螺纹时 *R* 为零，可省略。

（2）指令说明

该指令可切削圆柱螺纹和圆锥螺纹（见图 3–31）。刀具从循环起点开始按矩形或梯形循环，最后又回到循环起点。图中虚线表示按 G00 的速度快速移动，实线表示按 F 指令的进给速度移动。

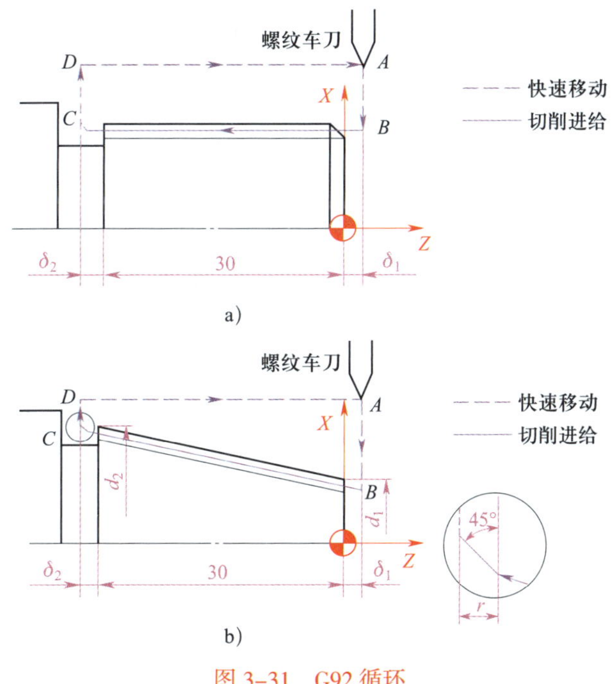

图 3–31 G92 循环

a）圆柱螺纹切削 b）圆锥螺纹切削

（3）示例

加工如图 3-32 所示 M30×2—6g 普通圆柱螺纹，试用 G92 指令编制加工程序。

螺纹大径：$d_{大}=D-0.13P=30\ \text{mm}-0.13\times2\ \text{mm}=29.74\ \text{mm}$。

螺纹小径：$d_{小}=D-1.08P=30\ \text{mm}-1.08\times2\ \text{mm}=27.84\ \text{mm}$。

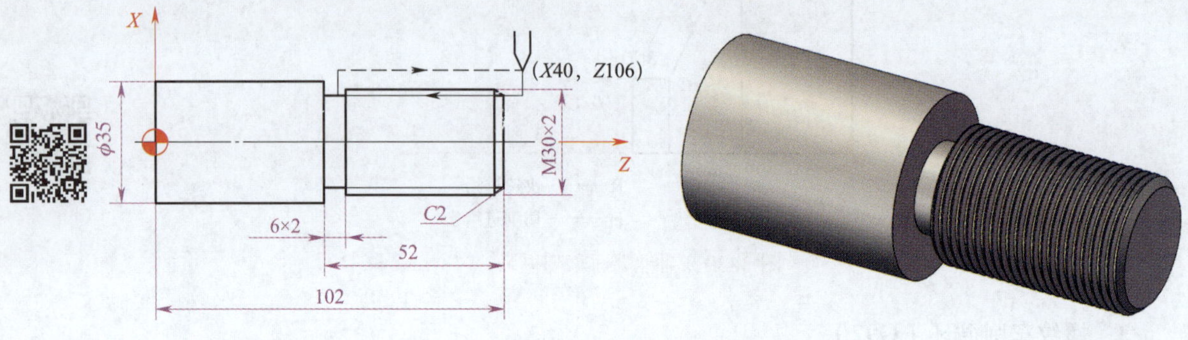

图 3-32　圆柱螺纹加工示例

其加工程序见表 3-6。

表 3-6　　螺纹加工程序

参考程序	注　释
O3004;	程序名
N10 T0101;	选 1 号刀，执行 1 号刀补
N20 G99 M03 S800;	主轴正转，转速为 800 r/min
N30 G00 X40.0 Z106.0;	快速靠近工件
N40 G92 X29.0 Z52.0 F2.0;	车螺纹，第一刀
N50 X28.5;	第二刀
N60 X28.0;	第三刀
N70 X27.84;	第四刀
N80 G00 X100.0 Z200.0;	快速退至参考点
N90 M05;	主轴停
N100 M30;	程序结束

试用 G92 指令编制图 3-33 所示零件的螺纹加工程序。

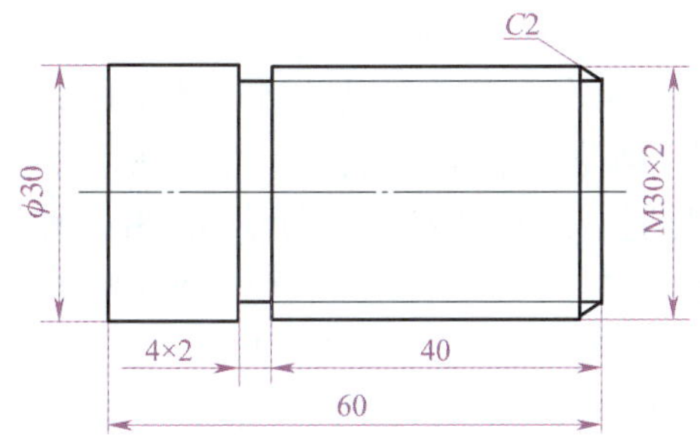

图 3-33　G92 应用示例

五、复合固定循环

对于铸、锻毛坯的粗车或用棒料直接车削过渡尺寸较大的台阶轴，需要多次重复进行车削，使用 G90 或 G94 指令编程仍然比较麻烦，而用 G71、G72、G73、G70 等复合固定循环指令，只要编写出精加工进给路线，给出每次切除余量或循环次数和精加工余量，数控系统即可自动计算出粗加工时的刀具路径，完成重复切削直至加工完毕。

1. 精加工复合固定循环（G70）

采用复合固定循环 G71、G72、G73 指令进行粗车后，用 G70 指令可进行精车循环车削。

（1）指令格式

G70 P（ns）Q（nf）;

ns：精加工程序的第一个程序段的段号。

nf：精加工程序的最后一个程序段的段号。

（2）指令说明

在精车循环 G70 状态下，ns～nf 程序中指定的 F、S、T 有效；如果 ns～nf 程序中不指定 F、S、T，粗车循环中指定的 F、S、T 有效。在使用 G70 精车循环时，要特别注意快速退刀路线，防止刀具与工件发生干涉。

2. 内、外圆复合固定粗车循环（G71）

G71 指令适用于毛坯余量较大的外圆和内圆粗车，在 G71 指令后描述零件的精加工轮廓，数控系统根据精加工程序所描述的轮廓形状和 G71 指令内各参数自动生成加工路径，将粗加工待切除余量一次性切削完成。

（1）指令格式

G71 U（Δd）R（e）;

G71 P（ns）Q（nf）U（Δu）W（Δw）F__ S__ T__ ;

Δd：X 向背吃刀量，半径量，不带正负号。

e：粗加工每次车削循环的 X 向退刀量，半径量，无符号。

ns：精加工程序第一个程序段的段号。

nf：精加工程序最后一个程序段的段号。

Δu：X 向精加工余量（直径量）。

Δw：Z 向精加工余量。

F、S、T：粗加工循环中的进给速度、主轴转速和刀具功能。

（2）指令说明

1）如图 3–34 所示为 G71 粗车循环的运动轨迹，图中 *A* 点为粗加工循环起点，*B* 点为精加工路线的第一点，*D* 点为精加工路线的最后一点。在循环开始时，刀具首先由 *A* 点退到 *C* 点，移动 $\Delta u/2$ 和 Δw 距离。刀具从 *C* 点平行于 *AB* 沿 *X* 轴负方向移动 Δd，开始第一刀切削循环。第 1 步移动由顺序号 *ns* 的程序段中 G00 或 G01 指定；第 2 步切削运动用 G01 指定，当到达本段终点时，以与 *Z* 轴夹角为 45° 的方向退出；第 3 步以离开切削表面距离 *e* 快速返回 *Z* 轴出发点。再以背吃刀量 Δd 进行第二刀切削，当达到精车余量时，沿精加工余量轮廓 *EF* 加工一刀，使精车余量均匀。最后从 *F* 点快速返回 *A* 点，完成一个粗车循环。

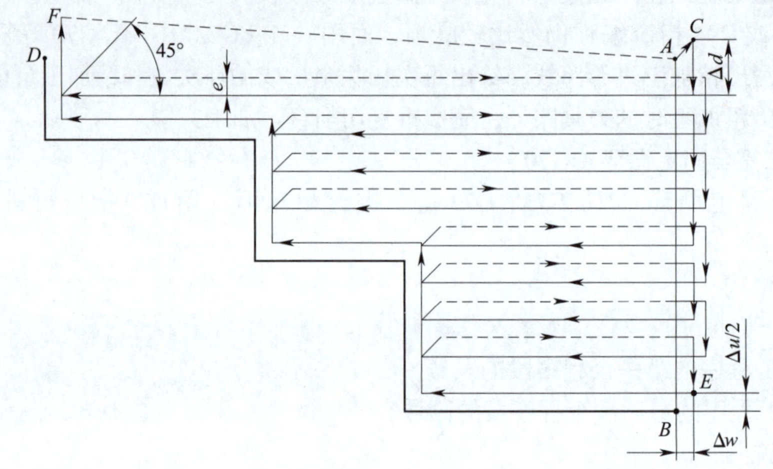

图 3–34　G71 指令刀具循环路径

只要在程序中给出 $A \rightarrow B \rightarrow D$ 的精加工形状及 *X* 向精车余量 Δu、*Z* 向精车余量 Δw、每次背吃刀量 Δd，即可完成 *ABDA* 区域的粗车工序。

2）在 $B \rightarrow D$ 的移动指令中，指令 F、S、T 功能仅在精车中有效。粗车循环使用 G71 程序段或以前指令的 F、S、T 功能。当有恒线速控制功能时，在 $B \rightarrow D$ 移动指令中指定的 G96 或 G97 也无效，粗车循环使用 G71 程序段或以前指令的 G96 或 G97 功能。

3）$A \rightarrow B$ 的刀具轨迹由顺序号 ns 的程序段中指定。可以用 G00 或 G01 指定，但不能指定 *Z* 轴的运动。在程序段 ns～nf 中不能调用子程序。当顺序号 ns 的程序段用 G00 移动，在指令 *A* 点时，必须保证刀具在 *Z* 轴方向上位于工件之外。顺序号 ns 的程序不仅用于粗车，还要用于精车时的进刀，一定要保证进刀的安全。

4）$B \rightarrow D$ 的工件形状，*X* 轴和 *Z* 轴都必须是单调增大或减小的图形。

5）在编程时，*A* 点在 G71 程序段之前指令。

6）*X* 向、*Z* 向精加工余量 Δu 和 Δw 的符号如图 3–35 所示。

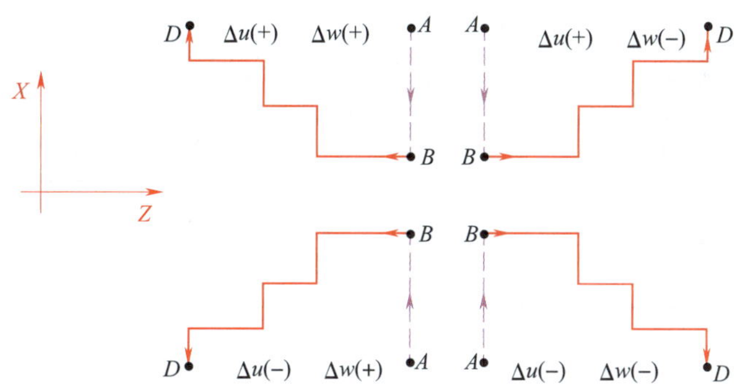

图 3–35　G71 循环中 Δu 和 Δw 的符号

（3）示例

如图 3–36 所示为棒料毛坯加工。粗加工背吃刀量为 3 mm，退刀量为 1 mm，进给量为 0.3 mm/r，主轴转速为 500 r/min；精加工余量 X 向为 1 mm（直径值）、Z 向为 0.5 mm，进给量为 0.15 mm/r，主轴转速为 800 r/min。程序起点如图 3–36 所示。试编写加工程序。

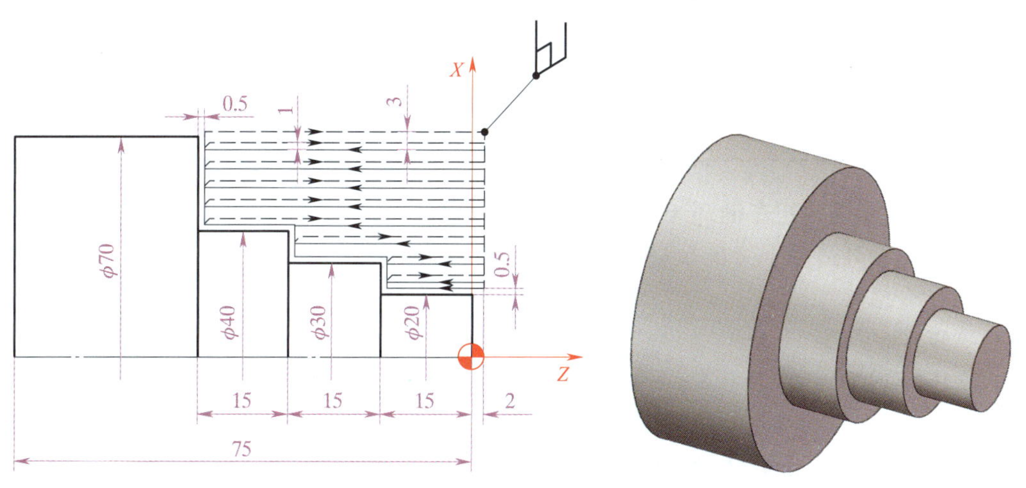

图 3–36　G71 应用示例

其加工程序见表 3–7。

表 3–7　　应用 G71 加工外圆参考程序

参考程序	注　释
O3005；	程序名
N10 G99 M03 S500；	主轴正转，转速为 500 r/min
N20 T0101；	选 1 号刀，执行 1 号刀补
N30 G00 X72.0 Z2.0；	快速移到循环起刀点
N40 G71 U3.0 R1.0；	背吃刀量为 3 mm，退刀量为 1 mm

续表

参考程序	注　释
N50 G71 P60 Q120 U1.0 W0.5 F0.3；	精车余量 X 向为 1 mm、Z 向为 0.5 mm
N60 G00 X20.0 S800；	精加工轮廓起点，转速为 800 r/min
N70 G01 Z–15.0 F0.15；	精加工 ϕ20 mm 外圆
N80 X30.0；	精加工 ϕ30 mm 外圆右端面
N90 Z–30.0；	精加工 ϕ30 mm 外圆
N100 X40.0；	精加工 ϕ40 mm 外圆右端面
N110 Z–45.0；	精加工 ϕ40 mm 外圆
N120 X72.0；	精加工 ϕ70 mm 外圆右端面
N130 G70 P60 Q120；	精加工指令
N140 G00 X100.0 Z100.0；	退刀
N150 M05；	主轴停
N160 M30；	程序结束并复位

3. 端面复合固定粗车循环（G72）

端面粗车循环适用于 Z 向余量小、X 向余量大的棒料粗加工。

（1）指令格式

G72 W（Δd）R（e）；

G72 P（ns）Q（nf）U（Δu）W（Δw）F__ S__ T__ ；

Δd：粗加工每次背吃刀量（正值，Z 向）。

e：粗加工每次车削循环的 Z 向退刀量。

ns：精加工程序的第一个程序段的段号。

nf：精加工程序的最后一个程序段的段号。

Δu：X 向精加工余量（直径量）。

Δw：Z 向精加工余量。

（2）指令说明

端面复合固定粗车循环指令的含义与 G71 类似，不同之处是刀具平行于 X 轴方向切削，是从外径方向往轴线方向切削端面的粗车循环，该循环方式适用于长径比较小的盘类零件端面的粗车。

（3）示例

如图 3–37 所示为棒料毛坯的加工示意图。粗加工 Z 向背吃刀量为 4 mm，进给量为 0.3 mm/r，主轴转速为 500 r/min；精加工余量 X 向为 1 mm（直径值）、Z 向为 0.5 mm，进给量为 0.15 mm/r，主轴转速为 800 r/min。程序起点如图 3–37 所示。用端面粗车循环 G72 指令编写加工程序。

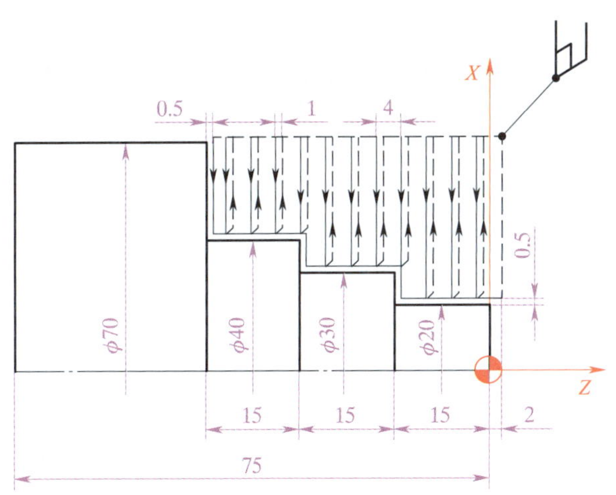

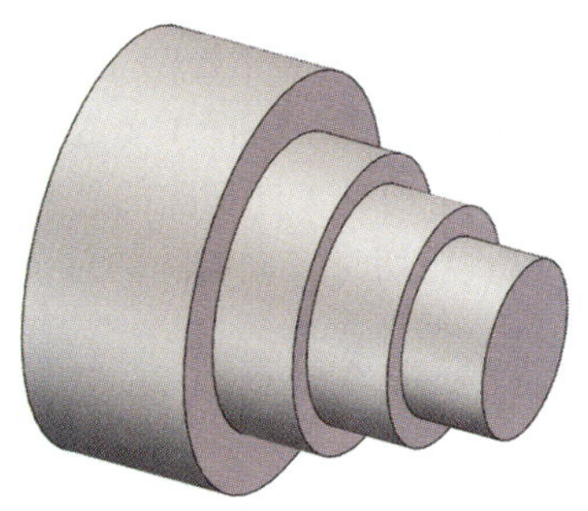

图 3-37　G72 应用示例

其加工程序见表 3-8。

表 3-8　　应用 G72 加工外圆参考程序

参考程序	注　释
O3006;	程序名
N10 G99 M03 S500;	主轴正转，转速为 500 r/min
N20 T0101;	选 1 号刀，执行 1 号刀补
N30 G00 X72.0 Z2.0;	快速移到循环起刀点
N40 G72 W4.0 R1.0;	粗加工背吃刀量为 4 mm，退刀量为 1 mm
N50 G72 P60 Q120 U1.0 W0.5 F0.3;	精车余量 X 向为 1 mm 、Z 向为 0.5 mm
N60 G00 Z-45.0 S800;	精加工轮廓起点，转速为 800 r/min
N70 G01 X40.0 F0.15;	精加工 φ70 mm 右端面
N80 Z-30.0;	精加工 φ40 mm 外圆
N90 X30.0;	精加工 φ40 mm 右端面
N100 Z-15.0;	精加工 φ30 mm 外圆
N110 X20.0;	精加工 φ30 mm 右端面
N120 Z2.0;	精加工 φ20 mm 外圆
N130 G70 P60 Q120;	精加工循环指令
N140 G00 X100.0 Z100.0;	退至安全点
N150 M05;	主轴停
N160 M30;	主程序结束并复位

4. 形状复合固定粗车循环（G73）

G73 指令适用于毛坯轮廓形状与零件轮廓形状基本接近的毛坯的粗车，如一些锻件、铸件的粗车。

（1）指令格式

G73 U（Δi）W（Δk）R（Δd）；

G73 P（ns）Q（nf）U（Δu）W（Δw）F__ S__ T__ ；

Δi：粗切时 X 向切除的总余量（半径值）。

Δk：粗切时 Z 向切除的总余量。

Δd：循环次数。

其他参数含义同 G71 指令。

（2）指令说明

如图 3–38 所示为 G73 循环指令的运动轨迹。执行 G73 功能时，每一刀的切削路线的轨迹形状是相同的，只是位置不同。每走完一刀，就把切削轨迹向工件移动一个位置，因此对于经锻造、铸造等粗加工已初步成形的毛坯，可用 G73 循环进行高效加工。

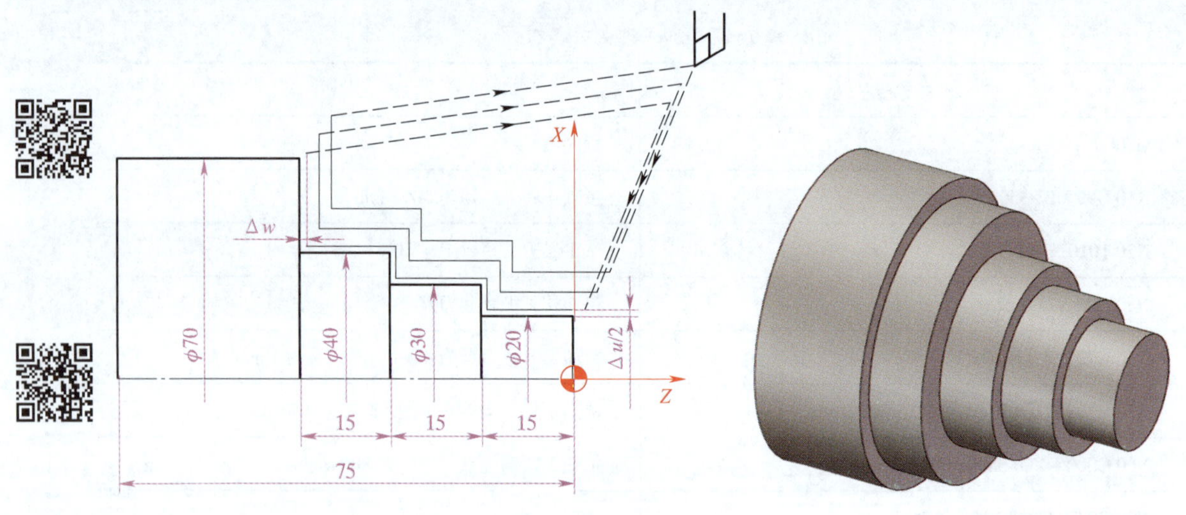

图 3–38　G73 应用示例

（3）示例

如图 3–38 所示，粗加工 X 向总余量为 9 mm，Z 向总余量为 3 mm，进给量为 0.3 mm/r，主轴转速为 500 r/min；精加工余量 X 向为 1 mm（直径值）、Z 向为 0.5 mm，进给量为 0.15 mm/r，主轴转速为 800 r/min。试用 G73 指令编写加工程序。

其加工程序见表 3–9。

5. 镗孔与深孔钻削复合固定循环（G74）

该指令可实现端面深孔钻削和镗孔加工，Z 向切进一定的深度，再反向退刀一定的距离，实现断屑。

（1）指令格式

G74 R（e）；

G74 X（U）__ Z（W）__ P（Δi）　Q（Δk）　R（Δd）　F__；

表 3-9　　应用 G73 加工外圆参考程序

参考程序	注　释
O3007；	程序名
N10 G99 M03 S500；	主轴正转，转速为 500 r/min
N20 T0101；	选 1 号刀，执行 1 号刀补
N30 G00 X100.0 Z20.0；	快速移到循环起刀点
N40 G73 U9.0 W3.0 R3；	设置 *X* 向、*Z* 向总余量及循环次数
N50 G73 P60 Q140 U1.0 W0.1 F0.3；	精车余量 *X* 向为 1 mm，*Z* 向为 0.1 mm
N60 G00 X20.0 Z2.0 S800；	精加工轮廓起点，转速为 800 r/min
N70 G01 Z-15.0 F0.15；	精加工 ϕ20 mm 外圆
N80 X30.0；	精加工 ϕ30 mm 外圆右端面
N90 Z-30.0；	精加工 ϕ30 mm 外圆
N100 X40.0；	精加工 ϕ40 mm 外圆右端面
N110 Z-45.0；	精加工 ϕ40 mm 外圆
N120 X72.0；	精加工 ϕ70 mm 外圆右端面
N130 G70 P60 Q120；	精加工循环指令
N140 G00 X100.0 Z100.0；	退至安全点
N150 M05；	主轴停
N160 M30；	程序结束并复位

e：每次切削的回退量，模态值。

X：切削终点的 *X* 向绝对坐标值，如图 3-39 中 *B* 点 *X* 向绝对坐标值。

Z：切削终点的 *Z* 向绝对坐标值，如图 3-39 中 *C* 点 *Z* 向绝对坐标值。

U：切削终点相对于切削起点的 *X* 向增量，如图 3-39 中 *A* 点至 *B* 点的 *X* 向增量。

W：切削终点相对于切削起点的 *Z* 向增量，如图 3-39 中 *A* 点至 *C* 点的 *Z* 向增量。

Δi：刀具完成一次轴向切削后在 *X* 向的偏移量，用不带符号的半径量表示。

Δk：*Z* 方向每次切削进给的切深，无正负符号，单位为 μm。

Δd：切削到终点的退刀量，为防止打刀，一般设为 0。

（2）指令说明

1）G74 加工路线如图 3-39 所示。

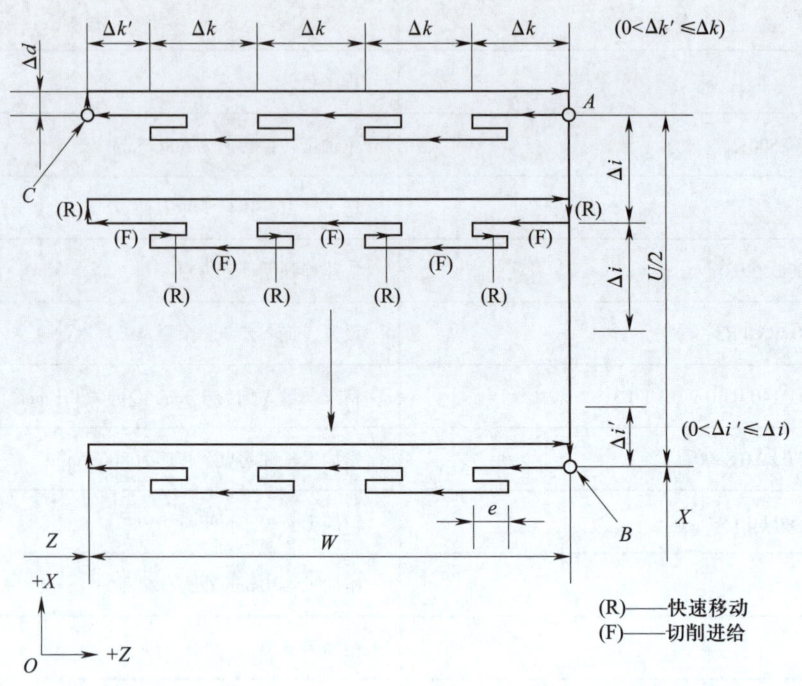

图 3–39　G74 加工路线示意图

2）G74 指令中，若指定 X 轴地址和 X 轴移动量，则为镗孔加工；若不指定 X 轴地址和 X 轴移动量，则为端面深孔钻削加工。

3）使用时刀具一定要精确定位到工件的旋转中心。

4）F 值为粗加工循环中的进给速度，如未指定则沿用前面程序段中的 F 值。

（3）示例

在数控车床上加工如图 3–40 所示直径为 5 mm 、深为 50 mm 的深孔，试用 G74 指令编制加工程序。

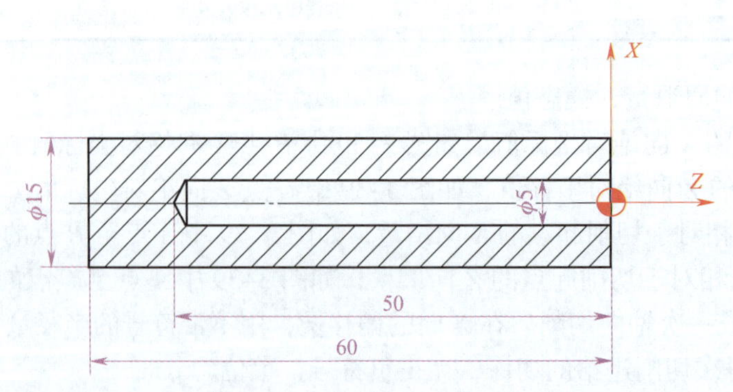

图 3–40　端面深孔加工示例

其加工程序见表 3-10。

表 3-10　深孔加工程序

参考程序	注　释
O3008;	程序名
N10 G99 M03 S800;	主轴正转，转速为 800 r/min
N20 T0101;	选 1 号刀，执行 1 号刀补
N30 G00 X0 Z5.0 M08;	快速靠近工件
N40 G74 R2.0;	设置 G74 参数
N50 G74 Z-50.0 Q5000 F0.15;	
N60 G00 X50.0 Z100.0;	快速回安全点
N70 M09;	关闭切削液
N80 M30;	程序结束并复位

6. 内、外圆切槽复合固定循环（G75）

（1）指令格式

G75 R（e）；

G75 X（U）__ Z（W）__ P（Δi）Q（Δk）R（Δd）；

e：切槽过程中径向退刀量，半径值，单位为 mm。

X（U）、Z（W）：切槽终点处坐标。

Δi：切槽过程中径向每次切入量，用不带符号的半径量表示，单位为 μm。

Δk：沿径向切完一个刀宽后退出在 Z 向的移动量，用不带符号的值表示，单位为 μm。

Δd：刀具切到槽底后，在槽底沿 Z 向的退刀量。

采用绝对坐标编程时，X 为槽底直径，Z 为终点 Z 向位置坐标；采用相对坐标编程时，U 是从起点至终点的 X 方向增量，W 是从起点至终点的 Z 向增量。

（2）指令说明

1）G75 加工路线如图 3-41 所示。

2）切槽刀起始点 A 的 X 向位置应比槽口最大直径大 2～3 mm，以免在刀具快速移动时发生撞刀。Z 向位置与切槽起始位置是从槽的左侧开始还是从槽的右侧开始有关。如图 3-42 所示，左刀尖作为刀位点，当切槽起始位置从左侧开始时 Z 为 -30 mm，当切槽起始位置从右侧开始时 Z 为 -24 mm（槽左侧尺寸 20 mm 加刀宽 4 mm）。

3）在切单个宽槽时须注意 Δk 值应小于刀宽，以使每次切削轨迹在宽度上都有重叠。

4）Δd 一般取 0，以免断刀。

5）对于指令中的 Δi、Δk 值，在 FANUC 系统中不能输入小数点，而直接输入脉冲当量值，如 P1500 表示径向每次切深量为 1.5 mm。

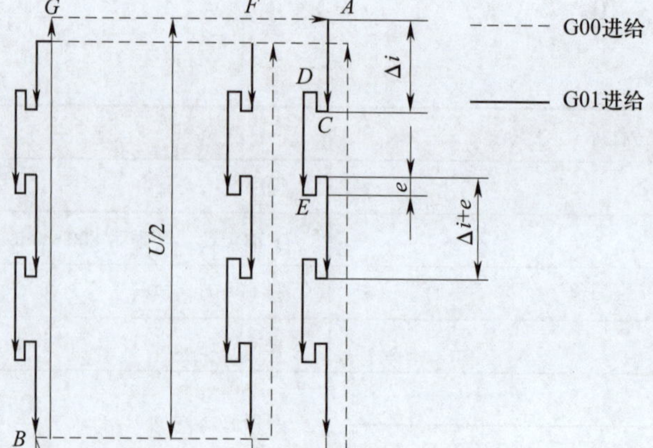

图 3–41 G75 加工路线示意图

（3）示例

加工如图 3–42 所示槽，工件材料为 45 钢，选用刀具为 4 mm 切槽刀，试编写加工程序。

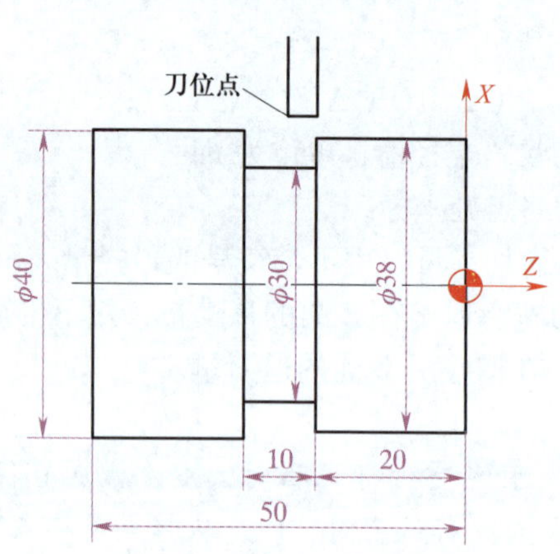

图 3–42 G75 应用示例

其加工程序见表 3–11。

表 3–11 槽加工程序

参考程序	注释
O3009；	程序名
N10 G99 M03 S300；	主轴正转，转速为 300 r/min
N20 T0101；	选 1 号刀，执行 1 号刀补
N30 G00 X42.0 Z–24.0 M08；	刀具快速调至循环起点
N40 G75 R0.2；	切槽过程中径向退刀量为 0.2 mm

续表

参考程序	注　释
N50 G75 X30.0 Z-30.0 P500 Q3000 F0.05;	设置切槽循环参数
N60 G00 X50.0 M09;	X 向快速退刀
N70 Z100.0;	Z 向快速退刀
N80 M30;	程序结束

7. 螺纹复合固定切削循环（G76）

G76 指令用于多次自动循环切削螺纹。如图 3-43a 所示为螺纹切削复合循环路径及进刀方式。

（1）指令格式

G76 P（m）（r）（α）Q（Δd_{min}）R（d）；

G76 X（U）__ Z（W）__ R（i）P（k）Q（Δd）F__；

m：精车重复次数，从 1～99 中选择。该值是模态的，在下次被指定之前一直有效。也可以用参数设定。

r：螺纹尾端倒角量，是螺纹导程（L）的 0.1～9.9 倍，以 0.1 为一挡增加，设定时用 00～99 的两位数表示。

α：刀尖角度，可从 0、29°、30°、55°、60° 和 80° 六个角度中选择一个合适的角度，用两位数表示。该值是模态的，在下次被指定之前一直有效。也可以用参数设定。

Δd_{min}：最小切深，用半径值指令，单位为 μm。

d：精车余量，用半径值指令，单位为 μm。

X（U）、Z（W）：螺纹终点坐标。

i：圆锥螺纹起点、终点的半径差值。圆柱螺纹时为 0，可省略。

k：螺纹高度（X 轴方向上的牙型高），用半径值指令，单位为 μm。

Δd：第一次切深，用半径值指令，单位为 μm。

F：螺纹导程。

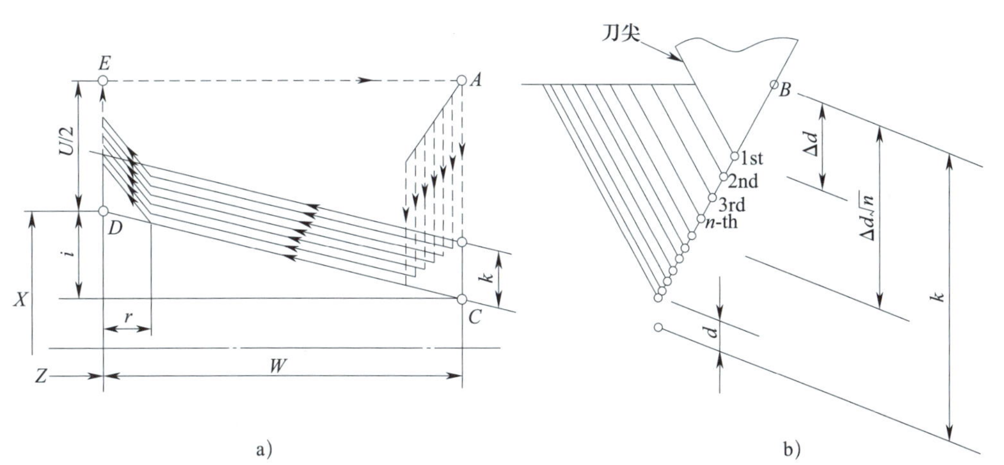

图 3-43　螺纹切削复合循环路径及进刀方式

（2）指令说明

1）m、r、α 可用地址一次指定，如 m=2，r=P，α =60° 时可写成 P021060。

2）在指令中，P、Q、R 地址后的数值应表示为无小数点形式。单边切入进刀如图 3–43b 所示。

（3）示例

用 G76 指令加工螺纹，零件如图 3–44 所示。

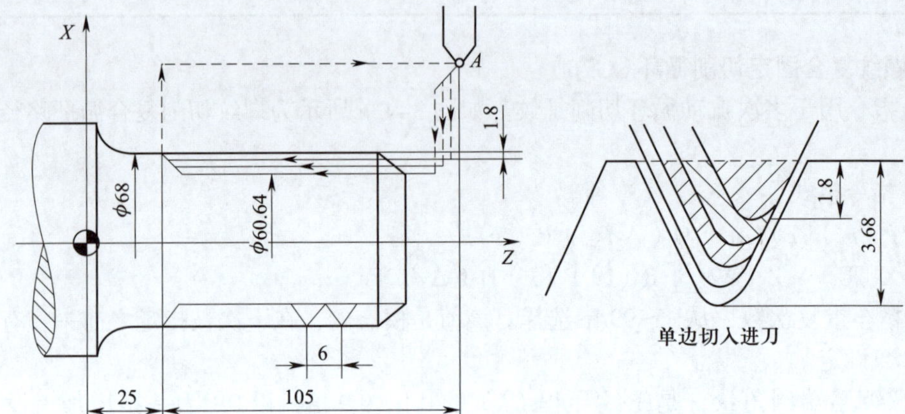

图 3–44　G76 指令编程示例

参数的选择：

1）A 点位置。A 点应在毛坯之外，以保证快速进给的安全，还应保证螺纹的切削精度，Z 向应大于升速进刀段 δ_1。

2）m 值的选取。精加工进给次数，本例选 m=1。

3）r 值的选取。r 值若选得过大，在近于 45° 方向上退刀时不能保证螺纹长度；若选得过小，则收尾部分太短，用收尾部分进行螺纹密封时效果欠佳。若设计有要求，则按要求设定。本例按 1 个螺距选取，r=10。

4）α 的确定。公制螺纹，牙型角 α =60°。

5）Δd_{min} 的确定。最小切入增量 Δd_{min}=0.1 mm。

6）d 的确定。精加工余量，本例选 d=0.2 mm。

7）k 值的确定。牙型高 k=3.68 mm。

8）Δd 的确定。第 1 次切入量，本例选 Δd=1.8 mm。

程序示例见表 3–12。

表 3–12　程序示例

参考程序	注　释
O3010;	程序名
N10 G99 M03 S800;	主轴正转，转速为 800 r/min
N20 T0303;	换 3 号螺纹刀

续表

参考程序	注　释
N30 G00 X80.0 Z130.0；	快速移动到 A 点
N40 G76 P011060 Q100 R200；	指令 m、r、a、Δd_{min}、d 值
N50 G76 X60.64 Z25.0 P3680 Q1800 F6.0；	指令螺纹终点坐标值及 k、Δd、F 值
N60 G00 X100.0 Z50.0；	快速退至安全点
N70 M30；	程序结束并复位

注意：编程时，P 和 Q 值不能使用小数点编程。

§3-3　综合零件编程实例

一、台阶轴零件

试编制如图 3-45 所示台阶轴零件的加工程序。

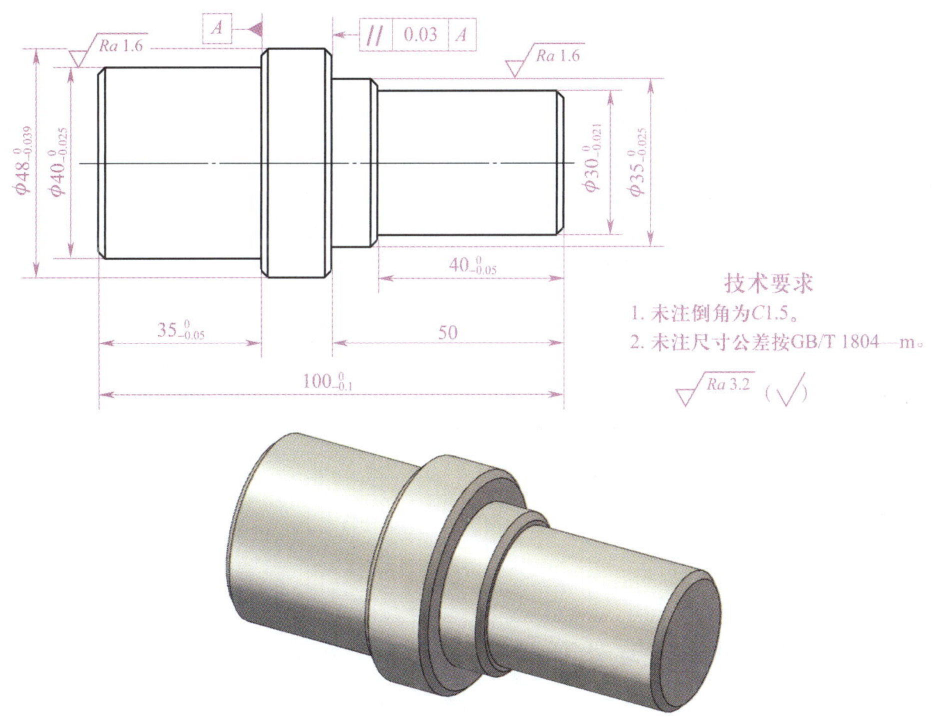

图 3-45　台阶轴零件图

1. 图样分析

该零件为典型的台阶轴零件，包含 $\phi30_{-0.021}^{0}$ mm、$\phi35_{-0.025}^{0}$ mm、$\phi40_{-0.025}^{0}$ mm、$\phi48_{-0.039}^{0}$ mm 四个台阶。$\phi30_{-0.021}^{0}$ mm 台阶长度为 $40_{-0.05}^{0}$ mm，$\phi35_{-0.025}^{0}$ mm 台阶长度由长度 50 mm 和 $40_{-0.05}^{0}$ mm 确定，$\phi48_{-0.039}^{0}$ mm 台阶由长度 $100_{-0.1}^{0}$ mm、50 mm 和 $35_{-0.05}^{0}$ mm 确定，$\phi40_{-0.025}^{0}$ mm 台阶长度为 $35_{-0.05}^{0}$ mm。四个台阶端面处都有 $C1.5$ 倒角。四个台阶都有严格的表面质量要求，表面粗糙度值为 Ra 1.6 μm。同时，$\phi48_{-0.039}^{0}$ mm 左、右端面还有平行度要求。

2. 工艺分析

该零件虽然形状比较简单，计算量比较少，程序编制比较容易，但四个台阶有严格的尺寸精度和表面质量要求。该零件的加工难点在于如何确保四个台阶的尺寸精度和表面质量要求，以及 $\phi48_{-0.039}^{0}$ mm 左右端面的平行度要求。

为了解决上述加工难点，编制加工工序时，应按粗、精加工分开原则进行编制。先夹住毛坯外圆，粗、精加工零件左端轮廓，然后掉头夹住 $\phi40_{-0.025}^{0}$ mm 外圆，加工零件右端轮廓。掉头装夹时，应使 $\phi48_{-0.039}^{0}$ mm 左端面紧贴卡爪端面，并用百分表校正，以保证 $\phi48_{-0.039}^{0}$ mm 左、右端面的平行度要求。通过上述分析，可制定如下加工路线：

（1）用三爪自定心卡盘夹持毛坯面，粗、精车工件左端轮廓（端面、倒角、外圆）至要求尺寸。

（2）工件掉头，用三爪自定心卡盘夹持 $\phi40_{-0.025}^{0}$ mm 外圆（用铜皮包住）以工件 $\phi48_{-0.039}^{0}$ mm 左端面定位，并用百分表校正，粗、精车右端轮廓（端面、倒角、外圆）至尺寸。

3. 相关工艺卡的填写

（1）数控加工刀具卡（见表 3–13）

表 3–13　　台阶轴数控加工刀具卡

产品名称或代号		× × ×	零件名称		台阶轴	零件图号	× ×
序号	刀具号	刀具名称	数量	加工表面		刀尖半径 /mm	备注
1	T01	90° 硬质合金偏刀	1	工件外轮廓粗车		0.4	20 × 20
2	T02	93° 硬质合金偏刀	1	工件外轮廓精车		0.2	20 × 20
编制		审核	批准		年　月　日	共　页	第　页

（2）数控加工工艺卡（见表 3–14）

4. 程序编制

（1）编制左端轮廓加工程序

1）建立工件坐标系

加工左端轮廓时，夹住毛坯外圆，工件坐标系设在工件左端面轴线上，如图 3–46 所示。

2）基点坐标值（见表 3–15）

表 3–14　　台阶轴数控加工工艺卡

单位名称	×××	产品名称或代号	零件名称	零件图号
		×××	台阶轴	××
工序号	程序编号	夹具名称	使用设备	车间
001	×××	三爪自定心卡盘	CK6140	数控

工步号	工步内容	刀具号	刀具规格 / mm	主轴转速 / (r · min^{-1})	进给速度 / (mm · min^{-1})	背吃刀量 / mm	备注
1	车左端面	T01	20 × 20	600	100	1	自动
2	粗车左外轮廓	T01	20 × 20	600	150	1.5	自动
3	精车左外轮廓	T02	20 × 20	900	100	0.5	自动
4	车右端面	T01	20 × 20	600	100	1	自动
5	粗车右外轮廓	T01	20 × 20	600	150	1.5	自动
6	精车右外轮廓	T02	20 × 20	900	100	0.5	自动

编制		审核		批准		年　月　日	共　页	第　页

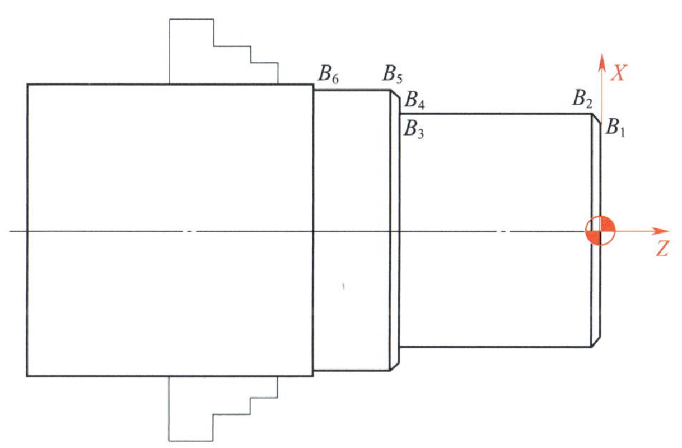

图 3–46　加工左端轮廓工件坐标系及基点

表 3–15　　左端基点坐标值

基点	坐标值 (X，Z)	基点	坐标值 (X，Z)
B_1	(36.986，0)	B_4	(44.98，–35.0)
B_2	(39.986，–1.5)	B_5	(47.98，–36.5)
B_3	(39.986，–35.0)	B_6	(47.98，–50.0)

3）参考程序（见表 3–16）

表 3–16 左端轮廓加工参考程序

参考程序	注　释
O3011；	程序名
N1 G40 G98 G21；	设置初始化
N2 T0101 S600 M03；	调 01 号刀具、执行 01 号刀补，设置主轴转速
N3 G00 X51.0 Z0.0；	快速靠近工件
N4 G01 X0 F100；	车端面
N5 G00 X52.0 Z1.0；	快速到达循环起点
N6 G71 U1.5 R0.5；	应用复合固定粗车循环指令 G71 进行粗加工
N7 G71 P8 Q15 U1.0 W0 F150；	
N8 G00 X36.986；	*X* 向进刀
N9 G01 Z0；	*Z* 向进刀
N10 X39.986 Z–1.5；	倒角 *C*1.5
N11 Z–35.0；	精加工 ϕ40 mm 外圆
N12 X44.98；	加工端面
N13 X47.98 Z–36.5；	倒角 *C*1.5
N14 Z–52.0；	加工 ϕ48 mm 外圆
N15 X51.0；	*X* 向退刀
N16 G00 X100.0 Z50.0；	刀具快速退至换刀点
N17 M05；	主轴停
N18 M00；	程序暂停
N19 T0202 S900 M03；	调用精车刀，主轴正转，转速为 900 r/min
N20 G00 X52.0 Z2.0；	刀具快速靠近工件
N21 G70 P8 Q15；	用 G70 指令进行精加工
N22 G00 X100.0 Z50.0；	快速退至换刀点
N23 M05；	主轴停
N24 M30；	程序结束并复位

（2）编制右端轮廓加工程序

1）设置工件坐标系

用三爪自定心卡盘夹持 $\phi40^{\ 0}_{-0.025}$ mm 外圆（用铜皮包住），以工件 $\phi48^{\ 0}_{-0.039}$ mm 左端面定

位，并用百分表校正，粗、精车右端轮廓。工件坐标系设在工件右端面轴线上，如图 3–47 所示。

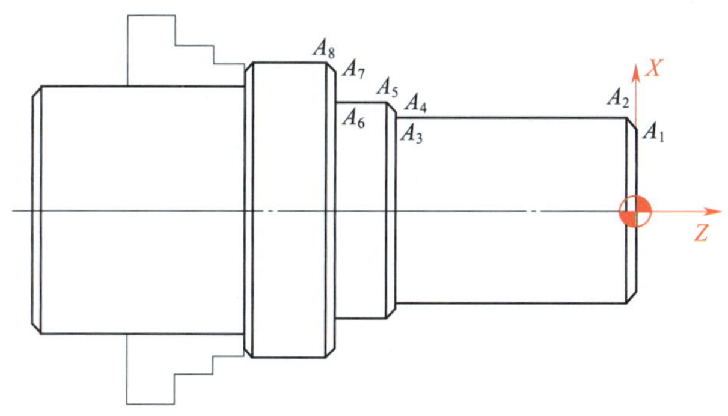

图 3–47 加工右端轮廓工件坐标系及基点

2）基点坐标值（见表 3–17）

表 3–17 右端基点坐标值

基点	坐标值（X，Z）	基点	坐标值（X，Z）
A_1	（26.99，0）	A_5	（34.986，–41.475）
A_2	（29.99，–1.5）	A_6	（34.986，–50.0）
A_3	（29.99，–39.975）	A_7	（44.98，–50.0）
A_4	（31.986，–39.975）	A_8	（47.98，–51.5）

3）参考程序（见表 3–18）

表 3–18 右端轮廓加工参考程序

参考程序	注　释
O3012；	程序名
N1 G40 G98 G21；	设置初始化
N2 T0101 S600 M03；	设置刀具、主轴转速
N3 G00 X51.0 Z0.0；	快速靠近工件
N4 G01 X0 F100；	车端面
N5 G00 X52.0 Z2.0；	快速到达循环起点
N6 G71 U1.5 R0.5；	应用复合固定粗车循环指令 G71 进行粗加工
N7 G71 P8 Q17 U0.5 W0 F150；	
N8 G00 X26.99；	X 向进刀
N9 G01 Z0；	Z 向进刀

续表

参考程序	注　释
N10 X29.99 Z–1.5;	倒角 $C1.5$
N11 Z–39.975;	加工 $\phi30$ mm 外圆
N12 X31.986;	加工端面
N13 X34.986 Z–41.475;	倒角 $C1.5$
N14 Z–50.0;	加工 $\phi35$ mm 外圆
N15 X44.98;	加工端面
N16 X47.98 Z–51.5;	倒角 $C1.5$
N17 X51.0;	X 向退刀
N18 M05;	主轴停
N19 M00;	程序暂停
N20 T0202 S900 M03;	换精车刀
N21 G00 X32.0 Z2.0;	快速靠近工件
N22 G70 P8 Q12;	用 G70 指令进行精加工
N23 G00 X100.0 Z50.0;	快速退至换刀点
N24 M05;	主轴停
N25 M30;	程序结束并复位

二、螺纹轴零件

分析如图 3–48 所示螺纹轴零件加工工艺，编制其加工程序。

1. 图样分析

该零件主要由外圆、圆弧、锥体、槽、螺纹等轮廓组成。零件右端为 M20 × 1.5 螺纹，其长度为 20 mm；螺纹右端倒角为 $C2$；螺纹退刀槽宽为 5 mm，槽深 2 mm。凹弧半径为 $R40$ mm，起点直径为 20 mm，终点直径为 $30_{-0.033}^{\ 0}$ mm，Z 向长度为 30 mm。$\phi30_{-0.033}^{\ 0}$ mm 外圆长度为 5 mm。锥体小端直径为 $30_{-0.033}^{\ 0}$ mm，大端直径为 $32_{-0.039}^{\ 0}$ mm，锥体长度为 5 mm。$\phi32_{-0.039}^{\ 0}$ mm 外圆长度由总长及其他长度尺寸确定。

2. 工艺分析

该零件形状相对复杂，需要加工螺纹、槽、凹弧、锥体、外圆等轮廓。加工该零件有两个难点：一是凹弧的加工，如何保证凹弧的尺寸精度和表面质量；二是如何保证外圆 $\phi32_{-0.039}^{\ 0}$ mm、$\phi30_{-0.033}^{\ 0}$ mm 尺寸精度和表面加工质量要求。

为解决第一个加工难点，编制程序时，需要考虑刀尖圆弧半径对尺寸精度的影响；同时为了凹弧表面质量一致性，精加工时必须采用恒线速切削功能；装刀时，刀尖必须与主轴中心等高。为解决第二个加工难点，应按粗、精加工分开原则编制工艺。根据上述分析，可制定如下加工步骤：

（1）夹住毛坯外圆，伸出长度大于 20 mm，粗、精加工零件左端面及轮廓。

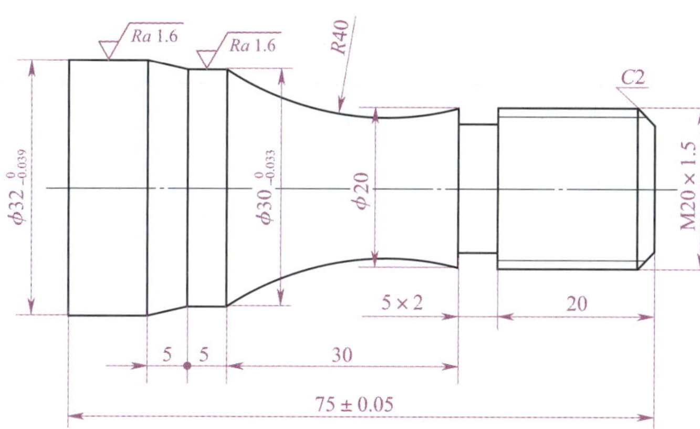

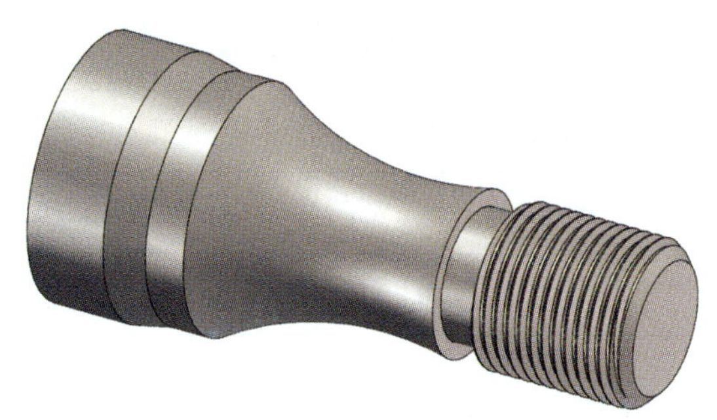

图 3-48　螺纹轴零件图

（2）掉头装夹，车端面保证总长，钻中心孔。采用一夹一顶方式，粗、精车加工右端轮廓。

（3）用切槽刀加工螺纹退刀槽。

（4）加工 M20×1.5 螺纹。

3. 相关工艺卡片的填写

（1）数控加工刀具卡（见表 3-19）

表 3-19　螺纹轴数控加工刀具卡

产品名称或代号		×××	零件名称	螺纹轴	零件图号	××
序号	刀具号	刀具规格名称	数量	加工表面	刀尖半径 /mm	备注
1	T00	中心钻	1	钻中心孔	—	A3.5
2	T01	90° 粗车刀	1	工件外轮廓粗车	0.4	20×20
3	T02	93° 精车刀	1	工件外轮廓精车	0.2	20×20
4	T03	4 mm 宽切槽刀	1	切槽与切断	—	20×20
5	T04	60° 外螺纹刀	1	车螺纹	—	20×20
编制		审核		批准	年　月　日	共　页　第　页

（2）数控加工工艺卡（见表 3–20）

表 3–20 螺纹轴数控加工工艺卡

单位名称	×××	产品名称或代号		零件名称		零件图号	
		×××		螺纹轴		××	
工序号	程序编号	夹具名称		使用设备		车间	
001	×××	三爪自定心卡盘		CK6140		数控	
工步号	工步内容	刀具号	刀具规格 / mm	主轴转速 /（$r \cdot min^{-1}$）	进给速度 /（$mm \cdot min^{-1}$）	背吃刀量 / mm	备注
1	粗、精车左端面及轮廓	T01	20×20	600	150	1.5	自动
掉头装夹，手动车右端面，钻中心孔							
2	粗车右端外轮廓	T01	20×20	600	150	1.5	自动
3	精车右端外轮廓	T02	20×20	G96 S200	100	0.5	自动
4	切槽	T03	20×20	300	60	4	自动
5	粗、精车螺纹	T04	20×20	800	—	—	自动
编制		审核		批准	年 月 日	共 页	第 页

4. 程序编制

（1）加工左端面及轮廓

1）建立工件坐标系

夹住毛坯外圆，工件伸出长度大于 20 mm，加工左端面及轮廓。工件坐标系设在工件左端面轴线上，如图 3–49 所示。

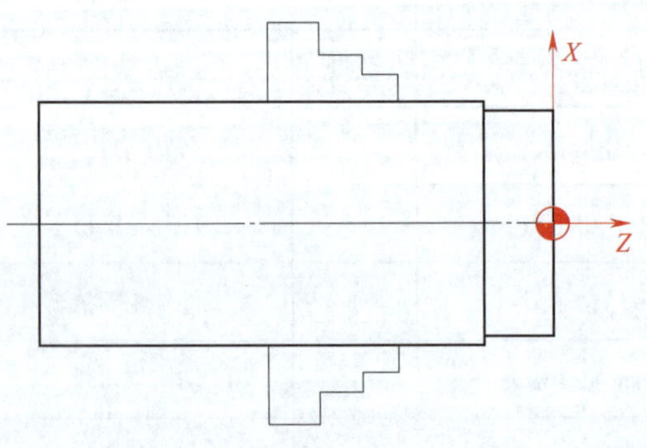

图 3–49 加工左端轮廓工件坐标系

2）参考程序（见表 3–21）

表 3–21　　左端轮廓加工参考程序

参考程序	注　　释
O3013；	程序名
N1 G40 G98 G97 G21；	设置初始化
N2 T0101 S600 M03；	调用 1 号刀、执行 1 号刀补，设置主轴转速
N3 G00 X36.0 Z0.0；	快速到达循环起点
N4 G01 X0 F150；	车端面
N5 G00 X32.0 Z2.0；	退刀
N6 G01 Z–20.0 F150；	车 $\phi32_{-0.039}^{0}$ mm 外圆
N7 X36.0；	X 向退刀
N8 G00 X100.0 Z50.0；	快速退至换刀点
N9 M05；	主轴停
N10 M30；	程序结束并复位

（2）加工右端面及轮廓

1）建立工件坐标系

夹住 $\phi32_{-0.039}^{0}$ mm 外圆（用铜皮包住），手动加工右端面，保证总长，钻中心孔，采用一夹一顶加工右端轮廓。工件坐标系设在工件右端面轴线上，如图 3–50 所示。

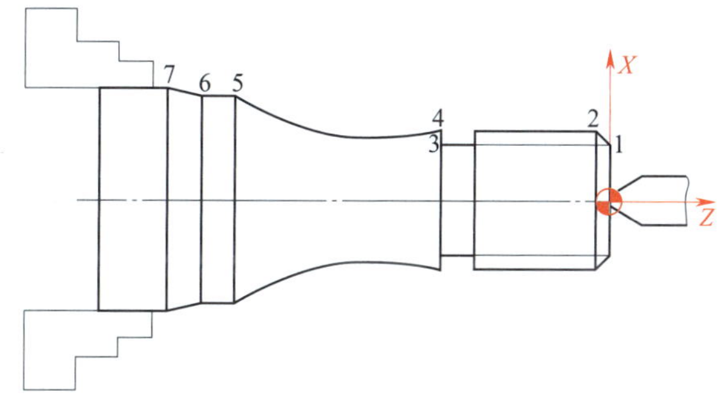

图 3–50　加工右端轮廓工件坐标系

2）右端基点坐标值（见表 3–22）

表 3–22　　右端基点坐标值

基点	坐标值（X，Z）	基点	坐标值（X，Z）
O	（0，0）	4	（20.0，–25.0）
1	（15.805，0）	5	（29.986，–55.0）
2	（19.805，–2.0）	6	（31.986，–60.0）
3	（16.0，–25.0）	7	（32.0，–65.0）

3）螺纹尺寸计算

螺纹大径：$d_{大}=D-0.13P=20-0.13\times1.5=19.805$ mm。

螺纹小径：$d_{小}=D-1.08P=20-1.08\times1.5=18.38$ mm。

4）参考程序（见表 3-23）

表 3-23　　右端轮廓加工参考程序

参考程序	注　释
O3014;	程序名
N1 G40 G98 G97 G21;	设置初始化
N2 T0101 S600 M03;	调用 1 号刀、执行 1 号刀补，设置主轴转速
N3 G00 X36.0 Z2.0;	快速到达循环起点
N4 G71 U1.5 R0.5;	应用复合固定粗车循环指令 G71 进行粗加工
N5 G71 P6 Q14 U1.0 W0 F150;	
N6 G00 X15.805;	*X* 向进刀
N7 G01 Z0 F100;	*Z* 向进刀
N8 X19.805 Z-2.0;	倒角 *C*2
N9 Z-25.0;	车 M20 螺纹大径
N10 X20.0;	车端面
N11 G02 X29.986 Z-55.0 R40.0;	车 *R*40 mm 凹弧
N12 G01 Z-60.0;	车 ϕ30 mm 外圆
N13 X31.986 Z-65.0;	车锥体
N14 X36.0;	*X* 向退刀
N15 G00 X100.0 Z50.0;	刀具快速退至换刀点
N16 M05;	主轴停
N17 M00;	程序暂停
N18 T0202 G96 S200 M03;	调用精车刀，恒线速切削
N19 G50 S2000;	限制主轴最高转速
N20 G00 G42 X36.0 Z2.0;	刀具快速靠近工件
N21 G70 P6 Q14;	用 G70 指令进行精加工
N22 G00 G40 X100.0 Z50.0;	刀具退至换刀点，取消刀尖圆弧半径补偿
N23 M05;	主轴停
N24 M00;	程序暂停
N25 G97 T0303 M03 S300;	换切槽刀

续表

参考程序	注　释
N26 G00 X30.0 Z-25.0；	快速到达切槽起点
N27 G01 X16.0 F60；	切槽
N28 X30.0；	*X* 向退刀
N29 G00 X100.0 Z50.0；	快速退至换刀点
N30 M05；	主轴停
N31 M00；	程序暂停
N32 T0404 S600 M03；	换 4 号刀，设置主轴转速
N33 G00 X22.0 Z3.0；	快速移至循环起点
N34 G76 P011060 Q100 R50；	调用螺纹加工循环，设置螺纹加工参数
N35 G76 X18.38 Z-20.0 R0 P810 Q350 F1.5；	
N36 G00 X100.0 Z50.0；	刀具退回换刀点
N37 M05；	主轴停
N38 M30；	程序结束并复位

螺纹加工程序如果采用 G92 指令如何编制？

三、盘类零件

分析如图 3-51 所示盘类零件加工工艺，编制其加工程序。

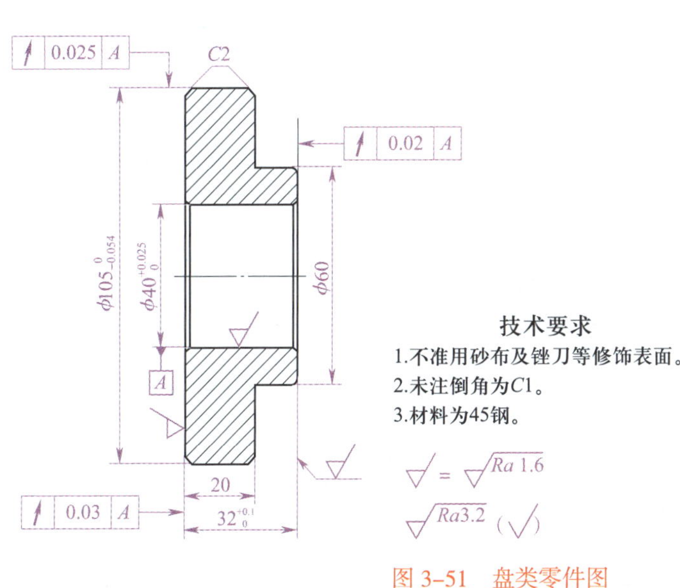

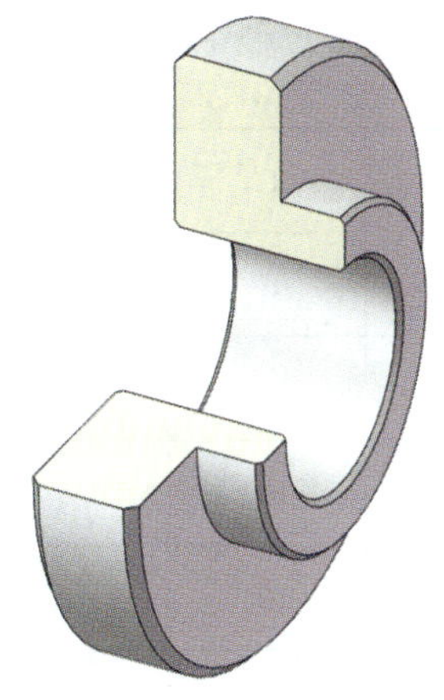

图 3-51　盘类零件图

1. 图样分析

该盘类零件主要由孔、外圆和端面组成。零件大外圆为 $\phi105_{-0.054}^{0}$ mm，宽度为 20 mm，两边有 $C2$ 倒角。小外圆为 $\phi60$ mm，宽度由 $32_{0}^{+0.1}$ mm 和 20 mm 确定，右端有 $C1$ 倒角。内孔直径为 $40_{0}^{+0.025}$ mm，长度为 $32_{0}^{+0.1}$ mm，两端与端面倒角为 $C1$。外圆对孔的径向圆跳动公差为 0.025 mm，左端面对孔的端面圆跳动公差为 0.03 mm，右端面对孔的端面圆跳动公差为 0.02 mm。内孔与两端面表面粗糙度值为 $Ra1.6$ μm，其余加工表面为 $Ra3.2$ μm。

2. 工艺分析

该盘类零件主要由孔、外圆和端面组成。除尺寸精度、表面粗糙度有要求外，其外圆对孔有径向圆跳动公差要求，端面对孔有端面圆跳动公差要求。保证径向圆跳动和端面圆跳动是制定盘类零件工艺要重点考虑的问题，也是该盘类零件加工中的难点。

通过上述分析，编制工艺时按粗、精加工分开原则进行编制。精车时，尽可能把有位置精度要求的外圆、孔、端面在一次装夹中全部加工完。由此可制定以下加工步骤：

（1）夹住毛坯 $\phi110$ mm 外圆，伸出长度大于 10 mm，车平端面，粗加工右端外圆至 $\phi61$ mm。

（2）掉头装夹 $\phi61$ mm 外圆，粗、精车端面保证总长 33 mm，粗、精车外圆至尺寸。手动钻孔（先用中心钻进行引钻，再用 $\phi36$ mm 麻花钻钻孔），粗、精镗内孔至尺寸。

（3）掉头装夹 $\phi105_{-0.054}^{0}$ mm 外圆（包铜皮），并用百分表找正，精车右端面及外圆，保证总长 $32_{0}^{+0.1}$ mm 和 20 mm 尺寸。

3. 相关工艺卡片的填写

（1）数控加工刀具卡（见表 3–24）

（2）数控加工工艺卡（见表 3–25）

表 3–24 盘类零件数控加工刀具卡

产品名称或代号		×××	零件名称	盘类零件	零件图号	××
序号	刀具号	刀具规格名称	数量	加工表面	刀尖半径 / mm	备注
1	T1	中心钻	1	钻中心孔	—	B2.5
2	T2	$\phi36$ mm 麻花钻	1	钻孔	—	
3	T01	90°粗车刀	1	工件外轮廓粗车	0.4	20×20
4	T02	93°精车刀	1	工件外轮廓精车	0.2	20×20
5	T03	内孔车刀	1	粗、精车内孔	0.2	20×20
编制		审核	批准	年 月 日	共 页	第 页

表 3–25　　盘类零件数控加工工艺卡

<table>
<tr><td rowspan="2">单位名称</td><td rowspan="2">× × ×</td><td colspan="2">产品名称或代号</td><td colspan="2">零件名称</td><td colspan="2">零件图号</td></tr>
<tr><td colspan="2">× × ×</td><td colspan="2">盘类零件</td><td colspan="2">× ×</td></tr>
<tr><td>工序号</td><td>程序编号</td><td colspan="2">夹具名称</td><td colspan="2">使用设备</td><td colspan="2">车间</td></tr>
<tr><td>001</td><td>× × ×</td><td colspan="2">三爪自定心卡盘</td><td colspan="2">CK6140</td><td colspan="2">数控</td></tr>
<tr><td>工步号</td><td>工步内容</td><td>刀具号</td><td>刀具规格 / mm</td><td>主轴转速 / (r · min^{-1})</td><td>进给速度 / (mm · min^{-1})</td><td>背吃刀量 / mm</td><td>备注</td></tr>
<tr><td>1</td><td>粗车右端面及轮廓</td><td>T01</td><td>20 × 20</td><td>600</td><td>150</td><td>1.5</td><td>自动</td></tr>
<tr><td colspan="8">掉头装夹，手动车端面，钻中心孔，钻 ϕ36 mm 孔</td></tr>
<tr><td>2</td><td>粗车左端面及轮廓</td><td>T01</td><td>20 × 20</td><td>600</td><td>150</td><td>1.5</td><td>自动</td></tr>
<tr><td>3</td><td>精车左端面及轮廓</td><td>T02</td><td>20 × 20</td><td>800</td><td>100</td><td>0.5</td><td>自动</td></tr>
<tr><td>4</td><td>粗、精车内孔</td><td>T03</td><td>20 × 20</td><td>600</td><td>60</td><td>0.5</td><td>自动</td></tr>
<tr><td>5</td><td>精车右端面及轮廓</td><td>T02</td><td>20 × 20</td><td>800</td><td>100</td><td>0.5</td><td>自动</td></tr>
<tr><td>编制</td><td></td><td>审核</td><td></td><td>批准</td><td>年　月　日</td><td>共　页</td><td>第　页</td></tr>
</table>

4. 程序编制

（1）粗加工右端面及轮廓

1）建立工件坐标系

夹住毛坯外圆，工件伸出长度大于 10 mm，加工右端面及轮廓。工件坐标系设在工件右端面轴线上，如图 3–52 所示。

2）编制加工程序（见表 3–26）

（2）粗、精加工左端轮廓及内孔

1）建立工件坐标系

夹住 ϕ61 mm 外圆，加工左端面及轮廓，粗、精加工内孔，工件坐标系如图 3–53 所示。

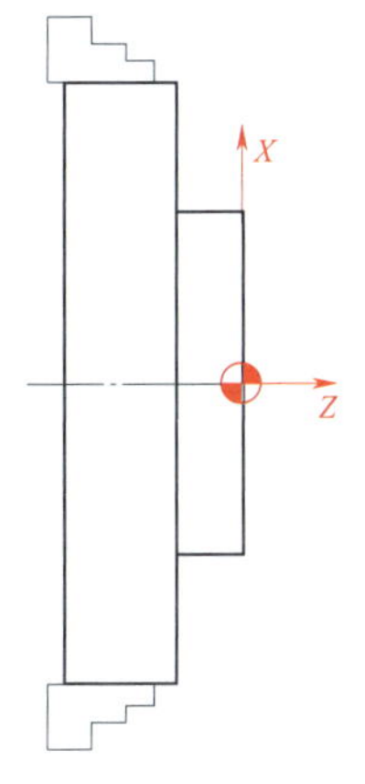

图 3–52　粗加工右端工件坐标系

表 3–26　　右端粗加工参考程序

参考程序	注　释
O3015；	程序名
N1 G40 G98 G97 G21；	设置初始化
N2 T0101 S600 M03；	调用 1 号刀，执行 1 号刀补，设置主轴转速
N3 G00 X112.0 Z0.0；	快速到达循环起点
N4 G01 X0 F150；	车端面
N5 G00 X112.0 Z2.0；	退刀

续表

参考程序	注　　释
N6 G71 U1.5 R0.5；	应用复合固定粗车循环指令 G71 进行粗加工
N7 G71 P8 Q10 U1.0 W0 F150；	
N8 G00 X60.0；	X 向进刀
N9 G01 Z-10.0；	粗车 ϕ61 mm 外圆
N10 X112.0；	X 向退刀
N11 G00 X150.0 Z100.0；	刀具退至安全点
N12 M05；	主轴停
N13 M30；	程序结束并复位

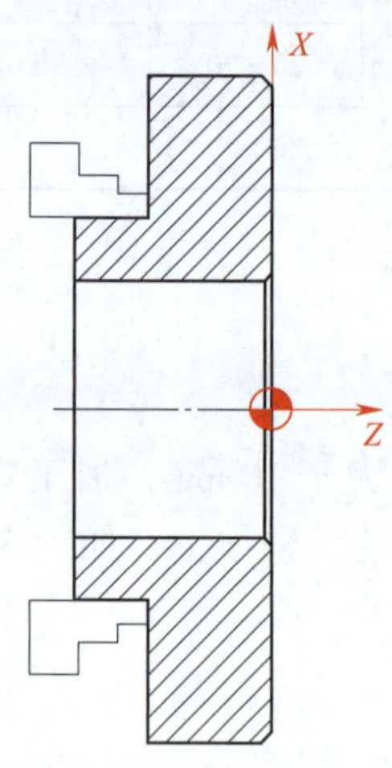

图 3-53　粗、精加工左端及内孔工件坐标系

2）编制加工程序（见表 3-27）

表 3-27　　　　左端粗、精加工参考程序

参考程序	注　　释
O3016；	程序名
N1 G40 G98 G97 G21；	设置初始化
N2 T0101 S600 M03；	调用 1 号刀，执行 1 号刀补，设置主轴转速
N3 G00 X112.0 Z0.5；	快速到达循环起点
N4 G01 X35.0 F150；	车端面
N5 G00 X106.0 Z2.0；	退刀

续表

参考程序	注　释
N6 G01 Z-23.0 F150;	粗车 $\phi105_{-0.054}^{0}$ mm 外圆至 $\phi106$ mm
N7 G00 X150.0;	*X* 向退刀
N8 Z100.0;	*Z* 向退刀
N9 M05;	主轴停
N10 M00;	程序暂停
N11 T0202 S800 M03;	换 T02 刀具，设置主轴转速
N12 G00 X108.0 Z0.0;	快速靠近工件
N13 G01 X35.0 F100;	精车端面
N14 G00 X101.0 Z2.0;	退刀
N15 G01 Z0 F100;	靠近端面
N16 X105.0 Z-2.0;	倒角 *C*2
N17 Z-23.0;	精车 $\phi105_{-0.054}^{0}$ mm 外圆至尺寸
N18 G00 X150.0 Z100.0;	快速退至换刀点
N19 M05;	主轴停
N20 M00;	程序暂停
N21 T0303 S600 M03;	换内孔镗刀，设置主轴转速
N22 G00 X32.0;	*X* 向靠近工件
N23 Z2.0;	*Z* 向靠近工件
N24 G71 U0.5 R0.5;	应用复合固定粗车循环指令 G71 进行粗加工
N25 G71 P26 Q30 U-0.2 W0 F60;	
N26 G01 X42.0;	*X* 向进刀
N27 Z0.0;	到达 *Z* 向起点
N28 X40.0 Z-1.0;	倒角 *C*1
N29 Z-34.0;	精车内孔
N30 X32.0;	*X* 向退刀
N31 G70 P26 Q30;	应用 G70 指令进行精加工
N32 G00 X150.0 Z100.0;	退至换刀点
N33 M05;	主轴停
N34 M30;	程序结束并复位

（3）精加工右端轮廓

1）建立工件坐标系

夹住 $\phi 105_{-0.054}^{0}$ mm 外圆（用铜皮包住），用百分表找正，精加工右端面及轮廓。工件坐标系设在工件右端面轴线上，如图 3–54 所示。

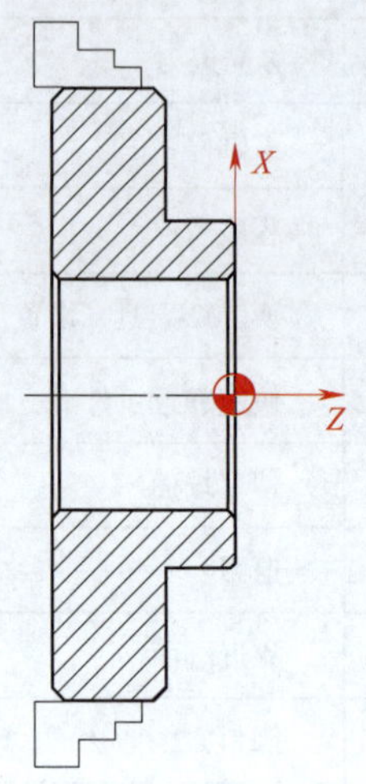

图 3–54　精加工右端工件坐标系

2）编制加工程序（见表 3–28）

表 3–28　右端精加工参考程序

参考程序	注　释
O3017；	程序名
N1 G40 G98 G97 G21；	设置初始化
N2 T0202 S800 M03；	调用 2 号刀，执行 2 号刀补，设置主轴转速
N3 G00 X64.0 Z0.0；	快速到达循环起点
N4 G01 X38.0 F100；	精车端面
N5 G00 X54.0 Z2.0；	退刀
N6 G01 X60.0 Z–1.0 F100；	倒角 $C1$
N7 G01 Z–10.0；	精车 $\phi 60$ mm 外圆至尺寸
N8 X101.0；	精车端面
N9 X105.0 Z–12.0；	倒角 $C2$
N10 X110.0；	X 向退刀
N11 G00 X150.0 Z100.0；	快速退至换刀点
N12 M30；	程序结束并复位

§3-4　数控车床的操作

一、系统控制面板

FANUC 0i 车床数控系统的控制面板主要由 CRT 显示器、MDI 键盘和功能软键组成，如图 3-55 所示。如图 3-56 所示为 FANUC 0i 车床数控系统的 MDI 键盘布局图，各键的名称和作用见表 3-29。

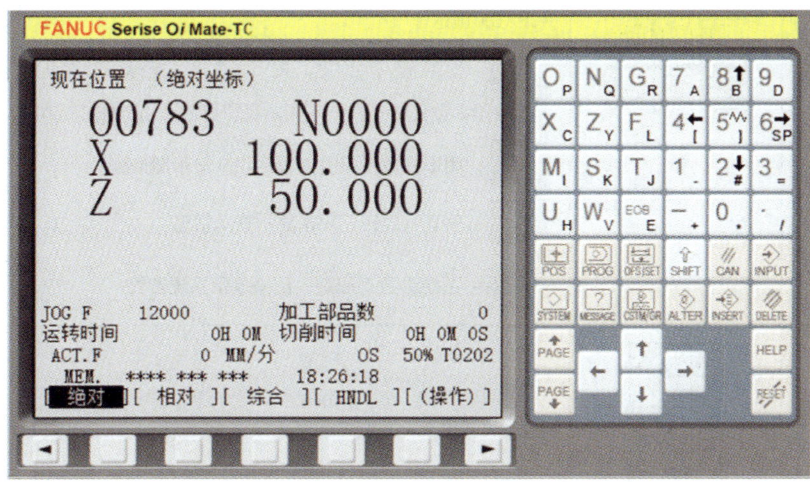

图 3-55　FANUC 0i 车床数控系统的控制面板

图 3-56　MDI 键盘

表 3–29　　MDI 键盘上各键的名称和作用

名称	按键	作用
复位键	RESET	按键 RESET 可使 CNC 复位，用以清除报警等
帮助键	HELP	按 HELP 键用来显示如何操作机床，如 MDI 键的操作，可在 CNC 发生报警时提供报警的详细信息（帮助功能）
功能键	POS　PROG　OFS/SET SYSTEM　MESSAGE　CSTM/GR	PROG：数控程序显示与编辑页面键。在编辑方式下，用于编辑、显示存储器内的程序；在手动数据输入方式下，用于输入和显示数据；在自动方式下，用于显示程序指令 POS：坐标位置显示页面键。位置显示有绝对、相对和综合三种方式，用 PAGE 键选择 OFS/SET：参数输入页面键。按第一次进入坐标系设置页面，按第二次进入刀具补偿参数页面。进入不同的页面以后，用 PAGE 键切换 CSTM/GR：图形参数设置页面键。用来显示图形画面 MESSAGE：信息页面键。用来显示提示信息 SYSTEM：系统参数页面键。用来显示系统参数
地址 / 数字键	O_P　N_Q　G_R X_C　Z_Y　F_L M_I　S_K　T_J U_H　W_V　EOB E 7_A　8_B　9_D $4_{[}$　$5_{]}$　6_{SP} 1　2　3 -　0　.	按这些键可输入字母、数字以及其他字符
换挡键	SHIFT	有些键上有两个字符，按 SHIFT 键来选择右下角字符。当屏幕上显示一个特殊字符 Ê 时，表示键面右下角的字符可以输入
输入键	INPUT	按地址键或数字键后，数据被输入缓冲器，并在 CRT 显示器上显示出来。为了把键入输入缓冲器中的数据传送至寄存器，按 INPUT 键。这个键与［INPUT］软键作用相同
取消键	CAN	按 CAN 键可删除已输入到缓冲器里的最后一个字符或符号
编辑键	ALTER　INSERT DELETE	ALTER：字符替换键 INSERT：字符插入键 DELETE：字符删除键

续表

名称	按键	作用
光标移动键		→：按该键光标向右或前进方向移动 ←：按该键光标向左或倒退方向移动 ↓：按该键光标向下或前进方向移动 ↑：按该键光标向上或倒退方向移动
翻页键	PAGE↑ PAGE↓	PAGE↑：该键用于在屏幕上朝前翻一页 PAGE↓：该键用于在屏幕上朝后翻一页
换行键	EOB E	结束一行程序的输入并且换行

二、机床操作面板

图 3–57 所示为配备 FANUC 0i 车床数控系统的机床操作面板，面板上各按钮的名称和作用见表 3–30。

图 3–57　机床操作面板

表 3–30　机床操作面板上各按钮的名称和作用

名称	按键	作　用
主轴减速按钮		控制主轴减速
主轴加速按钮		控制主轴加速

续表

名称	按键	作　用
主轴手动允许按钮		在手动 / 手轮模式下，按下该按钮可实现手动控制主轴
主轴停止按钮		在手动 / 手轮模式下，按下该按钮主轴停止
主轴正转按钮		在手动 / 手轮模式下，按下该按钮主轴正转
主轴反转按钮		在手动 / 手轮模式下，按下该按钮主轴反转
超程解除按钮	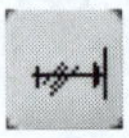	系统超程解除
手动换刀按钮	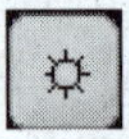	在手动 / 手轮模式下，按下该按钮将手动换刀
回参考点 *X* 按钮		在回参考点模式下，按下该按钮将使刀架沿 *X* 轴回参考点
回参考点 *Z* 按钮		在回参考点模式下，按下该按钮将使刀架沿 *Z* 轴回参考点
X 轴负方向移动按钮		在手动模式下，按下该按钮将使刀架向 *X* 轴负方向移动
X 轴正方向移动按钮		在手动模式下，按下该按钮将使刀架向 *X* 轴正方向移动
Z 轴负方向移动按钮		在手动模式下，按下该按钮将使刀架向 *Z* 轴负方向移动
Z 轴正方向移动按钮		在手动模式下，按下该按钮将使刀架向 *Z* 轴正方向移动
回参考点模式按钮		按下该按钮将使系统进入回参考点模式

续表

名称	按键	作　用
手轮 X 轴选择按钮		在手轮模式下选择 X 轴
手轮 Z 轴选择按钮		在手轮模式下选择 Z 轴
快速按钮		在手动连续情况下使刀架移动处于快速方式下
自动模式按钮		按下该按钮使系统处于自动运行模式
JOG 模式按钮		按下该按钮使系统处于手动模式，可手动连续移动机床
编辑模式按钮		按下该按钮使系统处于编辑模式，用于直接通过操作面板输入数控程序和编辑程序
MDI 模式按钮		按下该按钮使系统处于 MDI 模式，手动输入并执行指令
手轮模式按钮		按下该按钮使刀架处于手轮控制状态
循环保持按钮		在自动模式下，按下该按钮使系统进入循环保持（暂停）状态
循环启动按钮		在自动模式下，按下该按钮使系统进入循环启动状态
机床锁定按钮		在手动模式下，按下该按钮将锁定机床
空运行按钮		在自动模式下，按下该按钮将使机床处于空运行状态
跳段按钮		在自动模式下，按下该按钮后，数控程序中的跳段符号“/”有效

续表

名称	按键	作　用
单段按钮		在自动模式下，按下该按钮后，运行程序时每次执行一段数控指令
进给选择旋钮		此旋钮用来调节进给倍率
手动 / 手轮进给倍率按钮	 0.001 1%　0.01 25%　0.1 50%　1 100%	在手动模式下，调整快速进给倍率；在手轮模式下，调整手轮操作时的进给速度倍率
急停按钮		按下急停按钮，机床会立即停止移动，并且所有的输出（如主轴转动等）都会关闭。该按钮按下后会被锁住，可以通过旋转而解锁
手摇脉冲发生器		在手轮模式下，旋转手摇脉冲发生器，刀架沿指定的坐标轴移动，移动距离大小与手轮进给倍率有关
电源开		系统电源开启按钮
电源关		系统电源关闭按钮

三、数控车床的手动操作

1. 开、关机操作

（1）机床启动

打开机床总电源开关→按下控制面板上的电源开启按钮  →开启急停按钮  （顺时针旋转急停按钮即可开启）。

（2）机床的关停

按下急停按钮  →按下控制面板上的电源关闭按钮  →关掉机床电源总开关。

2. 回参考点操作

对于使用增量式反馈元件的数控车床，断电后数控系统就失去对参考点的记忆。因此，接通数控系统电源后，必须执行回参考点操作。另外，机床解除紧急停止和超程报警信号后，也必须重新进行返回机床参考点操作。回参考点操作流程如图 3-58 所示。具体操作步骤如下：

（1）按下回参考点模式按钮，若指示灯亮，则系统进入回参考点模式。

（2）为了减小回参考点速度，选择小的快速移动倍率。

（3）按住回参考点相应的进给轴按钮，直至刀具回到参考点。刀具以快速移动速度移动到减速点，然后按参数中设定的进给速度（FL）移到参考点，如图 3–59 所示。当刀具返回到参考点后，返回参考点完成灯（LED）点亮。

（4）其他轴回参考点，可按上述操作步骤进行。

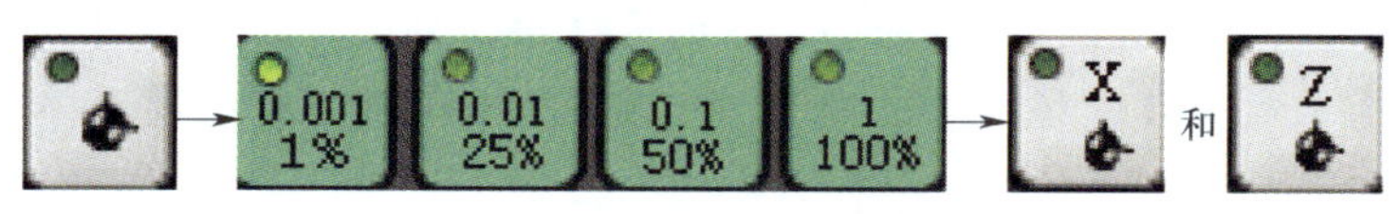

图 3–58　回参考点操作流程

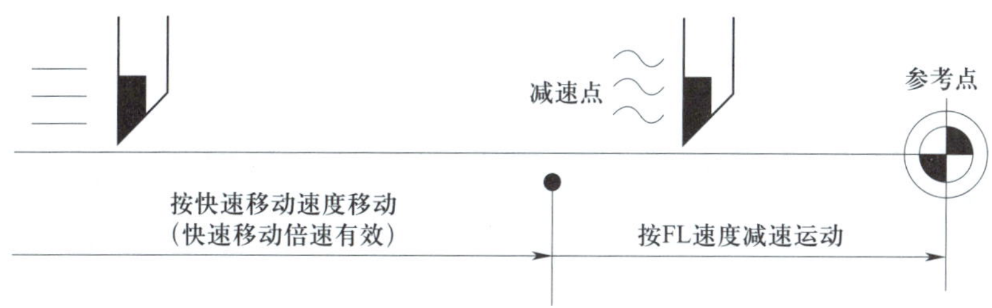

图 3–59　手动回参考点示意图

（1）当滑板上的挡块距离参考点开关的距离不足 30 mm 时，首先要用“JOG ”按钮使滑板向参考点的负方向移动，直至距离大于 30 mm 停止点动，然后再回机床参考点。

（2）回参考点时，为了保证数控车床及刀具的安全，一般要先沿 X 轴回参考点，再沿 Z 轴回参考点。

3. 手动进给（JOG 进给）操作

手动进给操作流程如图 3–60 所示。操作步骤如下：

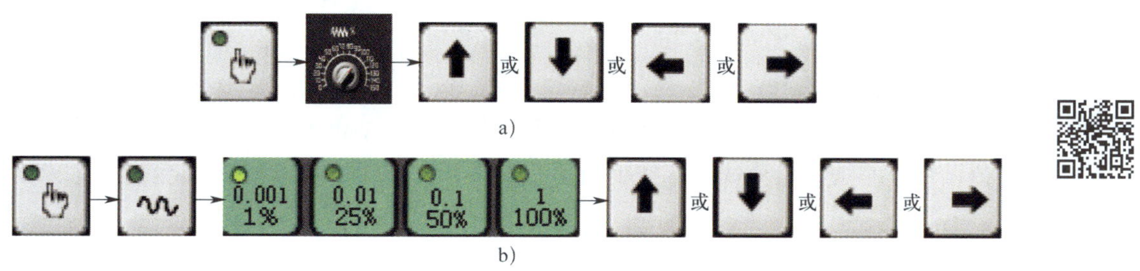

图 3–60　手动进给操作

a）手动进给操作流程　b）手动快速进给操作流程

（1）按下 JOG 模式按钮，若指示灯亮，则系统进入手动进给模式。

（2）按住选定进给轴移动按钮，刀架沿选定坐标轴及选定方向，按参数设定的进给速度移动，按钮一释放刀架就停止移动。

（3）手动进给速度可由进给速度倍率旋钮调整。

（4）若在按下进给轴和方向选择按钮期间，按下了快速移动按钮，刀架将按快速移动速度运动。在快速移动期间，快速移动倍率按钮 0.001 1% 0.01 25% 0.1 50% 1 100% 有效。

在按下进给轴和方向选择按钮期间，若切换到 JOG 进给方式，则 JOG 进给无效。为了使 JOG 进给有效，首先要进入 JOG 进给方式，然后再按进给轴和方向选择按钮。

4. 手轮进给操作

手轮进给操作流程如图 3–61 所示。其操作步骤如下：

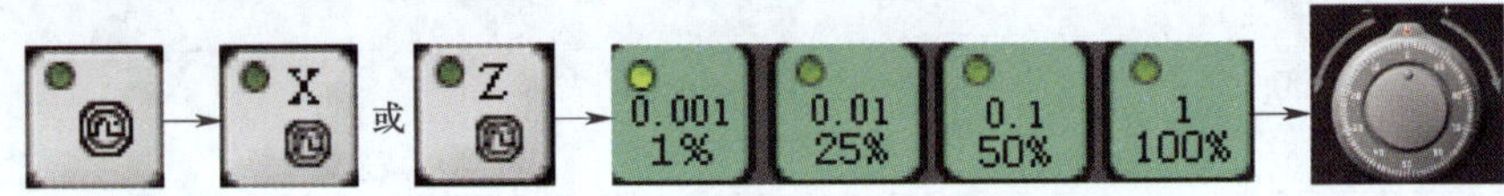

图 3–61　手轮进给操作流程

（1）按下手轮模式按钮，若指示灯亮，则系统进入手轮进给操作模式。

（2）选择一个要移动的轴。

（3）选择合适的手轮进给倍率。

（4）旋转手摇脉冲发生器，刀架沿选择轴移动。手摇脉冲发生器旋转 360°，刀架移动距离相当于 100 个刻度的距离。

手摇脉冲发生器旋转速度不应大于 5 r/s。如果手摇脉冲发生器旋转速度大于 5 r/s，则当手摇脉冲发生器不转之后，刀架不能立即停止，即刀架移动距离可能与手摇脉冲发生器的刻度不相符。

选择倍率 1（100%）时，快速旋转手摇脉冲发生器，刀架移动太快，进给速度被钳制在快速移动速度，使用时一定要小心操作，避免发生撞刀事故。

5. 刀架的转位操作

装卸刀具、测量切削刀具的位置以及对工件进行试切削时，都要靠手动操作实现刀架的转位。在 JOG 或手轮模式下，按手动换刀按钮，则回转刀架上的刀台逆时针转动一个刀位。

6. 主轴手动操作

在 JOG 或手轮模式下，可手动控制主轴正转、反转和停止。手动操作时要使主轴启动，必须用 MDI 方式设定主轴转速。按手动操作按钮、、，控制主轴正转、反转、停止。调节主轴转速修调开关或，对主轴转速进行倍率修调。

7. 数控车床的安全功能操作

（1）急停按钮操作

1）机床在遇到紧急情况时，应立即按下急停按钮，主轴和进给运动全部停止。

2）急停按钮按下后，机床被锁住，电动机电源被切断。

3）当清除故障因素后，可旋转急停按钮进行解锁，机床恢复正常操作。

（1）按下急停按钮时，会产生自锁，但通常旋转急停按钮即可释放。

（2）当机床故障排除，急停按钮旋转复位后，一定要进行回参考点操作，然后再进行其他操作。

（2）超程释放操作

当机床滑板移动到工作区间极限时会压住限位开关，数控系统会产生超程报警，此时机床不能工作。解除过程如下：选择 JOG/ 手轮模式→按下超程解除按钮→按住与超程方向相反的进给轴按钮或者用手摇脉冲发生器向相反方向转动，使机床滑板脱离极限位置回到工作区间→按复位键即可。

四、手动数据输入（MDI）操作

手动数据输入方式用于在系统操作面板上输入一段程序，然后按下循环启动键来执行该段程序。其操作步骤如下：

1. 按下 MDI 模式按钮 ，若指示灯亮，则系统进入手动数据输入模式。

2. 按下系统功能键中的 键，液晶屏幕左下角显示“MDI”字样，如图 3-62 所示。

3. 输入要运行的程序段。

4. 按下循环启动键 ，数控车床自动运行该程序段。

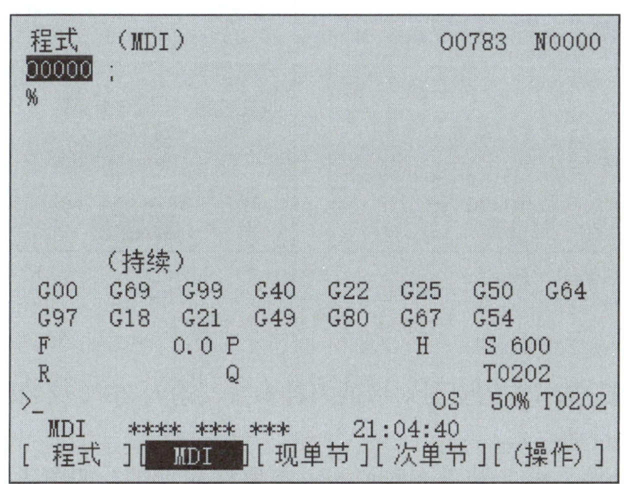

图 3-62 MDI 操作界面

五、对刀操作

1. T 指令对刀

用 T 指令对刀，采用的是绝对刀偏法对刀，实质就是使某一把刀的刀位点与工件坐标系原点重合时，找出刀架的转塔中心在机床坐标系中的坐标，并把它存储到刀补寄存器中。采用 T 指令对刀前，应注意回一次机床参考点（零点）。具体对刀步骤如下：

（1）在手动方式中试切端面，沿 *X* 轴正方向退刀，不要移动 *Z* 轴，停止主轴，如图 3-63 所示。

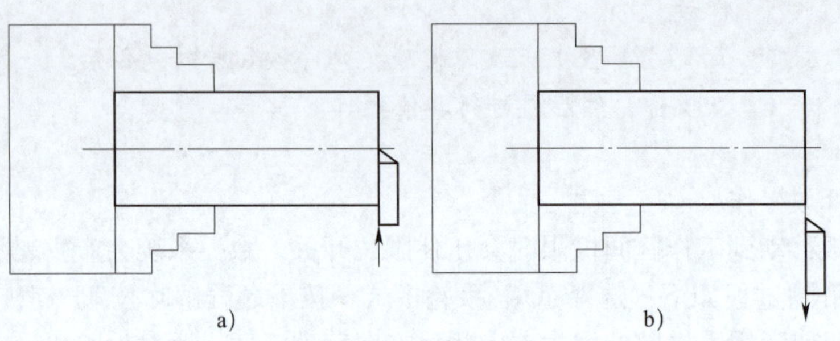

图 3-63　*Z* 向对刀

a）沿 *X* 轴负方向试切端面　b）沿 *X* 轴正方向退刀

（2）测量工件坐标系零点至端面的距离 β（或 0）。

（3）按 MDI 键盘中的 OFFSET/SETTING 键，按［补正］和［形状］软键，进入图 3-64a 所示刀具偏置参数窗口。

a)

工具补正 / 摩耗　　O0783　N0000

番号	X	Z	R	T
W 01	0.000	-2.000	0.000	3
W 02	0.000	-2.000	0.000	3
W 03	0.000	0.000	0.000	0
W 04	0.000	0.000	0.000	0
W 05	0.000	0.000	0.000	0
W 06	0.000	0.000	0.000	0
W 07	0.000	0.000	0.000	0
W 08	0.000	0.000	0.000	0

现在位置　（相对坐标）

U　-24.334　　W　-376.188

>_　　OS　50% T0202

MDI　**** *** ***　　21:07:06

[补正][SETTING][　　][坐标系][（操作）]

b)

工具补正 / 形状　　O0783　N0000

番号	X	Z	R	T
G 01	-148.189	-424.363	0.200	3
G 02	-148.667	-424.188	0.200	3
G 03	0.000	0.000	0.000	0
G 04	0.000	0.000	0.000	0
G 05	0.000	0.000	0.000	0
G 06	0.000	0.000	0.000	0
G 07	0.000	0.000	0.000	0
G 08	0.000	0.000	0.000	0

现在位置　（相对坐标）

U　-24.334　　W　-376.188

>_　　OS　50% T0202

MDI　**** *** ***　　21:08:02

[磨耗][形状][　　][　　][（操作）]

图 3-64　刀具偏置参数窗口

（4）移动光标键，选择与刀具号对应的刀补参数，输入 $Z\beta$（或 *Z*0）。按［测量］软键，*Z* 向刀具偏置参数会自动存入。

（5）试切工件外圆，沿 *Z* 轴正方向退刀，不要移动 *X* 轴，如图 3-65 所示。停止主轴，测量被车削部分的直径 *D*，输入 *XD*。按［测量］软键，*X* 向刀具偏置参数即自动存入，结果如图 3-64b 所示。

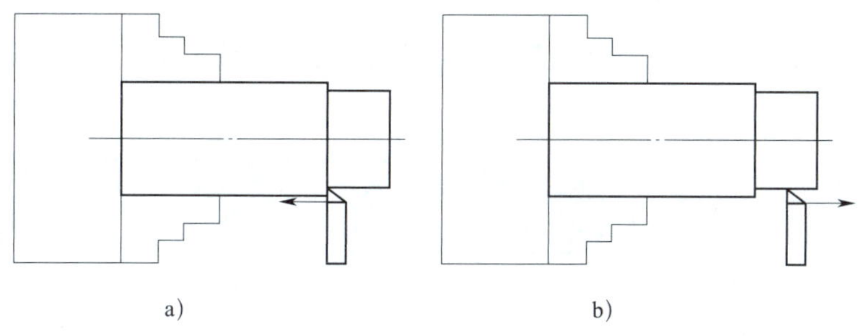

图 3-65　*X* 向对刀

a）沿 *Z* 轴负方向试切外圆　b）沿 *Z* 轴正方向退刀

（6）其他刀具按照相同的方法设定即可。

2. 输入车床刀具补偿参数

车床刀具补偿参数包括刀具的磨耗量补偿参数和形状补偿参数。

（1）输入磨耗量补偿参数

刀具使用一段时间后磨损，会使产品尺寸产生误差，因此需要对刀具设定磨损量补偿。步骤如下：

1）在 MDI 键盘上按 OFFSET SETTING 键，进入磨耗补偿参数设定界面，如图 3-66 所示。

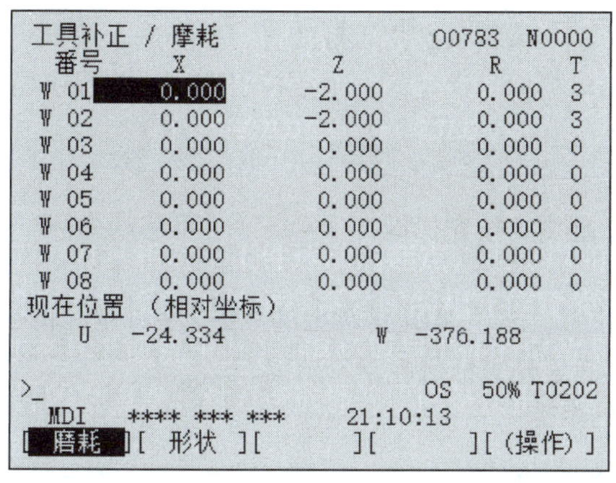

图 3-66　刀具磨损量的设定

2）用光标键 ↑ ↓ 选择所需的番号，并用 ← → 确定所需补偿参数的位置。按数字键，输入补偿值到输入域。按软键［输入］或按 INPUT 键，参数输入到指定区域。按 CAN 键可逐字删除输入域中的字符。

（2）输入形状补偿参数

按图 3-66 图中的［形状］软键，系统进入形状补偿参数设定界面，如图 3-64a 所示。用光标键 ↑ ↓ 选择所需的番号，并用 ← → 确定所需补偿参数的位置。按数字键，输入补偿值到输入域。按软键［输入］或按 INPUT 键，参数输入到指定区域。按 CAN 键可逐字删除输入域中的字符。

（3）输入刀尖半径和方位号

分别把光标移到 R 和 T，按数字键输入半径值或方位号，按［输入］软键输入，如图 3–67 所示。

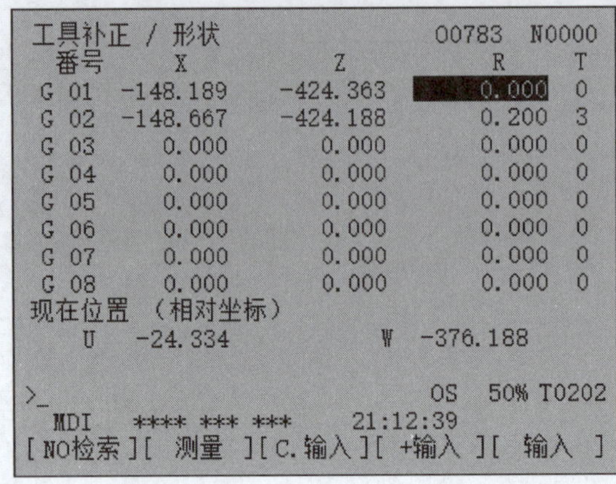

图 3–67　输入刀尖半径

六、数控程序处理

1. 编辑程序

数控程序可以直接用 FANUC 0i 系统的 MDI 键盘输入。

按下编辑模式按钮，编辑状态指示灯变亮，系统进入编辑模式。按下 MDI 键盘上的键，CRT 界面转入编辑页面。选定了一个数控程序后，此程序显示在 CRT 界面上，可对该程序进行编辑操作。

（1）移动光标

按或键用于翻页，按光标键可移动光标。

（2）插入字符

先将光标移到所需位置，按下 MDI 键盘上的数字 / 字母键，将字符输入到输入域中，按键，把输入域的内容插入到光标所在字符后面。

（3）删除输入域中的数据

按键删除输入域中的数据。

（4）删除字符

先将光标移到所需删除字符的位置，按键，删除光标所在的字符。

（5）查找

输入需要搜索的字母或代码，按光标键，系统开始在当前数控程序中光标所在位置向后搜索（代码可以是一个字母或一个完整的代码，如“N0010”“M”等）。如果此数控程序中有所搜索的字母和代码，则光标停留在找到的字母或代码处；如果此数控程序中光标所在位置后没有所搜索的字母或代码，则光标停留在原处。

（6）替换

先将光标移到所需替换字符的位置，将替换成的字符通过 MDI 键盘输入到输入域中，按键，用输入域的内容替代光标所在的字符。

2. 数控程序管理

（1）选择一个数控程序

数控系统进入程序编辑模式，利用 MDI 键盘输入“O×”（×为数控程序目录中显示的程序名），按光标键 ↓，系统开始搜索，搜索到后，“O×”显示在屏幕首行程序名位置，数控程序显示在屏幕上。

（2）删除一个数控程序

数控系统进入程序编辑模式，利用 MDI 键盘输入“O×”（×为要删除的数控程序在目录中显示的程序名），按 DELETE 键，程序即被删除。

（3）新建一个数控程序

数控系统进入程序编辑模式，利用 MDI 键盘输入“O×”（×为程序名，但不可与已有的程序名重复），按 INSERT 键则程序名被输入，按 EOB E 键，再按 INSERT 键，则程序结束符“；”被输入，CRT 界面上显示一个空程序，可以通过 MDI 键盘开始程序输入。输入一段代码后，按 EOB E 键，再按 INSERT 键，输入域中的内容显示在 CRT 界面上。光标移到下一行，然后可以进行其他程序段的输入，直到全部程序输完为止。

（4）删除全部数控程序

数控系统进入程序编辑模式，用 MDI 键盘输入“O-9999”，按 DELETE 键，全部数控程序即被删除。

七、自动加工方式

1. 自动 / 连续方式

（1）自动加工

检查机床是否回零，若未回零，先将机床回零。导入数控程序或自行编写一段程序。按下自动模式按钮，指示灯变亮，系统进入自动加工模式。按下操作面板上的循环启动按钮，程序开始自动运行。

（2）中断运行

数控程序在运行过程中可根据需要暂停、停止、急停和重新运行。数控程序在运行时，按下循环保持按钮，程序停止执行，再按下循环启动按钮，程序从暂停位置开始执行。

2. 自动 / 单段方式

检查机床是否回零，若未回零，先将机床回零。导入数控程序或自行编写一段程序。按下自动模式按钮，指示灯变亮，系统进入自动加工模式。按下单段按钮，然后按下循环启动按钮，程序开始执行光标所在行的指令。

（1）自动 / 单段方式执行每一行程序均需按下一次循环启动按钮。

（2）可以通过主轴倍率旋钮和进给倍率旋钮来调节主轴旋转的速度和移动的速度。

（3）按 RESET 键可将程序复位。

3. 检查运行轨迹

执行自动加工前，可通过系统图形显示功能检查程序加工轨迹，验证程序的对错。

按下自动模式按钮，指示灯变亮，系统进入自动加工模式，按下 MDI 键盘上的 PROG 按钮，按数字 / 字母键，输入“O×”（×为所需要检查运行轨迹的数控程序名），按 ↓ 开始搜索，找到后程序显示在 CRT 界面上。按下 CSTM/GR 按钮，进入检查运行轨迹模式，按下操作面板上的循环启动按钮，即可观察数控程序的运行轨迹。

数控车床安全操作规程

一、安全操作基本注意事项

1. 工作时穿好工作服、安全鞋，戴好工作帽及防护镜，禁止戴手套操作机床。
2. 不要移动或损坏安装在机床上的警告标牌。
3. 不要在机床周围放置障碍物，工作空间应足够大。
4. 某一项工作如需要多人共同完成时，应注意相互间的协调一致。
5. 不允许采用压缩空气清洗机床、电气柜及 CNC 单元。

二、工作前的准备工作

1. 机床开始工作前要预热，并认真检查润滑系统工作是否正常，如机床长时间未开动，可先采用手动方式向各部分供油润滑。
2. 使用的刀具应与机床允许的规格相符，有严重破损的刀具要及时更换。
3. 调整刀具所用的工具不要遗忘在机床内。
4. 检查大尺寸轴类工件的中心孔是否合适，中心孔如太小，工作中易发生危险。
5. 刀具安装好后应进行一两次试切削。
6. 检查卡盘是否夹紧。
7. 机床开动前，必须关好机床防护门。

三、工作过程中的注意事项

1. 禁止用手接触刀尖和切屑，切屑必须用钩子或毛刷来清理。
2. 禁止用手或其他任何方式接触正在旋转的主轴、工件或其他运动部位。
3. 禁止加工过程中测量工件尺寸，更不能用棉纱擦拭工件，也不能清扫机床。
4. 车床运转中，操作者不得离开岗位，发现异常现象应立即停车。
5. 在加工过程中，不允许打开机床防护门。
6. 工件伸出车床 100 mm 以外时，须在伸出位置设防护物。
7. 严格遵守岗位责任制，机床由专人使用，他人使用须经本人同意。

四、工作完成后的注意事项

1. 清除切屑，擦拭机床，使机床与环境保持清洁状态。

2. 检查润滑油、切削液的状态，及时添加或更换。
3. 依次关掉机床操作面板上的电源和总电源。

§3-5 数控车床加工实训课题

一、实训任务及目的

本实训是在学习完数控车床的编程和操作基础知识后进行的，实训时间为一周。通过本实训可掌握数控车床回参考点、手动、对刀、程序编辑、自动加工、尺寸修正等基本操作，能用数控车床加工典型零件。

二、实训内容及步骤

本实训采用一根毛坯尺寸为 $\phi50$ mm × 65 mm 的棒料（45 钢），依次完成数控车床的手动车削、数控车床的自动加工、外圆及倒角的加工、圆弧的加工、槽与螺纹的加工等实训课题（见图 3-68），由浅入深、由易到难，逐步掌握数控车床的操作与零件加工。

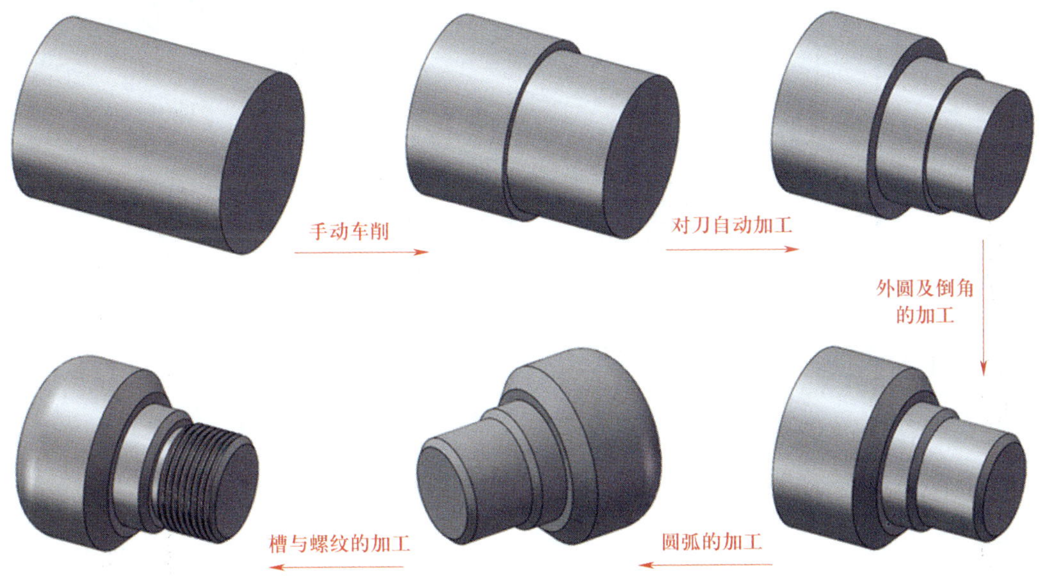

图 3-68　实训内容

实训课题 1　数控车床的手动车削

用数控车床手动车削加工如图 3–69 所示零件，毛坯为 ϕ50 mm × 65 mm 棒料，材料为 45 钢。由于数控车床在结构上与普通车床有很大差别，没有手摇驱动机构，所以需要利用数控车床的手动或手轮操作来完成本课题的加工。通过本课题学习，掌握数控车床回参考点、MDI、手动等基本操作。

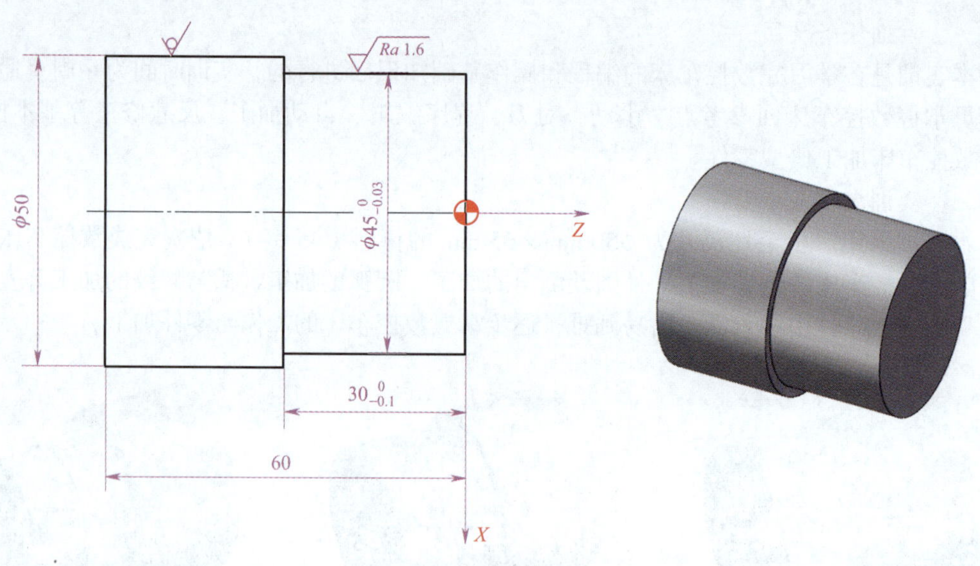

图 3–69　数控车床手动车削实训图

1. 工、量具及材料准备

（1）千分尺、游标卡尺、游标深度卡尺、表面粗糙度样块、刀架扳手、卡盘扳手、93° 右偏刀、垫刀片若干。

（2）ϕ50 mm × 65 mm 棒料一根，45 钢。

2. 机床准备

数控车床（配 FANUC 0i 系统）。

1. 加工准备

（1）开机

先合上机床总电源开关，再按下控制面板上电源开启按钮，最后开启急停按钮。

（2）刀架返回参考点

在回参考点模式下，按下操作面板上的“回参考点X”按钮，此时刀架沿 X 轴回到参考点，X 轴回参考点灯变亮，CRT中的 X 坐标显示为“600.00”，说明刀架返回到 X 轴机床参考点。同样，再按下“回参考点Z”按钮，刀架沿 Z 轴回参考点，当 Z 轴回参考点灯变亮时，刀架返回参考点操作完成，CRT显示如图3–70所示。

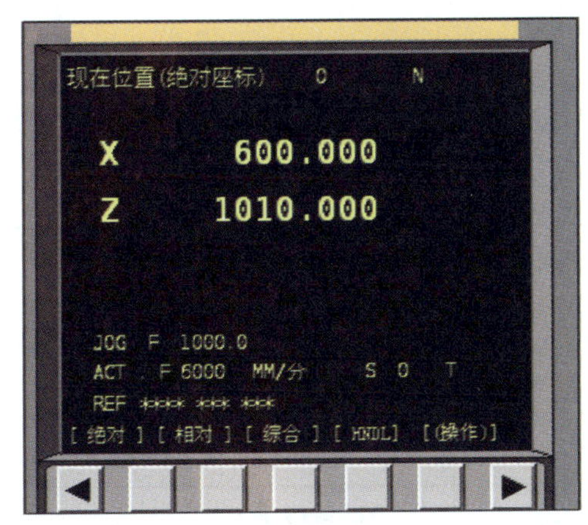

图3–70 刀架返回参考点显示

（3）装夹工件

用三爪自定心卡盘夹紧工件，使工件伸出长度大于40 mm。

（4）装夹刀具

将93°右偏刀装夹到1号刀位上，并使刀尖与工件中心同高。

2. 工件加工

（1）刀具靠近工件

手动快速移动刀具，使其接近工件，并利用手轮调整刀具与工件之间的距离。

（2）启动主轴

在MDI模式下，按功能键，输入“M03 S500”程序段，按循环启动按钮，主轴正转，转速为500 r/min。

（3）车削端面，保证长度60 mm

在手动或手轮模式下，利用手动按钮或手轮使刀具沿 X 轴负方向试切工件端面，适量去除部分端面余量后，Z 轴方向不移动，仅沿 X 轴正方向返回。停止主轴后，测量工件总长 L，计算出还需要切除的余量（L–60）。此时，数控系统位置（POS）界面显示当前的 Z 值为

L_1，沿 Z 轴负方向移动刀具，使 Z 值变为“$L_2=L_1-(L-60)$”，并记下 L_2 数值。再启动主轴，沿 X 轴负方向切削工件右端面，完成端面车削。

（4）车削外圆，保证外径 $\phi45_{-0.03}^{\ 0}$ mm 及长度 $30_{-0.1}^{\ 0}$ mm

在手动或手轮模式下，利用手动按钮或手轮使刀具沿 Z 轴负方向试切工件外圆，适量去除部分余量后，刀具在 X 轴方向不移动，仅沿 Z 轴正方向返回并离开工件。停止主轴，测量工件外径 D，计算出还需要切除的余量（$D-45$）。此时，数控系统位置（POS）界面显示当前的 X 值为 D_1，用手轮沿 X 轴负方向移动刀具，使 X 值变为“$D_2=D_1-(D-45)$”。再启动主轴，沿 Z 轴负方向移动刀具至 Z 值为“L_2-30”处，再沿 X 轴正方向退刀，完成外圆的手动车削。

（5）加工完毕后，拆卸工件并清洁机床工作台。

对加工完的工件进行测量，将检测结果填入表 3–31，对照评分标准进行任务评价。

表 3–31　　任务测评表

姓名		班级			成绩		
序号	项目	考核内容	评分标准	配分	检测手段	检测结果	得分
1	外圆	$\phi45_{-0.03}^{\ 0}$ mm	超差 0.01 mm 扣 5 分	25	千分尺		
2	长度	60 mm	不合格不得分	25	游标卡尺		
3		$30_{-0.1}^{\ 0}$ mm	超差 0.01 mm 扣 5 分	25	游标深度卡尺		
4	表面粗糙度	$Ra3.2$ μm	降级不得分	10	样块比较		
5	文明生产		按有关规定，每违反一次扣 3 分，扣分不超过 15 分				
加工时间		60 min	开始时间		结束时间		

实训课题 2　数控车床的自动加工

加工如图 3–71 所示零件，沿用课题 1 所用材料。通过本课题学习，掌握程序编辑、对刀、自动加工、尺寸修正等基本操作。

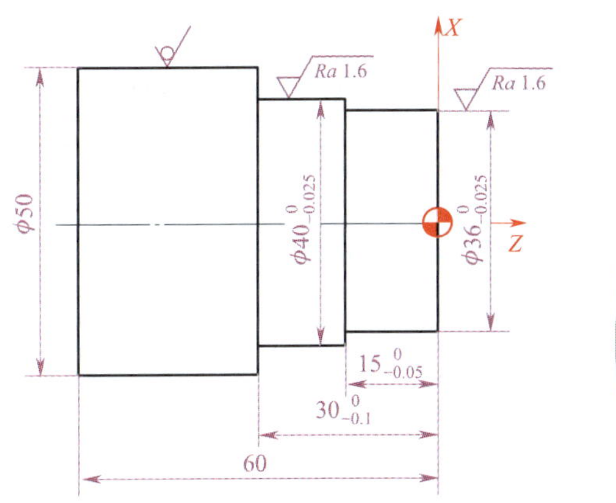

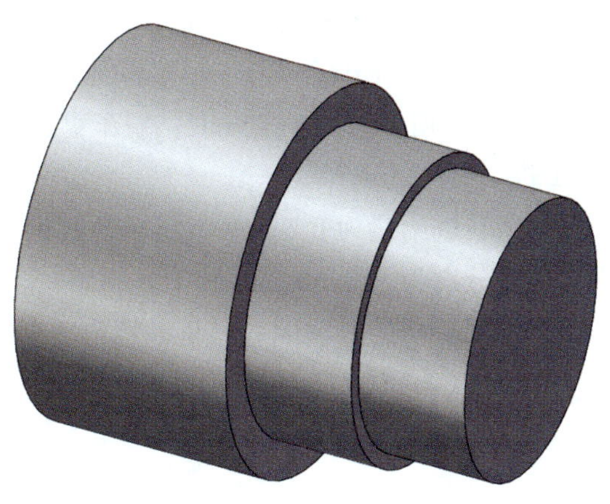

图 3-71　数控车床自动加工实训图

1. 工、量具及材料准备

（1）千分尺、游标卡尺、游标深度卡尺、表面粗糙度样块、刀架扳手、卡盘扳手、93° 右偏刀、垫刀片若干。

（2）沿用课题 1 所用材料。

2. 机床准备

数控车床（配 FANUC 0i 系统）。

1. 确定加工工艺

（1）零件图分析

该零件需要加工 $\phi 40^{0}_{-0.025}$ mm 和 $\phi 36^{0}_{-0.025}$ mm 外圆柱面，控制长度尺寸 $15^{0}_{-0.05}$ mm、$30^{0}_{-0.1}$ mm。

（2）确定加工顺序及进给路线

加工顺序按由粗到精、由近到远（由右到左）的原则确定，即先从右到左进行粗车（留 0.5 mm 精车余量），然后从右到左进行精车。

（3）确定刀具

由于该零件批量为单件，粗车及精车均选用一把 93° 硬质合金右偏刀。

（4）确定切削用量

1）背吃刀量的选择

轮廓粗车时选 a_p=2.25 mm，精车时选 a_p=0.25 mm。

2）主轴转速的选择

粗车切削速度 v_c=100 m/min、精车切削速度 v_c=120 m/min，然后利用公式 n=1 000v_c/（πd）计算主轴转速 n（粗车直径 d=45 mm，精车直径取平均值）为粗车 700 r/min、精车 1 000 r/min。

3）进给速度的选择

粗车每转进给量为 0.2 mm/r，精车每转进给量为 0.1 mm/r，根据公式 $v_f=nf$ 计算粗车、精车进给速度分别为 140 mm/min 和 100 mm/min。

综合前面分析的各项内容，将其填入表 3–32 数控加工工艺卡。

表 3–32　　数控加工工艺卡

单位名称	×××	产品名称或代号	零件名称	零件图号
		×××	短轴	×××
工序号	程序编号	夹具名称	使用设备	车间
001	×××	三爪自定心卡盘	数控车床	数控中心

工步号	工步内容		刀具号	刀具规格 / mm	主轴转速 /（r · min^{-1}）	进给速度 /（mm · min^{-1}）	背吃刀量 / mm	备注
1	粗车轮廓		T01	20 × 20	700	140	2.25	自动
2	精车轮廓		T01	20 × 20	1 000	100	0.25	自动
编制		审核	批准		年　月　日		共　页	第　页

（5）确定工件坐标系、对刀点和换刀点

确定以工件右端面与轴心线的交点 O 为工件原点，建立工件坐标系，如图 3–71 所示。

采用手动试切对刀方法，把点 O 作为对刀点。换刀点设置在工件坐标系下（X100，Z50）处。

2. 编制加工程序（见表 3–33）

表 3–33　　参考程序

参考程序	注　释
O3018；	程序名
N10 G98 G40 G21；	程序初始化
N20 S700 M03；	主轴正转，转速为 700 r/min
N30 T0101；	换 1 号刀，执行 1 号刀具补偿

续表

参考程序	注　释
N40 G00 X52.0 Z1.0;	快速到达起刀点
N50 G01 X40.5 F140;	粗车 $\phi40_{-0.025}^{0}$ mm 外圆，背吃刀量为 2.25 mm
N60 Z-30.0;	
N70 X52.0;	X 向退刀
N80 G00 Z1.0;	Z 向退刀
N90 G01 X36.5 F140;	粗车 $\phi36_{-0.025}^{0}$ mm 外圆，背吃刀量为 2.25 mm
N100 Z-15.0;	
N110 X42.0;	X 向退刀
N120 G00 Z1.0 M05;	Z 向退刀，主轴停
N130 M00;	程序无条件暂停，测量工件
N140 M03 S1000 T0101;	主轴正转，转速为 1 000 r/min，选 1 号刀及 1 号刀补
N150 X36.0;	X 向进刀
N160 G01 Z-15.0 F100;	精车 $\phi36_{-0.025}^{0}$ mm 外圆
N170 X40.0;	精车端面
N180 Z-30.0;	精车 $\phi40_{-0.025}^{0}$ mm 外圆
N190 X52.0;	精车端面
N200 G00 X100.0 Z50.0;	快速回安全点
N210 M30;	程序结束并复位

3. 程序的输入与校验

在编辑方式下，选取 PROGRAM 界面，键入顺序为：

O，3，0，1，6，INSERT 键

EOB 键，INSERT 键

N10 G98 G40 G21 EOB 键，INSERT 键

N20 S700 M03 EOB 键，INSERT 键

N30 T0101 EOB 键，INSERT 键

N40 G00 X52.0 Z1.0 EOB 键，INSERT 键

N50 G01 X40.5 F140 EOB 键，INSERT 键

N60 Z-30.0 EOB 键，INSERT 键

N70 X52.0 EOB 键，INSERT 键

N80 G00 Z1.0 EOB 键，INSERT 键

N90 G01 X36.5 F140 EOB 键，INSERT 键

N100 Z–15.0 EOB 键，INSERT 键

N110 X42.0 EOB 键，INSERT 键

N120 G00 Z1.0 M05 EOB 键，INSERT 键

N130 M00 EOB 键，INSERT 键

N140 M03 S1000 T0101 EOB 键，INSERT 键

N150 X36.0 EOB 键，INSERT 键

N160 G01 Z–15.0 F100 EOB 键，INSERT 键

N170 X40.0 EOB 键，INSERT 键

N180 Z–30.0 EOB 键，INSERT 键

N190 X52.0 EOB 键，INSERT 键

N200 G00 X100.0 Z50.0 EOB 键，INSERT 键

N210 M30 EOB 键，INSERT 键

对照程序单，逐行检查输入程序的对错。

4. 对刀

（1）机床回参考点操作

在回参考点模式下，将刀架沿 *X* 轴和 *Z* 轴返回机床参考点。

（2）启动主轴

在 MDI 模式下，输入“M03 S700”程序段，并按循环启动键，启动主轴。

（3）*X* 向对刀

在手动或手轮模式下试车外圆，然后沿 +*Z* 方向退刀，停止主轴，测量切削外圆的直径 *d*；按功能键 OFFSET/SETTING →按［OFFSET］软键→按［形状］软键→将光标移动至 01 号偏置处，输入 X*d*，按［测量］软键，系统自动完成 *X* 向对刀。

（4）*Z* 向对刀

在手轮模式下启动主轴，移动刀具靠近工件右端面，使刀具与右端面轻轻接触，然后在 01 号偏置处输入 Z0，按［测量］软键，系统自动完成 *Z* 方向对刀。

5. 零件加工

将 O3018 号程序复位，使光标移到程序开始位置。然后按操作面板上的循环启动按钮，系统执行加工程序。

6. 尺寸修正

当程序执行到 N130 段时，主轴停转，程序暂停。此时，可用量具测量工件尺寸是否符合要求。如有偏差，则要在精车前及时修正。如采用 T01 粗车后，实际尺寸比零件要求外径大 0.02 mm，则按下 OFFSET/SETTING 键，进入刀具补正界面，将光标移动至 T01 对应的刀补号 001 组中 *X* 参数位置，通过 MDI 键盘输入“–0.02”，再按 INPUT 键，修正值便输入到指定位置；反之，若加工后的实际尺寸比工件要求尺寸小，则输入正的修正值。通过上述修正后，再进行精加工，即可达到尺寸要求。

7. 结束工作

加工完毕后，拆卸工件并清洁机床工作台。

任务测评

对加工完的工件进行测量，将检测结果填入表 3–34，对照评分标准进行任务评价。

表 3–34　　任务测评表

姓名		班级			成绩		
序号	项目	考核内容	评分标准	配分	检测手段	检测结果	得分
1	外圆	$\phi 40_{-0.025}^{0}$ mm	超差 0.01 mm 扣 5 分	20	千分尺		
2		$\phi 36_{-0.025}^{0}$ mm	超差 0.01 mm 扣 5 分	20	千分尺		
3	长度	$15_{-0.05}^{0}$ mm	超差 0.01 mm 扣 2 分	20	游标深度卡尺		
4		$30_{-0.1}^{0}$ mm	超差 0.01 mm 扣 2 分	20	游标深度卡尺		
5	表面粗糙度	Ra1.6 μm（2 处）	降级不得分	10	样块比较		
6	文明生产		按有关规定，每违反一次扣 3 分，扣分不超过 10 分				
加工时间		120 min	开始时间		结束时间		

实训课题 3　外圆及倒角的加工

工作任务

加工如图 3–72 所示零件，沿用课题 2 所用材料。通过本课题学习，进一步熟悉数控车床的基本操作，并掌握外圆、倒角的加工。

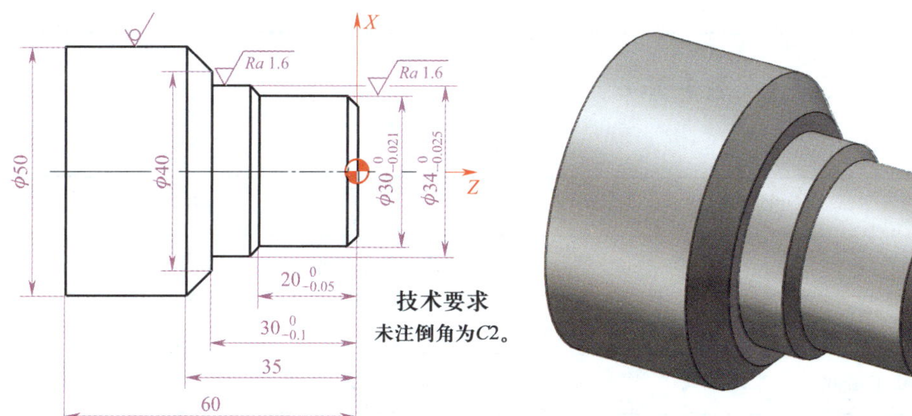

图 3–72　外圆及倒角加工

1. 工、量具及材料准备

（1）千分尺、游标卡尺、游标深度卡尺、表面粗糙度样块、刀架扳手、卡盘扳手、93°右偏刀、垫刀片若干。

（2）沿用课题 2 所用材料。

2. 机床准备

数控车床（配 FANUC 0i 系统）。

1. 确定加工工艺

（1）工艺分析

该零件需要加工 $\phi30_{-0.021}^{\ 0}$ mm 外圆、$\phi34_{-0.025}^{\ 0}$ mm 外圆，大端直径为 50 mm、小端直径为 40 mm、长度为 5 mm 的锥体，两处 $C2$ 倒角，控制 $20_{-0.05}^{\ 0}$ mm、$30_{-0.1}^{\ 0}$ mm、35 mm 三个长度尺寸。

为了确保尺寸精度，按照粗、精加工分开原则，先进行粗车，再进行精车。

（2）确定刀具

由于毛坯去除余量不是太大，采用一把 93° 外圆偏刀就能满足加工要求，见表 3–35。

表 3–35　数控加工刀具卡

刀具号	刀具规格形状	数量	加工内容	主轴转速 /（r · min^{-1}）	进给量 /（mm · min^{-1}）	背吃刀量 / mm
T01	93° 外圆偏刀	1	粗车工件外轮廓	600	180	2.0
T01	93° 外圆偏刀	1	精车工件外轮廓	800	80	0.5

2. 编制加工程序（见表 3–36）

表 3–36　参考程序

参考程序	注　释
O3019;	程序名（以右端面为编程原点）
N10 G98 G40 G21;	程序初始化
N20 M03 T0101 S600;	主轴正转，转速为 600 r/min，选 1 号刀及 1 号刀补
N30 G00 X52.0 Z1.0;	快速靠近工件

续表

参考程序	注　释
N40 G71 U2.0 R0.5；	采用 G71 循环进行粗车
N50 G71 P60 Q130 U0.5 W0 F180；	
N60 G00 G42 X24.0；	快速到达精车起点，执行刀尖圆弧半径右补偿
N70 G01 X30.0 Z–2.0 F80；	倒角 $C2$
N80 Z–20.0；	精车 $\phi30_{-0.021}^{0}$ mm 外圆
N90 X34.0 Z–22.0；	倒角 $C2$
N100 Z–30.0；	精车 $\phi34_{-0.025}^{0}$ mm 外圆
N110 X40.0；	精车端面
N120 X51.0 Z–35.5；	精车 $C5$ 锥面
N130 X52.0；	X 向退刀
N140 M05；	主轴停
N150 M00；	程序暂停（测量粗车尺寸）
N160 M03 S800 T0101；	主轴正转，转速为 800 r/min，选 1 号刀及 1 号刀补
N170 G70 P60 Q130；	精车循环
N180 G00 G40 X100.0 Z50.0；	快速退至安全点
N190 M30；	程序结束并复位

3. 程序的输入与校验

将加工程序输入数控系统，并逐行检查输入程序的对错。

4. 工件加工

（1）对刀

采用 T 指令对刀方式对刀。

（2）输入刀尖圆弧半径值及刀尖方位

由于编制加工锥体程序时采用了刀尖圆弧半径补偿，所以，对刀时需要把刀尖圆弧半径值和刀尖方位输入到刀具偏置参数表中。在刀具形状偏置界面中，把光标移至 R 参数位置，输入刀尖圆弧半径值（不带 R，只输数值即可），按 [输入] 软键，刀尖圆弧半径值被输入到刀具偏置参数表中。按照同样方法，将刀尖方位输入到 T 参数中，如图 3–73 所示。注意刀具参数表中的 T 表示刀具方位，而不是刀具号。

（3）零件加工

自动运行程序，加工出合格的零件。加工完毕后，拆卸工件并清洁机床工作台。

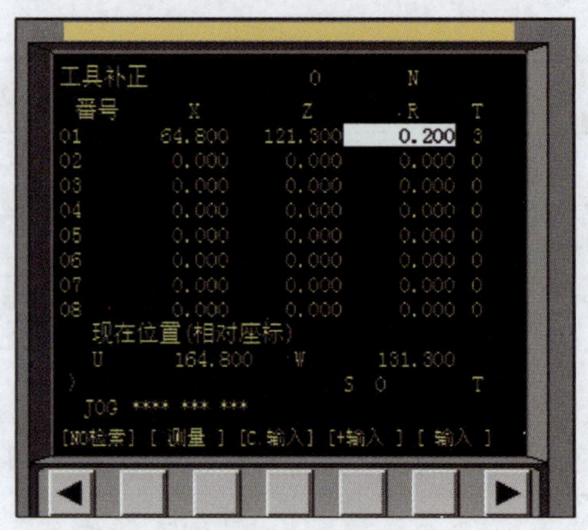

图 3-73　输入刀尖圆弧半径及刀尖方位

对加工完的工件进行测量，将检测结果填入表 3-37，对照评分标准进行任务评价。

表 3-37　　任务测评表

姓名		班级			成绩		
序号	项目	考核内容	评分标准	配分	检测手段	检测结果	得分
1	外圆	$\phi30_{-0.021}^{0}$ mm	超差 0.01 mm 扣 5 分	10	千分尺		
2		$\phi34_{-0.025}^{0}$ mm	超差 0.01 mm 扣 5 分	10	千分尺		
3	长度	$20_{-0.05}^{0}$ mm	超差 0.01 mm 扣 2 分	10	游标深度卡尺		
4		$30_{-0.1}^{0}$ mm	超差 0.01 mm 扣 2 分	10	游标深度卡尺		
5		35 mm	超差 0.1 mm 扣 5 分	10	游标卡尺		
6	锥体	小端外圆 $\phi40$ mm	不合格不得分	10	游标卡尺		
7	倒角	$C2$（2 处）	不合格不得分	10	游标卡尺		
8	表面粗糙度	$Ra1.6$ μm（2 处）	降级不得分	20	样块比较		
9	文明生产		按有关规定，每违反一次扣 3 分，扣分不超过 10 分				
加工时间		120 min	开始时间		结束时间		

实训课题 4　圆弧的加工

工作任务

加工如图 3–74 所示零件，沿用课题 3 所用材料。通过本课题学习，进一步熟悉数控车床的基本操作，并掌握圆弧的加工。

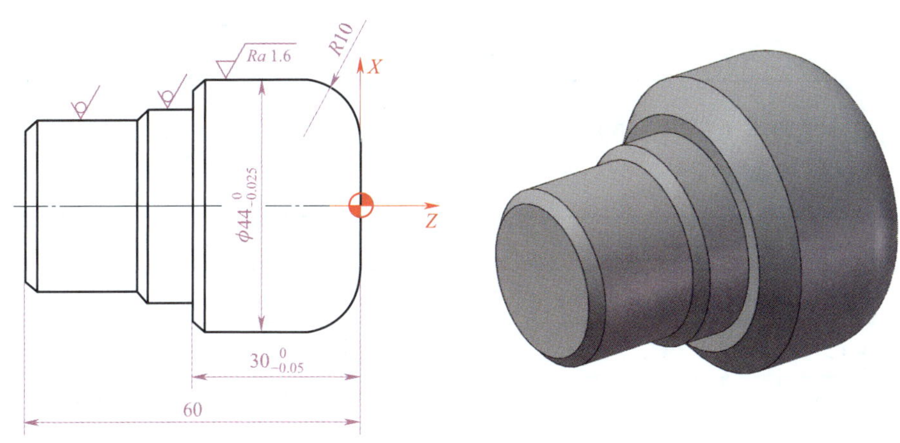

图 3–74　圆弧加工实训图

任务准备

1. 工、量具及材料准备

（1）千分尺、游标卡尺、圆弧样板、表面粗糙度样块、刀架扳手、卡盘扳手、93° 右偏刀、垫刀片若干。

（2）沿用课题 3 所用材料。

2. 机床准备

数控车床（配 FANUC 0i 系统）。

任务实施

1. 确定加工工艺

（1）零件图分析

该零件需要加工 $\phi44^{\ 0}_{-0.025}$ mm 外圆、$R10$ mm 圆弧，控制长度 $30^{\ 0}_{-0.5}$ mm。

（2）确定圆弧的起始点坐标

以工件左端面与轴心线的交点为坐标系原点，$R10$ mm 圆弧的起点坐标为（$X24.0$，$Z0$），终点坐标为（$X44.0$，$Z-10.0$）。

（3）确定刀具

由于工件外形简单，采用一把 93° 外圆偏刀就能满足加工要求，见表 3–38。

表 3–38　　数控加工刀具卡

刀具号	刀具规格形状	数量	加工内容	主轴转速 /（r · min^{-1}）	进给量 /（mm · min^{-1}）	背吃刀量 / mm
T01	93° 外圆偏刀	1	粗车工件外轮廓	600	180	2.0
T01	93° 外圆偏刀	1	精车工件外轮廓	800	80	0.5

2. 编制加工程序（见表 3–39）

表 3–39　　参考程序

参考程序	注　释
O3020;	程序名
N10 G98 G40 G21;	程序初始化
N20 M03 S600 T0101;	主轴正转，转速为 600 r/min，选 1 号刀、执行 1 号刀补
N30 G00 X52.0 Z1.0;	快速靠近工件
N40 G71 U2.0 R0.5;	采用 G71 循环进行粗车
N50 G71 P60 Q110 U0.5 W0 F180;	
N60 G00 G42 X0;	快速到达 X 向精车起点，执行刀尖圆弧半径右补偿
N70 G01 Z0 F80;	Z 向精车起点
N80 X24.0;	精车端面
N90 G03 X44.0 Z–10.0 R10.0;	精车 $R10$ mm 圆弧
N100 G01 Z–30.0;	精车 $\phi44_{-0.025}^{0}$ mm 外圆
N110 X52.0;	X 向退刀，取消刀尖半径右补偿
N120 M05;	主轴停转
N130 M00;	程序无条件暂停（测量粗车尺寸）
N140 M03 S800 T0101;	主轴正转，转速为 800 r/min，选 1 号刀、1 号刀补
N150 G70 P60 Q110;	精车循环
N160 G00 G40 X100.0 Z50.0;	快速退至安全点
N170 M30;	程序结束并复位

3. 工件加工

将编写的程序校验无误后，输入机床数控系统，对刀加工出合格的零件。加工完毕后，拆卸工件并清洁机床工作台。

对加工完的工件进行测量，将检测结果填入表 3–40，对照评分标准进行任务评价。

表 3–40　　任务测评表

姓名		班级			成绩		
序号	项目	考核内容	评分标准	配分	检测手段	检测结果	得分
1	外圆	$\phi44^{0}_{-0.025}$ mm	超差 0.01 mm 扣 5 分	20	千分尺		
2	长度	$30^{0}_{-0.05}$ mm	超差 0.01 mm 扣 2 分	20	游标卡尺		
3		60 mm	超差 0.1 mm 扣 5 分	20	游标卡尺		
4	圆弧	*R*10 mm	不合格不得分	20	圆弧样板		
5	表面粗糙度	*Ra*1.6 μm	降级不得分	10	样块比较		
6	文明生产		按有关规定，每违反一次扣 3 分，扣分不超过 10 分				
加工时间		120 min	开始时间		结束时间		

实训课题 5　槽与螺纹的加工

加工如图 3–75 所示零件，沿用课题 4 所用材料。通过本课题学习，进一步熟悉数控车床的基本操作，并掌握槽与螺纹的加工。

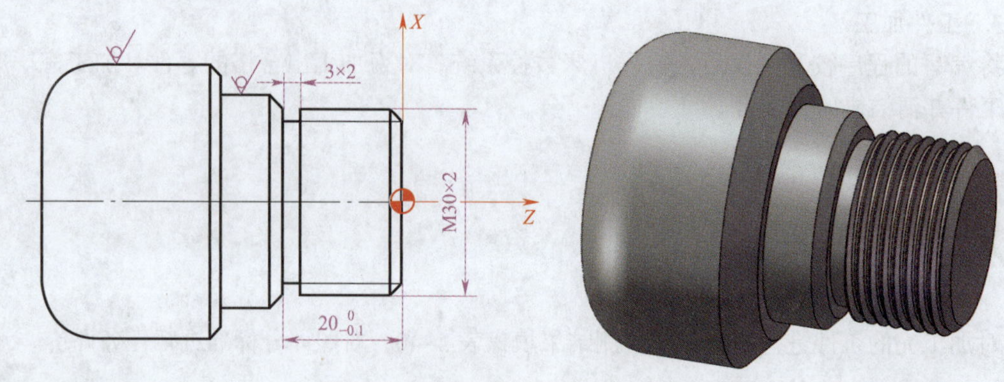

图 3–75　槽与螺纹加工实训图

任务准备

1. 工、量具及材料准备

（1）千分尺、游标卡尺、M30 × 2 螺纹环规一套、刀架扳手、卡盘扳手、3 mm 宽切槽刀、60° 外螺纹刀、垫刀片若干。

（2）沿用课题 4 所用材料。

2. 机床准备

数控车床（配 FANUC0i 系统）。

任务实施

1. 确定加工工艺

（1）零件图分析

该零件需要加工 3 mm × 2 mm 槽、M30 × 2 螺纹，控制长度 $20^{\ 0}_{-0.01}$ mm。

（2）螺纹尺寸计算

螺纹大径：$d_{大} = D-0.13P$=30 mm−0.13 × 2 mm=29.74 mm。

螺纹小径：$d_{小} = D-1.08P$=30 mm−1.08 × 2 mm=27.84 mm。

（3）确定刀具

采用一把宽为 3 mm 的切槽刀、一把 60° 外螺纹刀就能满足加工要求，见表 3–41。

表 3–41　　数控加工刀具卡

刀具号	刀具规格形状	数量	加工内容	主轴转速 /（r · min^{-1}）	进给量 /（mm · min^{-1}）	背吃刀量 / mm
T01	3 mm 宽切槽刀	1	3 mm × 2 mm 槽	400	60	2
T02	60° 螺纹刀	1	M30 × 2 螺纹	800	—	—

2. 编制加工程序（见表 3–42）

表 3–42　　参考程序

参考程序	注　　释
O3021；	程序名
N10 G99 G40 G21；	程序初始化
N20 M03 S400 T0101；	主轴正转，转速为 400 r/min，选 1 号刀，执行 1 号刀补
N30 G00 X36.0 Z5.0；	快速靠近工件
N40 Z–20.0；	*Z* 向进刀
N50 G01 X26.0 F60；	切槽
N60 X36.0；	*X* 向退刀
N70 G00 X100.0 Z50.0；	快速退至换刀点
N80 M03 S800 T0202；	主轴正转，转速为 800 r/min，换 2 号刀，执行 2 号刀补
N90 G00 X32.0 Z4.0；	到达螺纹车削起点
N100 G92 X29.0 Z–18.0 F2.0；	车第一刀
N110 X28.4；	车第二刀
N120 X28.0；	车第三刀
N130 X27.84；	车第四刀
N140 G00 X100.0 Z50.0；	快速退至安全点
N150 M30；	程序结束并复位

3. 工件加工

将编写的程序校验无误后，输入机床数控系统，对刀加工出合格的零件。加工完毕后，拆卸工件并清洁机床工作台。

任务测评

对加工完的工件进行测量，将检测结果填入表 3–43，对照评分标准进行任务评价。

表 3–43　　任务测评表

姓名		班级			成绩		
序号	项目	考核内容	评分标准	配分	检测手段	检测结果	得分
1	槽	3 mm × 2 mm	超差 0.01 mm 扣 5 分	30	游标卡尺		
2	长度	$20_{-0.1}^{0}$ mm	超差 0.01 mm 扣 2 分	30	游标卡尺		
3	螺纹	M30 × 2	不合格不得分	30	螺纹环规		
4	文明生产		按有关规定，每违反一次扣 3 分，扣分不超过 10 分				
加工时间	120 min		开始时间		结束时间		

第四章
数控铣床 / 加工中心加工基础

§4-1　数控铣床/加工中心的主要功能及加工对象

在普通铣床上使用不同的铣刀可以完成铣平面、铣台阶、铣键槽、铣T形槽、铣燕尾槽、铣齿轮、铣螺纹、铣螺旋槽、铣外曲面、铣内曲面等的加工，如图4-1所示。此外，在铣床上还可以进行钻孔、铰孔和铣孔等工作。

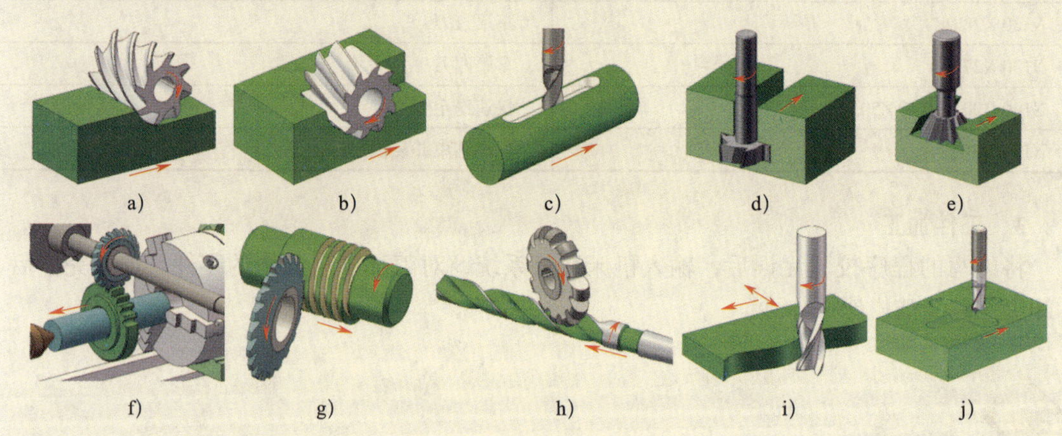

图4-1　普通铣床的加工对象

a）铣平面　b）铣台阶　c）铣键槽　d）铣T形槽　e）铣燕尾槽
f）铣齿轮　g）铣螺纹　h）铣螺旋槽　i）铣外曲面　j）铣内曲面

在普通铣床上能加工的对象，能不能在数控铣床/加工中心上加工？数控铣床/加工中心还能加工哪些对象？

一、数控铣床/加工中心的主要功能

数控铣床/加工中心配置的数控系统不同，其功能也不尽相同，常具有下列主要功能。

1. 点位控制功能

利用该功能，数控铣床/加工中心可以进行只需做点位控制的钻孔、扩孔、锪孔、铰孔和镗孔等加工。

2. 连续轮廓控制功能

利用该功能，可以实现对刀具运动轨迹的连续轮廓控制。

3. 刀具半径补偿功能

利用该功能，可以按工件实际轮廓形状和尺寸进行编程；可以通过改变刀具半径补偿量的方法来弥补制造铣刀的尺寸精度误差，扩大刀具直径选用范围及减小刀具返修、刃磨的误差；还可以利用改变刀具半径补偿值的方法，以同一程序实现分层铣削和粗、精加工或用于提高加工精度。此外，通过改变刀具半径补偿值的正负号，可用同一程序加工某些需要相互配合的工件（如相互配合的凹模和凸模等）。

4. 刀具长度补偿功能

利用该功能可以自动改变切削平面高度，同时可以降低在制造与返修时对刀具长度尺寸的精度要求，还可以弥补轴向对刀误差。

5. 镜像加工功能

镜像加工也称为轴对称加工。对于一个轴对称形状的工件来说，利用这一功能，只需编制出对称形状的加工程序就可完成全部加工。

6. 固定循环功能

利用该功能可以大大简化程序。

7. 特殊功能

有些数控铣床 / 加工中心具备计算机仿形加工、自适应、逆向加工等特殊功能，从而扩大了机床的使用范围。

二、数控铣床 / 加工中心的主要加工对象

数控铣床 / 加工中心可以进行平面和轮廓铣削，还可以进行钻孔、扩孔、铰孔、镗孔、锪孔及铣螺纹等。数控铣床 / 加工中心主要适用于下列几类零件的加工。

1. 平面类零件

加工面平行或垂直于水平面，或加工面与水平面的夹角为定角的零件为平面类零件（见图 4–2）。这类零件的特点是各加工面是平面或可以展开成平面。平面类零件是数控铣削加工中最简单的一类零件，一般只需用三坐标数控铣床的两坐标联动（即两轴半坐标联动）就可以把它们加工出来。

2. 变斜角类零件

加工面与水平面的夹角呈连续变化的零件称为变斜角类零件（见图 4–3）。变斜角类零件的变斜角加工面不能展开为平面，但在加工中，加工面与铣刀圆周的瞬时接触为一条线。最好采用四坐标、五坐标数控铣床进行摆角加工，若没有上述机床，也可采用三坐标数控铣床进行两轴半近似加工。

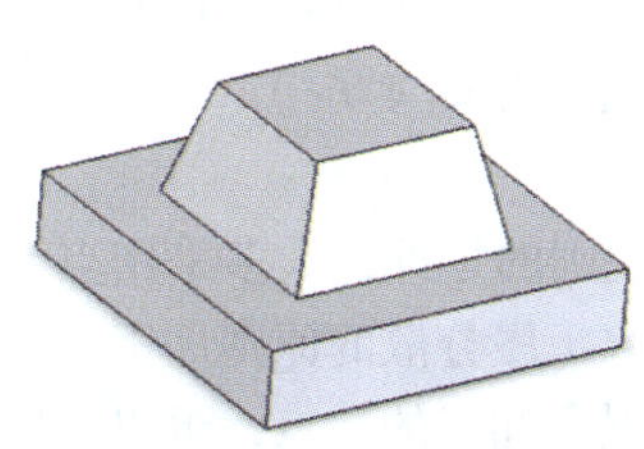

图 4–2　平面类零件

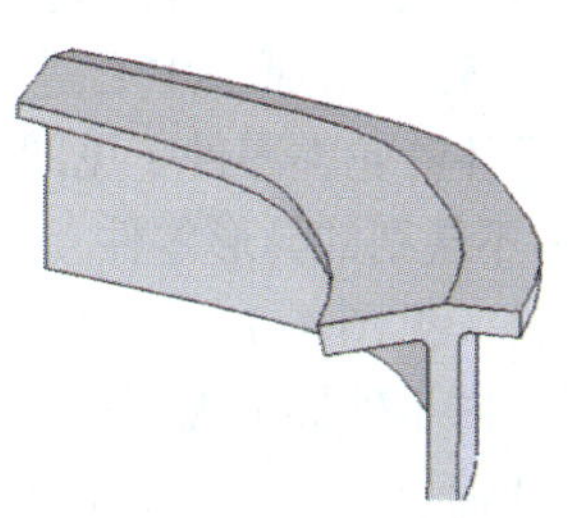

图 4–3　变斜角类零件

3. 曲面类零件

加工面为空间曲面的零件称为曲面类零件（见图 4-4）。曲面类零件不能展开为平面。加工时，铣刀与加工面始终为点接触，一般采用球头铣刀在三坐标数控铣床上进行精加工。

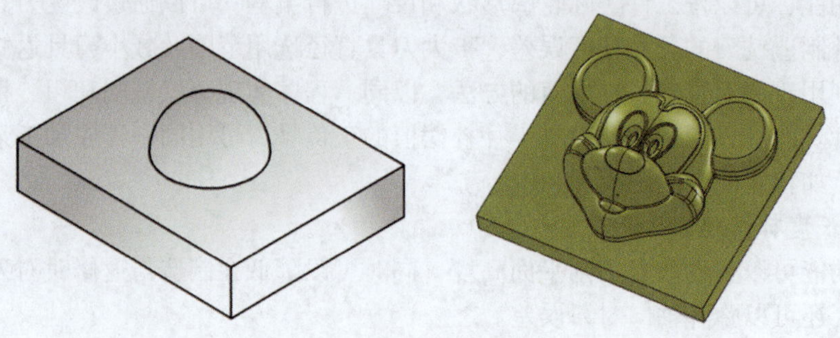

图 4-4　曲面类零件

4. 既有平面又有孔系的零件

既有平面又有孔系的零件主要是指箱体类零件和盘类、套类、板类零件。加工这类零件时，最好采用加工中心在一次安装中完成零件上平面的铣削，孔系的钻削、镗削、铰削、铣削及螺纹加工等多工步加工，以保证零件各加工表面间的相互位置精度。常见的这类零件有箱体类零件（见图 4-5a）和盘、套类零件（见图 4-5b）。

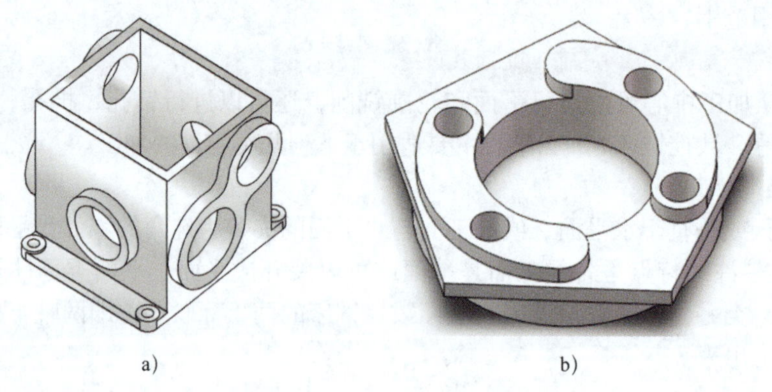

a)　　　　b)

图 4-5　既有平面又有孔系的零件

a）箱体类零件　b）盘、套类零件

5. 结构形状复杂、普通机床难加工的零件

结构和形状复杂的零件是指其主要表面由复杂曲线、曲面组成的零件。加工这类零件时，通常需采用加工中心进行多坐标联动加工。常见的典型零件有凸轮类零件（见图 4-6a）、整体叶轮类零件（见图 4-6b）和模具类零件（见图 4-6c）。

6. 外形不规则的异形零件

异形零件（见图 4-7）是指支架、拨叉类外形不规则的零件，大多采用点、线、面多工位混合加工。由于外形不规则，在普通机床上只能采取工序分散的原则加工，使用的工艺装备较多，周期较长。利用加工中心多工位点、线、面混合加工的特点，可以完成大部分甚至全部工序内容。

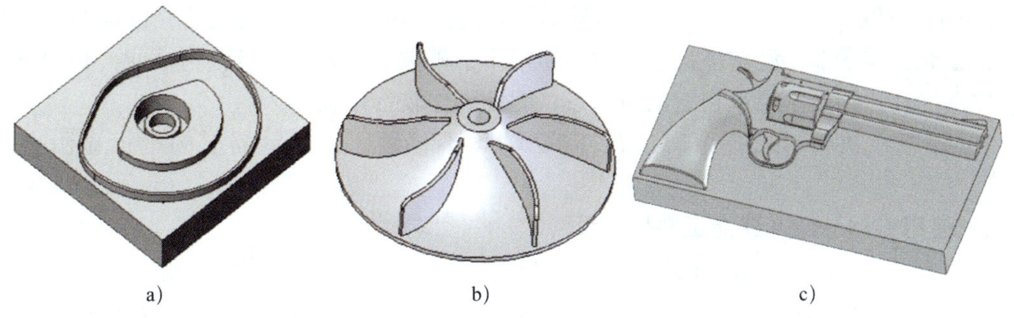

a)　　b)　　c)

图 4–6　结构形状复杂零件

a）凸轮类零件　b）整体叶轮类零件　c）模具类零件

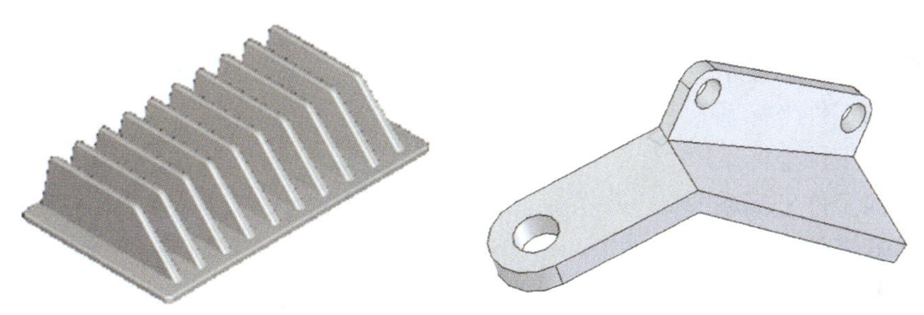

图 4–7　异形零件

7. 其他零件

数控铣床 / 加工中心除常用于加工以上特征的零件外，还较适宜加工周期性投产的零件、加工精度要求较高的中小批量零件和新产品试制中的零件等。

§4–2　数控铣床 / 加工中心编程基础

一、坐标系的设定

1. 使用 G92 建立工件坐标系

（1）指令格式

G92 X__ Y__ Z__ ；

X、Y、Z：绝对坐标值。

（2）指令说明

1）使用 G92 指令建立工件坐标系的实质是把当前位置设为指令所指定的刀位点的坐标值。如“G92 X20.0 Y10.0 Z10.0；”，通过这一程序段设定的工件坐标系如图 4–8 所示，实际上是由刀具的当前位置及坐标值反推得出。

2）采用 G92 指令设定的工件坐标系不具有记忆功能，当机床关机后，设定的坐标系即消失，因此，G92 指令设定坐标系的方式通常用于单件加工。在执行该指令前，必须将刀具的刀位点准确移到新坐标系指定的位置点，因此操作较为烦琐。

3）程序在执行 G92 指令时，X、Y、Z 轴均不移动，但显示器上的坐标显示会发生改变。

2. 使用 G54～G59 建立工件坐标系

FANUC 数控系统为用户提供了强大的坐标系设定功能，可以同时建立六个工件坐标系。用户可以根据使用需要先行建立工件坐标系，加工时再进行调用。此类代码通过对刀操作使工件坐标系的原点与机床坐标系联系起来，把机床坐标系中的一点设为工件坐标系的原点。

（1）指令格式

G54；第一工件坐标系

G55；第二工件坐标系

G56；第三工件坐标系

G57；第四工件坐标系

G58；第五工件坐标系

G59；第六工件坐标系

（2）指令说明

1）工件坐标系设定过程：选择装夹后的工件上的编程原点，找出该点在机床坐标系中的绝对值，将这些值通过机床面板输入机床偏置储存器参数中，从而将零点偏移至此点。工件坐标系与机床坐标系的关系如图 4-9 所示。

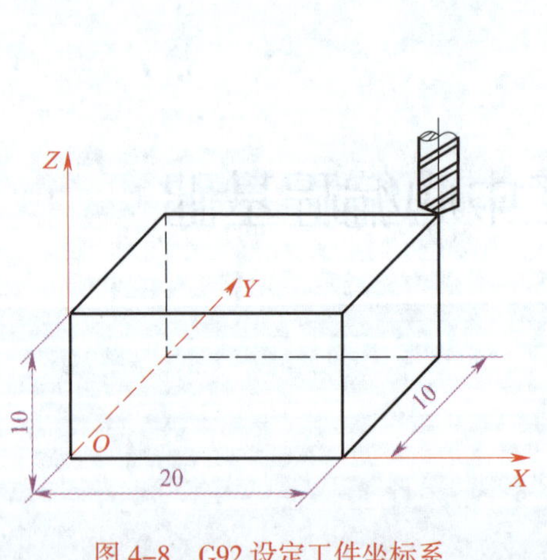

图 4-8　G92 设定工件坐标系

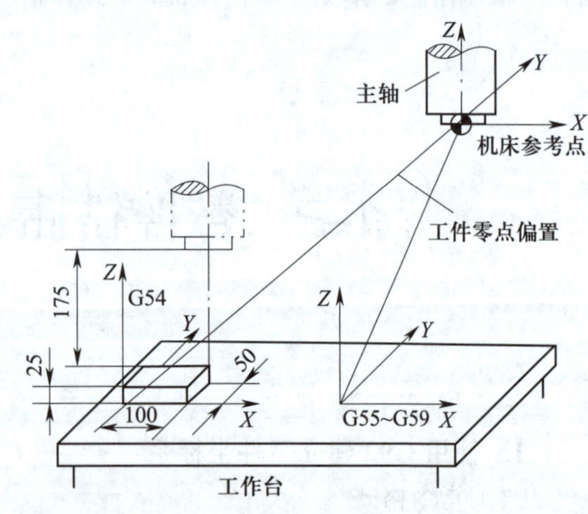

图 4-9　工件坐标系与机床坐标系的关系

2）通过 G54～G59 设定的工件坐标系，只要不对其进行修改、删除操作，该工件坐标系将永久保存，即使机床关机其坐标系也将保留，因此，通常适用于批量加工。

3）系统接通电源后自动选择 G54 坐标系。

在实际加工中很少采用 G92 来设定工件坐标系，通常采用 G54～G59 来设定。

二、FANUC 0i 系统常用准备功能指令

1. 平面选择指令（G17/G18/G19）

当机床坐标系及工件坐标系确定后，对应地就确定了三个坐标平面，即 *XY* 平面、*ZX* 平面和 *YZ* 平面，可分别用 G17（*XY* 平面）、G18（*ZX* 平面）和 G19（*YZ* 平面）表示三个平面，如图 4-10 所示。

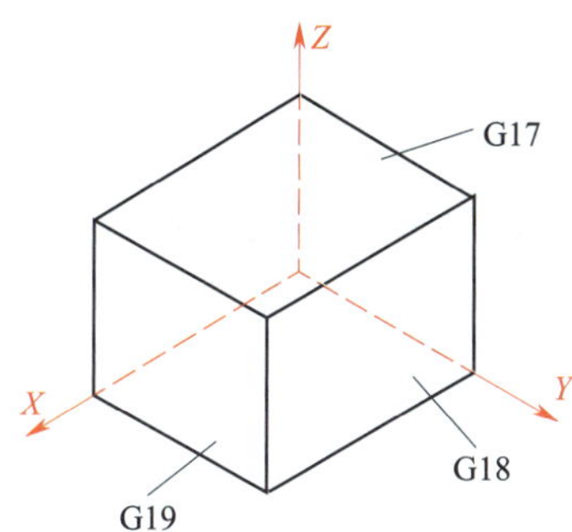

图 4-10　平面选择指令

2. 绝对坐标与增量坐标指令（G90/G91）

（1）绝对坐标指令（G90）

FANUC 0i 数控铣床代码中，绝对坐标指令用 G90 来表示。程序中坐标功能字后面的坐标以原点作为基准，表示刀具终点的绝对坐标，如图 4-11 所示。

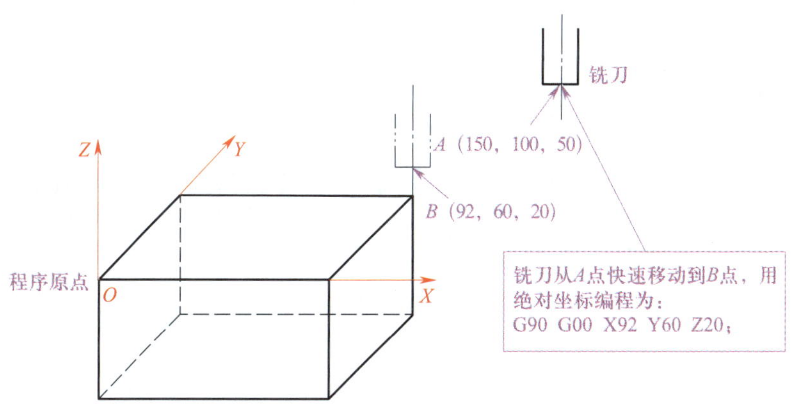

图 4-11　绝对坐标编程

（2）增量坐标指令

FANUC 0i 数控铣床代码中，增量坐标指令用 G91 来表示。程序中坐标功能字后面的坐标以刀具起始点作为基准，表示刀具终点相对于刀具起始点坐标值的增量，如图 4-12 所示。

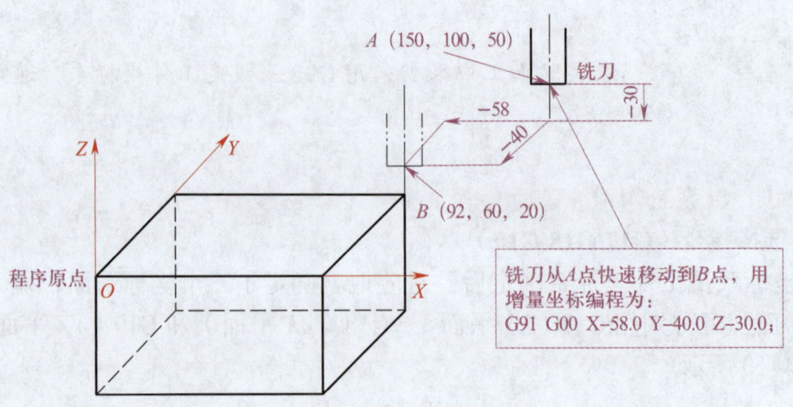

图 4-12　增量坐标编程

G90 与 G91 属于同组模态指令，系统默认指令为 G90。在实际编程时，可根据具体的零件及零件的标注来进行 G90 和 G91 方式的切换。

3. 快速点定位指令（G00）

（1）指令格式

G00 X__ Y__ Z__ ；

X、Y、Z：快速进给的终点。在使用绝对值指令时，X、Y、Z 是终点在工件坐标系中的坐标值；在使用增量值指令时，X、Y、Z 是刀具移动的距离（即刀具移动终点相对于起点的增量）。

（2）示例

如图 4-13 所示，使用 G00 编程，要求刀具从 *A* 点快速定位到 *B* 点。

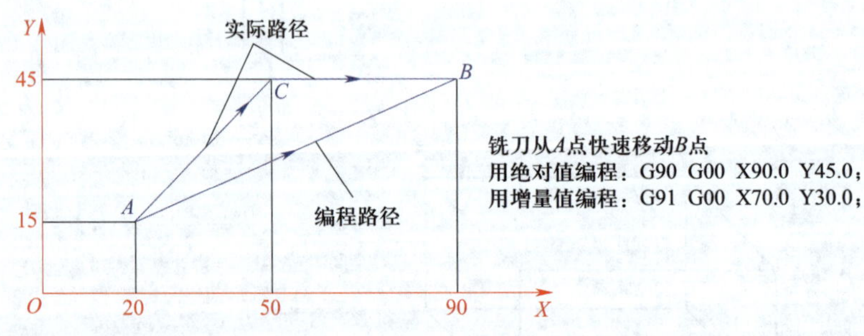

图 4-13　G00 应用示例

在执行 G00 指令时，由于各轴以各自的速度移动，不能保证各轴同时到达终点，联动直线轴的合成轨迹不一定是直线，因而操作者必须格外小心，以免刀具与工件发生碰撞。一般情况下是先把 *Z* 轴移动到安全高度，再在 *XY* 平面内执行 G00 指令。

4. 直线插补指令（G01）

（1）指令格式

G01 X__ Y__ Z__ F__ ；

X、Y、Z：刀具目标点的坐标值。在使用绝对坐标 G90 时，该点为工件坐标系坐标；在使用增量坐标 G91 时，该点为工件坐标系中相对于起点的增量坐标。

F：刀具切削进给的合成进给速度。

（2）示例

如图 4–14 所示，用直线插补指令编制从 *A* 点线性进给到 *B* 点（此时的进给路线是从 *A*→*B* 的直线）的程序。

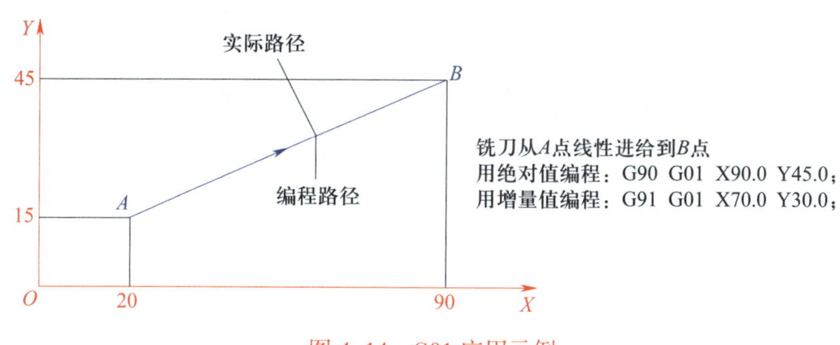

图 4–14 G01 应用示例

5. 圆弧插补指令（G02/G03）

（1）指令格式

1）*XY* 平面圆弧

$$G17\ G02/G03\ G90/G91\ X\_\_\ Y\_\_ \left\{\begin{matrix} R\_\_ \\ I\_\_ \quad J\_\_ \end{matrix}\right\} F\_\_\ ;$$

2）*ZX* 平面圆弧

$$G18\ G02/G03\ G90/G91\ X\_\_\ Z\_\_ \left\{\begin{matrix} R\_\_ \\ I\_\_ \quad K\_\_ \end{matrix}\right\} F\_\_\ ;$$

3）*YZ* 平面圆弧

$$G19\ G02/G03\ G90/G91\ Y\_\_\ Z\_\_ \left\{\begin{matrix} R\_\_ \\ J\_\_ \quad K\_\_ \end{matrix}\right\} F\_\_\ ;$$

（2）指令说明

1）G02 为顺时针圆弧插补，G03 为逆时针圆弧插补。

2）采用 G90 编程时，X、Y、Z 为圆弧终点在工件坐标系中的绝对坐标值；采用 G91 编程时，X、Y、Z 为圆弧终点相对于圆弧起点的增量坐标值。

3）编制整圆加工时，不能用 R 方式编程，只能采用 I、J、K 方式。

4）G02/G03 指令中各参数的含义与数控车床相同，可参见第三章第二节。

顺时针和逆时针圆弧插补的判断方法如下：观察者逆着垂直于插补平面的第三轴看圆弧的运动轨迹，若为顺时针转动则是顺时针插补，若为逆时针转动则是逆时针插补，如图 4–15 所示。

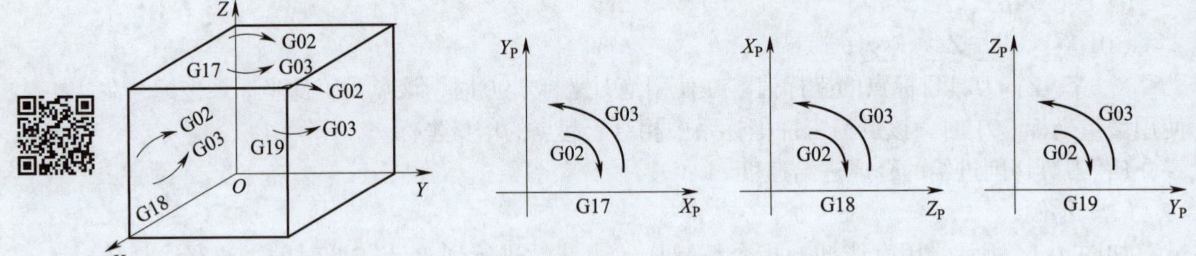

图 4-15　不同平面 G02/G03 的判别

（3）示例

例 1　使用 G02 对图 4-16 所示圆心角小于 180°的圆弧 *a* 和大于 180°的圆弧 *b* 编程。

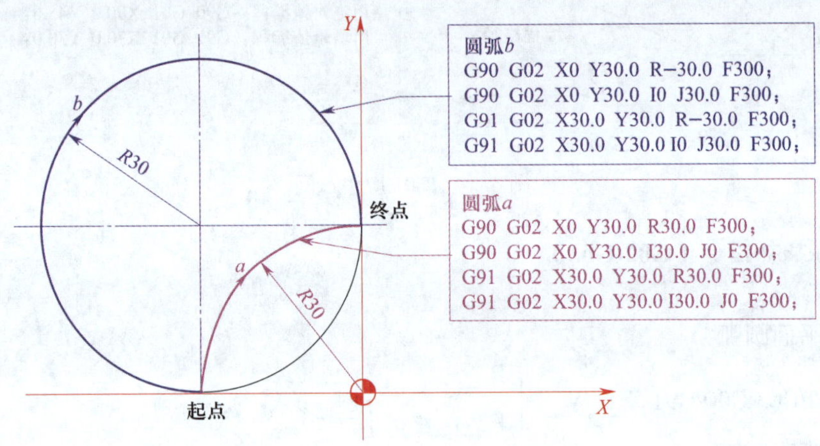

图 4-16　G02 应用示例

例 2　使用 G02/G03 对图 4-17 所示的整圆编程。

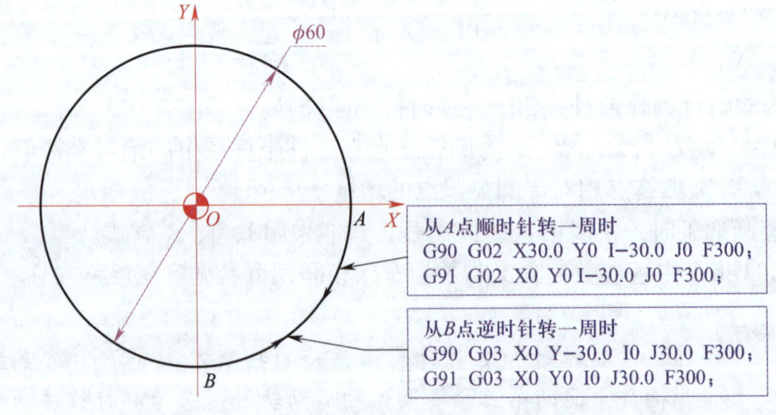

图 4-17　整圆编程

6. 程序暂停（G04）

（1）指令格式

G04 X__ ；

或 G04 P__ ；

X 后面可用带小数点的数，单位为 s（秒）;P 后面的数字不允许用小数点，单位为 ms（毫秒）。

（2）指令说明

执行此指令时，加工进给将暂停 X 或 P 所设定的时间，然后自动开始执行下一程序段。

机床在执行程序时，一般并不是等到上一程序段减速到达终点后才开始执行下一个程序段，因此，可能导致刀具在拐角处的切削不完整。如果拐角精度要求很严，其轨迹必须是直角时，可在拐角处前后两程序段之间使用暂停指令。暂停动作是等到前一程序段的进给速度达到零之后才开始的。例如，要停留 1.5 s 时，程序段为“G04 X1.5 或 G04 P1500；”。

7. 返回参考点指令（G27、G28、G29）

对于机床回参考点动作，可采用手动返回参考点的操作进行，也可以通过编程指令来自动实现。返回参考点指令主要有 G27、G28、G29 三种，这三种指令均为非模态指令。

（1）返回参考点校验指令（G27）

1）指令格式

G27 X__ Y__ Z__ ；

X、Y、Z：参考点在工件坐标系中的坐标值。

2）指令说明

①返回参考点校验指令 G27 用于检查刀具是否正确返回程序中指定的参考点位置。执行该指令时，如果刀具通过快速定位指令 G00 正确定位到参考点上，则对应轴的返回参考点指示灯亮，否则将产生机床系统报警。

②执行 G27 指令的前提是机床在通电后已返回过一次参考点，否则 G27 指令无效。

③不能在刀具补偿方式下使用该指令，因为在刀具补偿情况下，刀具到达的位置是加上刀具补偿量的位置，此时刀具将不能到达参考点，返回参考点指示灯也不会亮。

（2）自动返回参考点指令（G28）

1）指令格式

G28 X__ Y__ Z__ ；

X、Y、Z：返回过程中经过的中间点，其坐标值可以用绝对值也可以用增量值，但必须用 G90 或 G91 指令。

2）指令说明

①执行该指令时，可以使刀具以点位方式经中间点返回参考点，中间点的位置由该指令后的 X、Y、Z 值决定。

②返回参考点过程中设定中间点的目的是防止刀具在返回参考点过程中与工件或夹具发生干涉，如：

G90 G28 X100.0 Y100.0 Z100.0;

刀具先快速定位到工件坐标系的中间点（100.0，100.0，100.0）处，再返回机床 *X*、*Y*、

Z 轴的参考点。

（3）自动从参考点返回指令（G29）

1）指令格式

G29 X__ Y__ Z__ ;

X、Y、Z：从参考点返回后刀具所达到的终点坐标。可用 G90 或 G91 设定该值是绝对值还是增量值，如果是增量值，则该值指刀具终点相对于 G28 中间点的增量值。

2）指令说明

执行这条指令，可以使刀具从参考点出发，经过一个中间点到达这个指令后 X、Y、Z 坐标值所指定的位置。G29 中间点的坐标与前面 G28 所指定的中间点坐标为同一坐标值。因此，该条指令只能出现在 G28 指令的后面。

由于在编写 G29 指令时有种种限制，而且在选择 G28 指令后，这条指令并不是必需的，建议用 G00 指令代替 G29 指令。

（4）G28 与 G29 的动作过程（见图 4-18）

G28 G90 X1000.0 Y500.0;

G28 动作过程：$A \rightarrow B \rightarrow R$。

G29 X1300.0 Y200.0;

G29 动作过程：$R \rightarrow B \rightarrow C$。

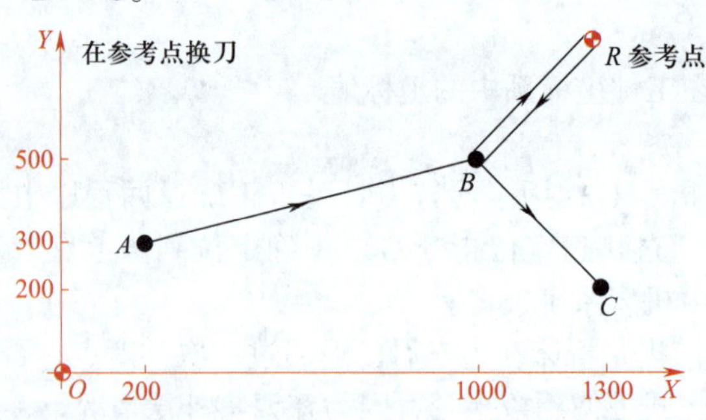

图 4-18　G28 与 G29 动作过程

8. 刀具半径补偿指令（G41、G42、G40）

刀具半径补偿指令共有三个，G41 为刀具半径左补偿，G42 为刀具半径右补偿，G40 为取消刀具半径补偿，如图 4-19 所示。

（1）指令格式

1）建立刀具半径补偿指令

G17 G41/G42 G00/G01 X__ Y__ D__ ;

G18 G41/G42 G00/G01 X__ Z__ D__ ;

G19 G41/G42 G00/G01 Y__ Z__ D__ ;

2）取消刀具半径补偿指令

G40 G00/G01 X__ Y__ ;

G40 G00/G01 X__ Z__ ;

G40 G00/G01 Y__ Z__ ;

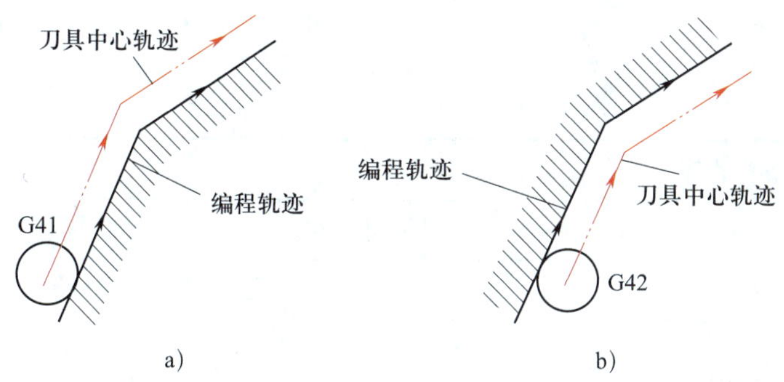

图 4-19　刀具半径补偿

a）刀具半径左补偿　b）刀具半径右补偿

（2）指令说明

1）在进行刀具半径补偿前，必须用 G17、G18、G19 指定刀具半径补偿是在哪个平面上进行。平面选择的切换必须在补偿取消的方式下进行，否则将产生报警。

2）刀具半径补偿指令程序就是在原 G00 或 G01 移动指令的格式上加了 G41 或 G42、G40 以及 D__的指令代码。

3）X、Y、Z 及其坐标值按 G00 及 G01 的格式编程，与不考虑刀具半径补偿时一样编程计算。

4）无刀具半径补偿指令时刀具中心是走在工件轮廓线上的；有刀具半径补偿指令时刀具中心走在工件轮廓线的一侧，刀具刃口走在工件轮廓线上。

5）实际编程时，应根据是加工外形还是加工内孔以及整个切削走向等来确定刀具半径补偿。当将刀具半径设置为负值时，G41 和 G42 的执行效果将互相替代。

6）D 为刀具半径补偿寄存器的地址字，在补偿寄存器中存有刀具半径补偿值。刀具半径补偿值有 D00～D99 共 100 个地址号可用。其中，D00 已为系统留作取消刀具半径补偿专用。补偿值可在 MDI 方式下键入。

（3）示例

编制如图 4-20 所示零件的精加工程序。

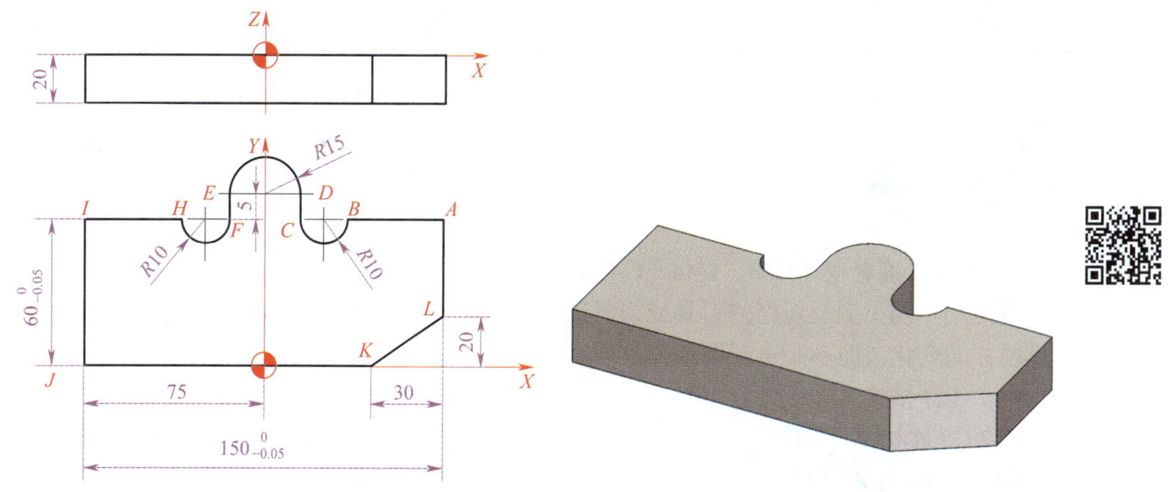

图 4-20　刀具半径补偿应用示例

加工程序见表 4–1。

表 4–1　参考程序

参考程序	注　释
O4001；	程序名
N10 G54 G90 G17 G80 G40；	系统初始化
N20 M03 S600；	主轴正转，转速为 600 r/min
N30 G42 G00 X80.0 Y60.0 D01；	刀具半径右补偿，刀具快速到达起始点
N40 Z–20.0；	*Z* 向进刀
N50 G01 X35.0 F100；	加工 *A*→*B* 段直线
N60 G02 X15.0 Y60.0 R10.0；	加工 *B*→*C* 段圆弧
N70 G01 Y70.0；	加工 *C*→*D* 段直线
N80 G03 X–15.0 Y70.0 R15.0；	加工 *D*→*E* 段圆弧
N90 G01 Y60.0；	加工 *E*→*F* 段直线
N100 G02 X–35.0 Y60.0 R10.0；	加工 *F*→*H* 段圆弧
N110 G01 X–75.0；	加工 *H*→*I* 段直线
N120 Y0；	加工 *I*→*J* 段直线
N130 X45.0；	加工 *J*→*K* 段直线
N140 X75.0 Y20.0；	加工 *K*→*L* 段直线
N150 Y65.0；	加工 *L*→*A* 段直线
N160 G00 G40 X100.0 Y60.0；	取消刀具半径补偿，快速退至安全点
N170 Z100.0；	*Z* 向回安全点
N180 M30；	程序结束并复位

若要沿 *A*→*L*→*K*→*J*→*I*→*H*→*F*→*E*→*D*→*C*→*B* 轮廓加工，刀具半径补偿应采用 G41 还是 G42？

9. 刀具长度补偿（G43、G44、G49）

当使用不同类型及规格的刀具或刀具磨损时，可在程序中重新用刀具长度补偿指令补偿刀具尺寸的变化，而不必重新调整刀具或重新对刀。

（1）指令格式

G43 G00/G01 Z__ H__ ；

G44 G00/G01 Z__ H__ ；

G49；

（2）指令说明

1）G43 为刀具长度正补偿，G44 为刀具长度负补偿，如图 4–21 所示；G49 为刀具长度补偿取消；Z 值为刀具移动量；H 为刀具长度补偿值设定代码，可由 MDI 操作面板预先设在偏置储存器中。

2）使用 G43、G44 指令时，无论是用绝对值还是用增量值编程，程序中指定的 Z 轴移动的终点坐标值都要与 H 所指定寄存器中的偏移量进行运算，执行 G43 时相加，执行 G44 时相减，然后把运算的结果作为终点坐标值进行加工。G43、G44 均为模态代码。

执行 G43 时：$Z_{实际值}=Z_{指令值}+(H\times\times)$

执行 G44 时：$Z_{实际值}=Z_{指令值}-(H\times\times)$

式中，H ×× 是指编号为 ×× 寄存器中的刀具长度补偿量。

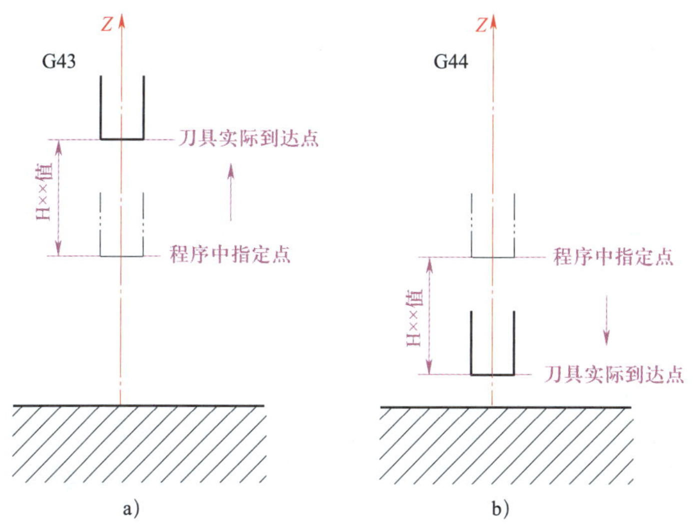

图 4–21　刀具长度补偿

a）刀具长度正补偿　b）刀具长度负补偿

3）用取消刀具长度补偿指令 G49 或用“G43 H00”和“G44 H00”可以撤销刀具长度补偿。

1. 若 H01 中输入的是 5 mm，执行下列程序段，刀具实际移动的距离是多少？

（1）G91 G43 G01 Z–20.0 H01 F100；

（2）G91 G44 G01 Z–20.0 H01 F100；

2. 若 H01 中输入的是 –5 mm，执行下列程序段，刀具实际移动的距离是多少？

（1）G91 G43 G01 Z–20.0 H01 F100；

（2）G91 G44 G01 Z–20.0 H01 F100；

三、加工中心的编程

加工中心与数控铣床的编程方法基本一样，其指令功能与程序段格式也基本相同。由于加工中心设有刀库和刀具交换装置，可以实现刀具的自动选择和更换，因此，加工中心编程与数控铣床编程的区别在于自动换刀程序的编制。

1. 加工中心的选刀与换刀

（1）选刀

从刀库中按指令要求选出要用的刀具，转到换刀位置，为下次换刀做好准备。其指令格式为：

T××；

如 T01、T22 等。

（2）换刀

换刀是把刀库中正位于换刀位置的刀具与主轴上的刀具进行自动交换。其指令格式为：

M06；

执行 M06 换刀动作时，先完成主轴准停动作，然后才执行换刀动作。

2. 加工中心常用换刀程序

不同的数控系统，其换刀程序是不同的。通常选刀和换刀分开进行，换刀动作必须在主轴停转条件下进行。换刀完毕启动主轴后，方可执行下面程序段的加工动作。选刀动作可与机床的加工动作重合起来，即利用切削时间选刀。常用的换刀程序可采用以下两种：

方法一：

```
…
N60 G28 Z0 T03 M06;
…
```

即一把刀加工结束，主轴返回机床参考点后准停，然后刀库旋转，将需要更换的刀具停在换刀位置，接着进行换刀，再开始加工。这种方法选刀和换刀先后进行，机床有一定的等待时间。

方法二：

```
…
N60 G01 Z__ T02;
…
N120 G28 Z0 M06;
N130 G01 Z__ T03;
…
```

这种方法的选刀时间与机床的切削时间重合，当主轴返回换刀点后立刻换刀，因此，整个换刀过程所用的时间比方法一要短一些。

§4-3 孔加工固定循环功能

一、孔加工固定循环指令

FANUC 0i 数控铣床 / 加工中心系统配备的孔加工固定循环功能 G 指令有 G73、G74、G76、G80、G81～G89，G80 用于取消固定循环状态。各孔加工指令的动作见表 4-2。

表 4-2　　孔加工固定循环指令的动作

G 代码		加工运动（*Z* 轴运动）	孔底动作	返回运动（*Z* 轴运动）	应用
钻孔指令	G81	切削进给	—	快速移动	普通钻孔循环
	G82	切削进给	暂停	快速移动	钻孔、锪镗循环
	G83	间歇切削进给	—	快速移动	深孔钻削循环
	G73	间歇切削进给	—	快速移动	高速深孔钻削循环
攻螺纹指令	G84	切削进给	暂停，主轴反转	切削进给	攻右旋螺纹循环
	G74	切削进给	暂停，主轴正转	切削进给	攻左旋螺纹循环
镗孔指令	G76	切削进给	主轴定向，让刀	快速移动	精镗循环
	G85	切削进给	—	切削进给	铰孔、粗镗循环
	G86	切削进给	主轴停	快速移动	镗削循环
	G87	切削进给	主轴正转	快速移动	反镗削循环
	G88	切削进给	暂停，主轴停	手动或快速	镗削循环
	G89	切削进给	暂停	切削进给	铰孔、粗镗循环
G80		—	—	—	取消固定循环

1. 固定循环的动作组成

如图 4-22 所示，以立式数控铣床加工为例，钻、镗固定循环动作顺序可分解为以下动作。

动作 1：快速定位至初始点。

动作 2：*Z* 轴快速定位至 *R* 点平面。

动作 3：孔加工，以切削进给的方式进行孔加工动作。

动作 4：孔底动作，包括暂停、主轴准停、刀具移位等动作。

动作 5：继续孔加工时，刀具返回至 *R* 点平面。

动作 6：孔加工完成后，刀具快速返回初始点平面。

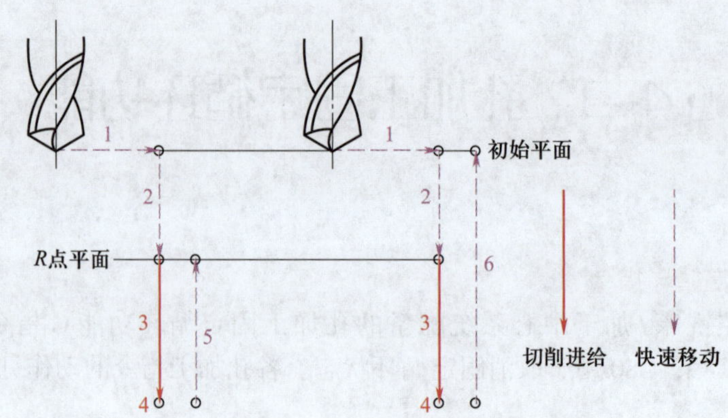

图 4–22　固定循环动作分解

初始平面：是为安全下降刀具规定的一个平面。初始平面到零件表面的距离可以设定在一个安全的高度上，一般为 50～100 mm。

R 点平面：又称参考平面 *R*，这个平面是刀具进刀时由快速进给转为切削进给的平面，距工件表面的距离主要通过考虑工件表面尺寸的变化来确定，一般可取 3～5 mm。

孔底平面：加工盲孔时孔底平面就是孔底的 *Z* 轴深度；加工通孔时刀具一般要伸出工件底平面一段距离，主要是为保证全部孔深都加工到尺寸；钻削加工时还需考虑钻尖对孔深的影响。

2. 孔加工固定循环指令格式

（1）指令格式

G98/G99 G73～G89 X__ Y__ Z__ R__ Q__ P__ F__ K__；

G98/G99：返回位置，如图 4–23 所示。G98 和 G99 指令的区别在于：G98 是孔加工完成后返回初始平面，为默认方式；G99 是孔加工完成后返回 *R* 点平面。

G73～G89：孔加工指令。

X、Y：孔的位置。

Z：孔底位置。

R：参考平面的高度。

Q：每次进给深度（G73/G83）或刀具在轴上的反向位移增量（G76/G87）。

P：刀具在孔底的暂停时间，单位为 ms。

F：切削进给速度。

K：重复次数，未指定时默认为 1 次。

（2）指令说明

1）在孔加工循环结束后，刀具的返回方式有返回初始平面和返回 *R* 点平面两种，如图 4–23 所示。

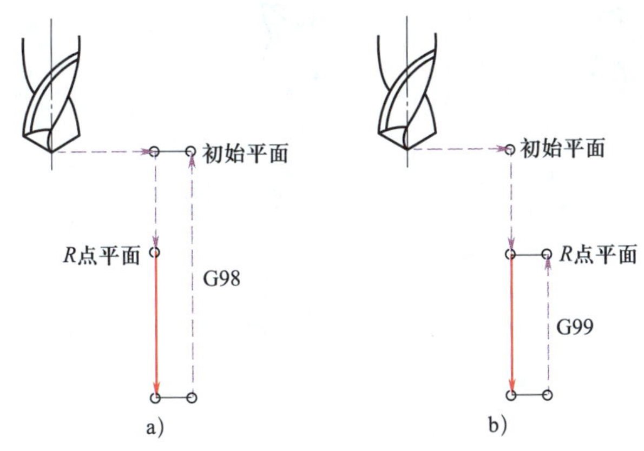

图 4-23 刀具返回的两种方式

a）G98 b）G99

提 示

返回初始平面方式（G98）：初始平面是刀具在钻孔循环指令执行前所处的平面。这种方式通常是用于多孔系加工中最后一个孔的返回方式。

返回 *R* 点平面方式（G99）：*R* 点平面一般选择在接近工件上表面的位置，在相同表面多孔加工时，前一孔的返回方式尽量使用返回 *R* 点平面方式，这样可以降低抬刀高度，节约辅助时间。

2）孔加工循环指令为模态指令，一旦某个孔加工循环指令有效，在接下来的所有（*X*，*Y*）位置均采用该孔加工循环指令进行孔加工，直到用 G80 取消孔加工循环为止。在孔加工循环指令有效时，*XY* 平面内的运动（即孔位之间的刀具移动）为快速运动（G00）。

二、各孔加工固定循环指令说明

1. 钻孔和锪孔指令（G81、G82）

（1）指令格式

G81 X__ Y__ Z__ R__ F__ K__ ；

G82 X__ Y__ Z__ R__ P__ F__ ；

（2）指令说明

1）G81 指令的动作循环为 *X*、*Y* 坐标定位，快速进给，切削进给和快速返回等动作，如图 4-24 所示。

2）G82 与 G81 动作相似，唯一不同之处是 G82 在孔底增加了暂停，因而适用于盲孔、锪孔或镗台阶孔的加工，以提高孔底表面加工精度，而 G81 只适用于一般孔的加工。

（3）示例

加工如图 4-25 所示零件上的孔，试用 G81 或 G82 指令及 G90 方式进行编程。

加工程序见表 4-3。

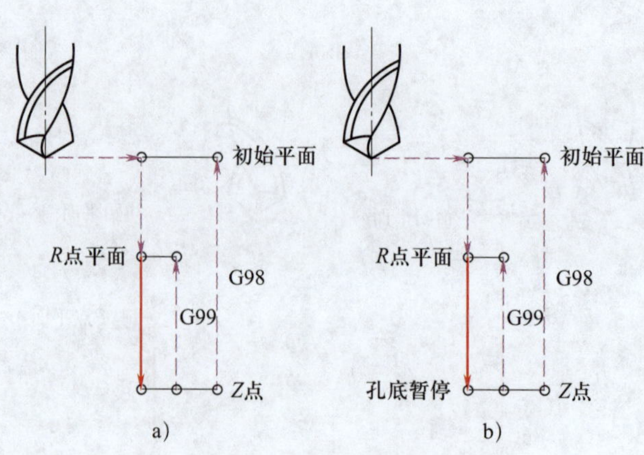

图 4-24　G81/G82 指令循环动作

a）G81 指令　b）G82 指令

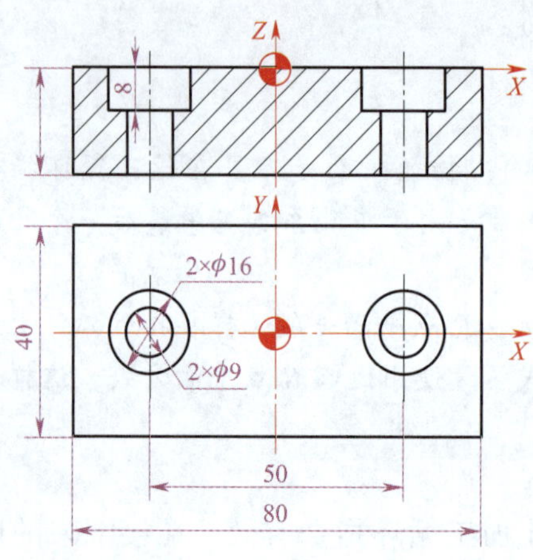

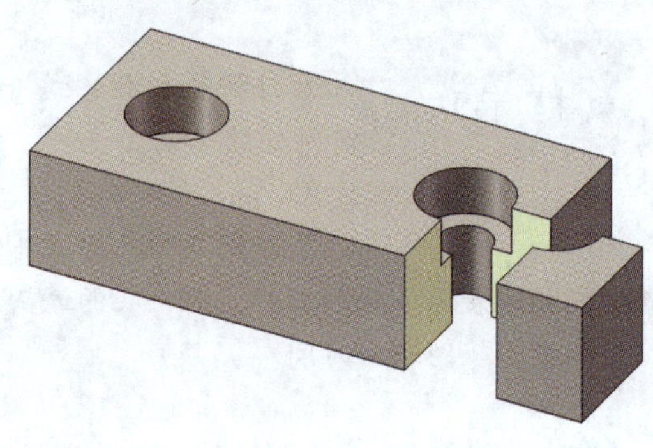

图 4-25　钻孔与锪孔加工示例

表 4-3　　参考程序

参考程序	注　释
O4002;	程序名
N10 G90 G94 G40 G80 G21 G54;	程序初始化
N20 G91 G28 Z0;	返回参考点
N30 T01 M06;	换 1 号刀（ϕ9 mm 钻头）
N40 G90 G00 X0 Y0;	快速定位
N50 M03 S800;	主轴正转，转速为 800 r/min
N60 G43 Z20.0 H01 M08;	Z 向快速定位到初始平面
N70 G99 G81 X25.0 Y0 Z–25.0 R5.0 F80; N80 X–25.0;	加工两个孔
N90 G80 G49 M09;	取消固定循环，取消长度补偿
N100 G91 G28 Z0;	Z 轴返回参考点

续表

参考程序	注　释
N110 T02 M06；	换 ϕ16 mm 立铣刀
N120 G90 G00 X0 Y0；	快速定位
N130 M03 S600；	主轴正转，转速为 600 r/mim
N140 G43 Z20.0 H02 M08；	*Z* 向快速定位到初始平面
N150 G99 G82 X25.0 Y0 Z-8.0 R5.0 P1000 F80；	加工两个孔，孔底暂停 1 s
N160 X-25.0；	
N170 G80 G49 M09；	取消固定循环，取消刀具长度补偿
N180 G91 G28 Z0；	返回参考点
N190 M30；	程序结束并复位

2. 钻深孔循环（G83、G73）

G73 和 G83 一般用于较深孔的加工，又称为啄式孔加工指令。

（1）指令格式

G73 X__ Y__ Z__ R__ Q__ F__ ；

G83 X__ Y__ Z__ R__ Q__ F__ ；

（2）动作说明

孔加工动作如图 4-26 所示，说明如下：

1）G73 指令通过 *Z* 轴方向的啄式进给可以较容易地实现断屑与排屑。指令中的 *Q* 值是指每一次的加工深度（均为正值）。*d* 值由机床系统指定，无须用户指定。

2）G83 指令同样通过 *Z* 轴方向的啄式进给来实现断屑与排屑的目的。但与 G73 指令不同的是，刀具间隙进给后快速回退到 *R* 点，再快速进给到 *Z* 向距上次切削孔底平面 *d* 处，从该点处快进变成工进，工进距离为 *Q*+*d*。此种方式多用于加工深孔。

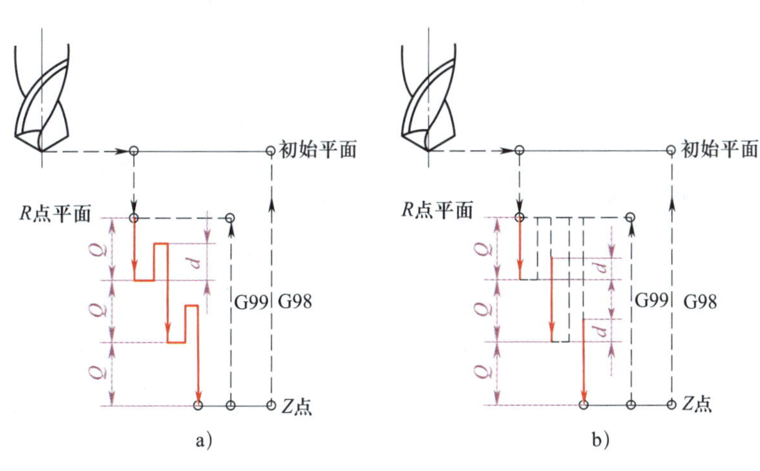

图 4-26　深孔钻循环动作图

a）G73 指令　b）G83 指令

（3）示例

加工如图 4–27 所示零件上的孔，试用 G73 或 G83 指令及 G90 方式进行编程。

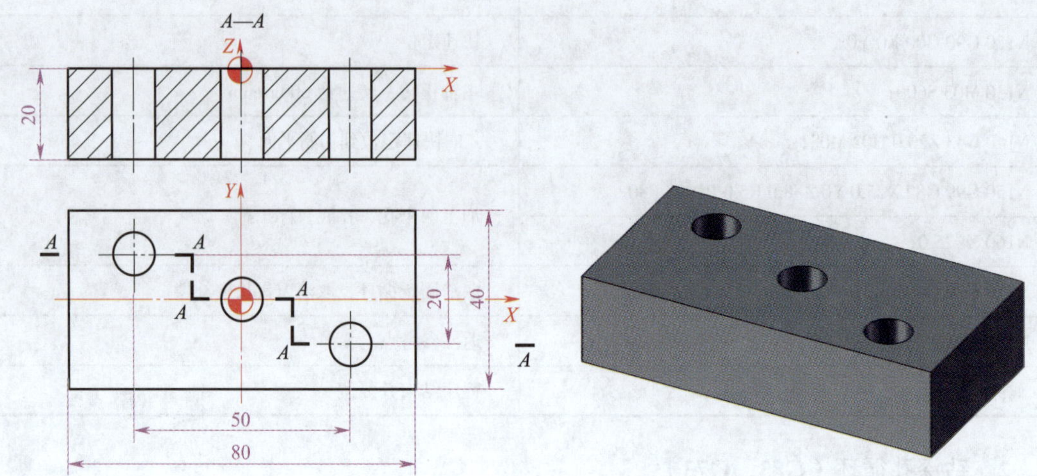

图 4–27 钻孔示例

加工程序见表 4–4。

表 4–4 参考程序

参考程序	注释
O4003；	程序名
N10 G90 G94 G40 G80 G21 G54；	程序初始化
N20 G91 G28 Z0；	退刀至 Z 向参考点
N30 M03 S600；	主轴正转，转速为 600 r/min
N40 G90 G00 X–25.0 Y10.0；	G17 平面快速定位
N50 G43 Z30.0 H01 M08；	Z 向快速定位到初始平面
N60 G99 G73 X–25.0 Y10.0 Z–25.0 R3.0 Q5.0 F60；	应用 G73 指令钻左上角 ϕ10 mm 孔
N70 X0 Y0；	应用 G73 指令钻中间 ϕ10 mm 孔
N80 X25.0 Y–10.0；	应用 G73 指令钻右下角 ϕ10 mm 孔
N90 G80 G49 M09；	取消固定循环，取消刀具长度补偿
N100 G91 G28 Z0；	返回参考点
N110 M30；	程序结束并复位

3. 粗镗孔循环（G85、G86、G88、G89）

常用的粗镗孔循环有G85、G86、G88、G89四种，其指令格式与孔加工动作基本相同。

（1）指令格式

G85 X__ Y__ Z__ R__ F__；

G86 X__ Y__ Z__ R__ P__ F__；

G88 X__ Y__ Z__ R__ P__ F__；

G89 X__ Y__ Z__ R__ P__ F__；

（2）动作说明

粗镗孔加工动作如图4–28所示。

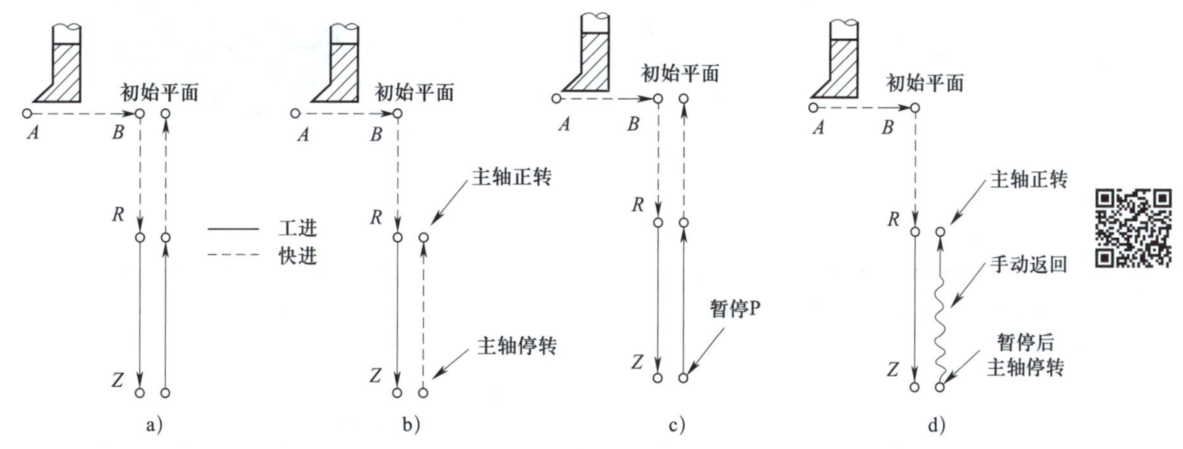

图4–28　粗镗孔动作图

a）G85指令　b）G86指令　c）G89指令　d）G88指令

执行G85循环，刀具以切削进给方式加工到孔底，然后以切削进给方式返回*R*点平面。因此，该指令除可用于较精密的镗孔外，还可用于铰孔、扩孔加工。

执行G86循环，刀具以切削进给方式加工到孔底，然后主轴停转，刀具快速退到*R*点平面后，主轴正转。由于刀具在退回过程中容易在工件表面划出刀痕，所以该指令常用于精度或表面质量要求不高的镗孔加工。

G89动作与G85动作类似，不同的是G89动作在孔底增加了暂停，因此，该指令常用于台阶孔的加工。

执行G88循环，刀具以切削进给方式加工到孔底，刀具在孔底暂停后主轴停转，这时可通过手动方式从孔中安全退出刀具，再开始自动加工，*Z*轴快速返回*R*点或初始平面，主轴恢复正转。此种方式虽能相应提高孔的加工精度，但加工效率较低。

（3）示例

精加工如图4–29所示零件中的四个孔（加工前底孔直径已分别加工至ϕ11.8 mm和ϕ29.5 mm），试编写数控加工程序。

加工程序见表4–5。

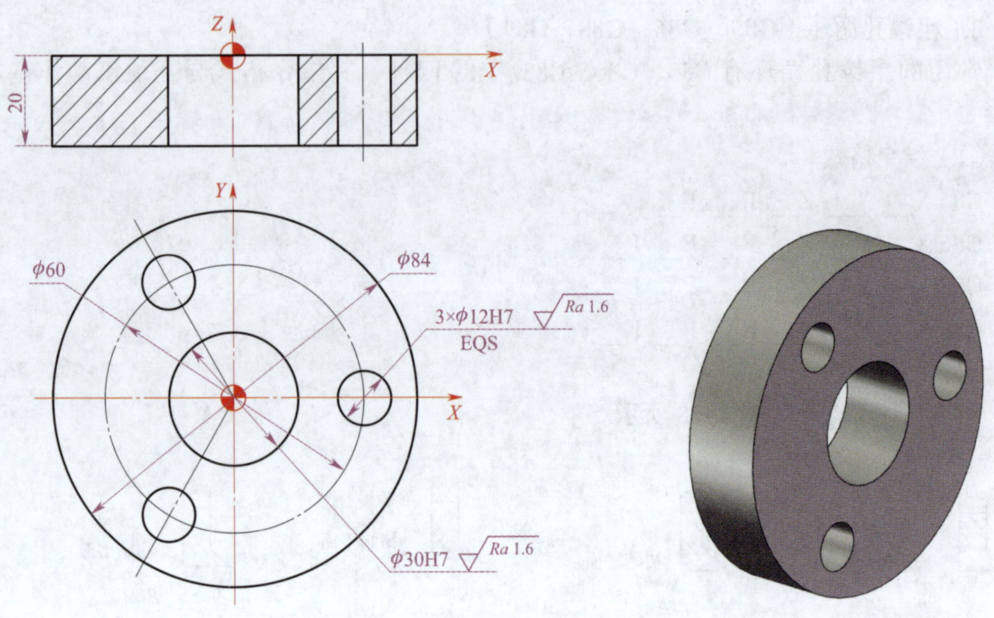

图 4-29　铰孔和镗孔实例

表 4-5　　**参考程序**

参考程序	注　释
O4004;	程序名
N10 G90 G94 G80 G21 G17 G54;	程序开始部分
N20 G91 G28 Z0;	
N30 M06 T01;	换 ϕ12 mm 铰刀
N40 M03 S200;	主轴正转，转速为 200 r/min
N50 G90 G43 G00 Z30.0 H01;	刀具定位
N60 G85 X30.0 Y0 Z-22.0 R5.0 F60 M08;	铰孔
N70 X-15.0 Y25.98;	
N80 Y-25.98;	
N90 G80 G49 M09;	取消固定循环
N100 G91 G28 Z0 M05;	换 ϕ30 mm 镗刀
N110 M06 T02;	
N120 S1200 M03;	主轴正转，转速为 1 200 r/min
N130 G90 G00 X0 Y0 M08;	刀具定位
N140 G43 Z30.0 H02;	
N150 G85 X0 Y0 Z-22.0 R5.0 F60;	镗孔
N160 G80 G49 M05;	取消固定循环
N170 G91 G28 Z0 M09;	刀具 Z 向返回参考点
N180 M30;	程序结束并复位

4. 精镗孔循环（G76、G87）

（1）指令格式

G76 X__ Y__ Z__ R__ Q__ P__ F__；

G87 X__ Y__ Z__ R__ Q__ F__；

（2）动作说明

G76 指令主要用于精密镗孔加工，镗孔循环动作如图 4–30 所示。执行 G76 循环，刀具以切削进给方式加工到孔底，实现主轴准停，刀具向刀尖相反方向移动 Q，使刀具脱离工件表面，保证刀具不擦伤工件表面，然后快速退刀至 R 点平面或初始平面，刀具正转。

执行 G87 循环，刀具在 G17 平面内定位后，主轴准停，刀具向刀尖相反方向偏移 Q，然后快速移到孔底（R 点），在这个位置刀具按原偏移量反向移动相同的 Q 值，主轴正转并以切削进给方式加工到 Z 平面，主轴再次准停，并沿刀尖相反方向偏移 Q，快速提刀至初始平面并按原偏移量返回 G17 平面的定位点，主轴开始正转，循环结束。由于 G87 循环刀尖无须在孔中经工件表面退出，故加工表面质量较好，因此，本循环常用于精密孔的镗削加工。该循环不能用 G99 进行编程。

注意：采用 G76 指令进行加工时，务必确认退刀方向后再进行加工，以避免刀具在孔底向相反方向退刀。

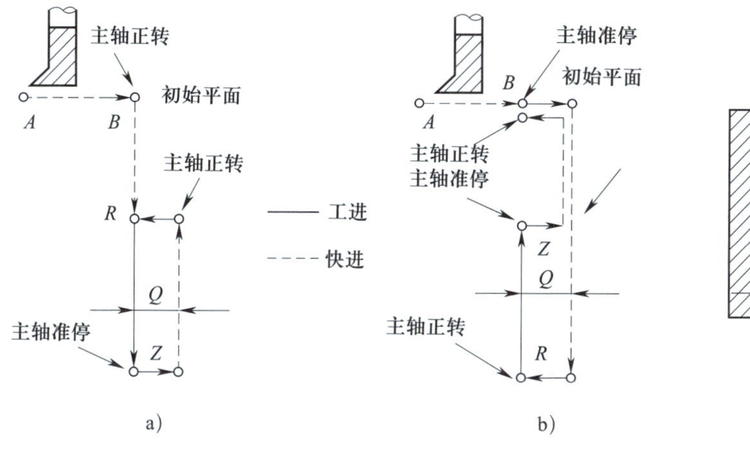

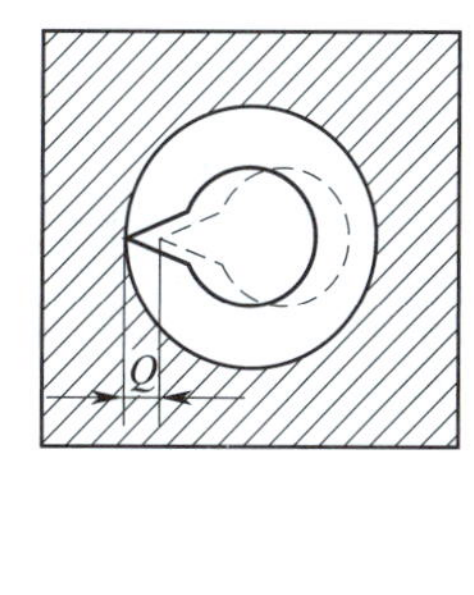

图 4–30　精镗孔动作图

a）G76 指令　b）G87 指令　c）孔底动作

（3）示例

试用精镗孔循环指令编写图 4–29 中 $\phi30$ mm 孔的加工程序。

```
O0003;
…
G90 G00 X0 Y0;
Z20.0;
G98 G76 X0 Y0.0 Z-22.0 R5.0 Q1.0 P1000 F60;（精镗孔）
G80 M09;
G91 G28 Z0;
```

M30;

5. 左旋螺纹攻螺纹与右旋螺纹攻螺纹循环（G74、G84）

（1）指令格式

G74 X__ Y__ Z__ R__ P__ F__ ;（左旋螺纹攻螺纹）

G84 X__ Y__ Z__ R__ P__ F__ ;（右旋螺纹攻螺纹）

（2）动作说明

指令动作如图 4–31 所示，说明如下。

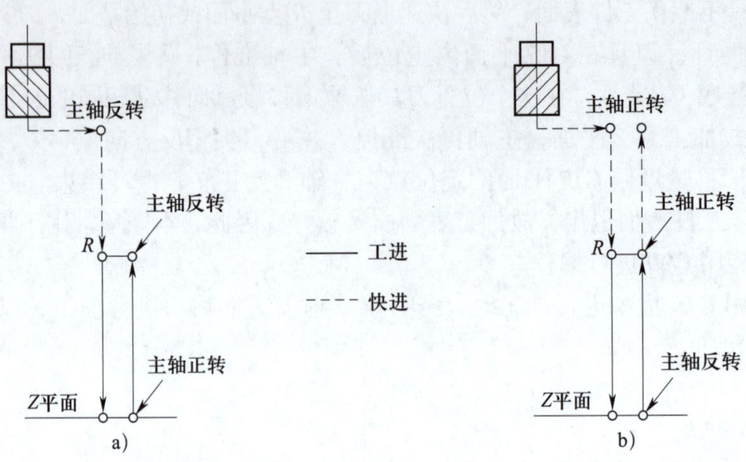

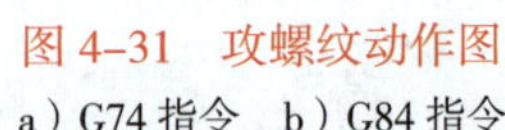
图 4–31　攻螺纹动作图

a）G74 指令　b）G84 指令

G74 循环为左旋螺纹攻螺纹循环，用于加工左旋螺纹。执行该循环时，主轴反转，在 G17 平面快速定位后快速移到 *R* 点，执行攻螺纹到达孔底后，主轴正转退回 *R* 点，完成攻螺纹动作。

G84 动作与 G74 类似，只是 G84 用于加工右旋螺纹。执行该循环时，主轴正转，在 G17 平面快速定位后快速移到 *R* 点，执行攻螺纹到达孔底后，主轴反转退回 *R* 点，完成攻螺纹动作。

攻螺纹时进给量 F 根据不同的进给模式指定。当采用 G94 模式时，进给量为导程 × 转速；当采用 G95 模式时，进给量为导程。

在指定 G74 前，应先使主轴反转。另外，在 G74 与 G84 攻螺纹期间，进给倍率、进给保持均被忽略。

（3）示例

用攻螺纹循环指令编写如图 4–32 所示两螺纹孔的加工程序。

O0004;

…

G95 G90 G00 X0 Y0;

G99 G84 X25.0 Z–15.0 R3.0 F1.75;（粗牙螺纹，螺距为 1.75 mm）

X–25.0;

G80 G94 G49 M09;

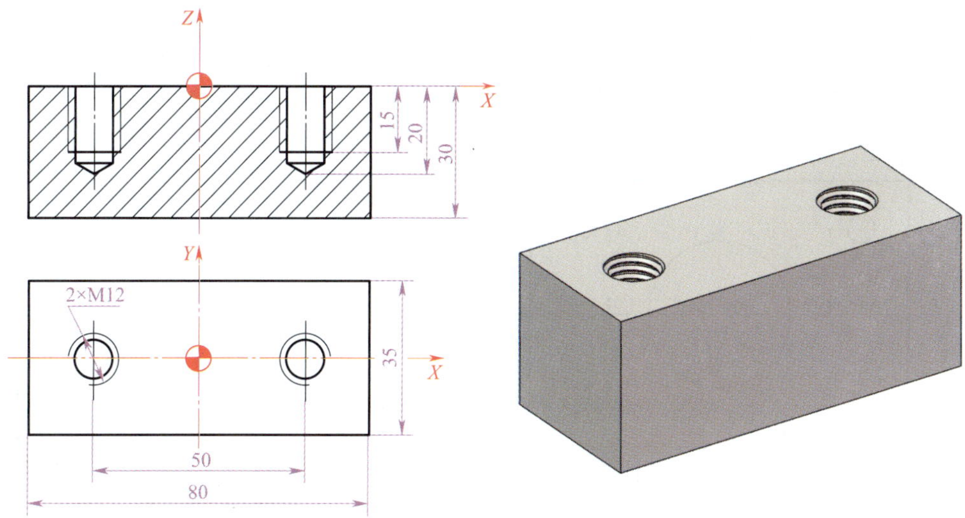

图 4–32　攻螺纹编程实例

G91 G28 Z0;

M30;

6. 取消固定循环指令（G80）

取消固定循环可用 G80 指令，也可用 G00、G01、G02、G03 指令。

应用固定循环指令注意事项如下：

（1）指定固定循环之前，必须用辅助功能 M03 使主轴正转；使用主轴停止转动指令之后，一定要重新使主轴正转后再指定固定循环。

（2）指定固定循环状态时，必须给出 X、Y、Z、R 中的每一个数据，固定循环才能执行。

（3）操作时，若利用复位或急停按钮使数控装置停止，固定循环加工数据仍然存在，所以，再次加工时应使固定循环剩余动作进行到结束。

（4）使用具有主轴自动启动的固定循环（G74、G84、G86）时，如果孔的 *XY* 平面定位距离较短，或从起始点平面到 *R* 点平面的距离较短，且需要连续加工，为了防止在进入孔加工动作时主轴不能达到指定的转速，应使用 G04 暂停指令进行延时。

（5）在固定循环方式中，刀具半径补偿功能无效。

三、示例

加工如图 4–33 所示零件上的 4 个 ϕ12H7 孔和 1 个 ϕ14H7 孔。

1. 制定加工工艺

由零件图分析可确定加工顺序：钻 5 个中心孔→钻 4 个 ϕ12 mm 和 1 个 ϕ14 mm 通孔→扩 1 个 ϕ14 mm 通孔→铰 4 个 ϕ12 mm 通孔→铰 1 个 ϕ14 mm 通孔。

由加工顺序可确定如下进给路线（见图 4–34）：

（1）按 1、2、3、4、5 的顺序钻中心孔。

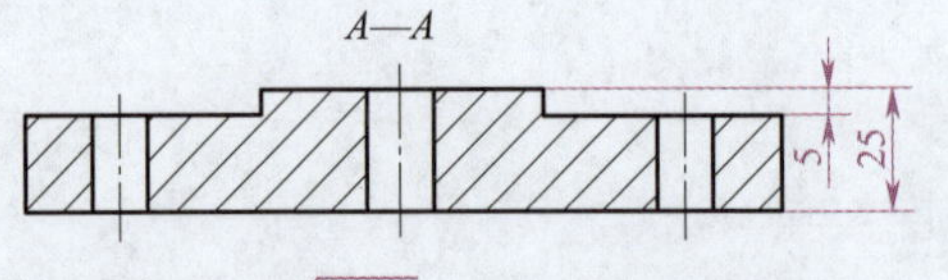

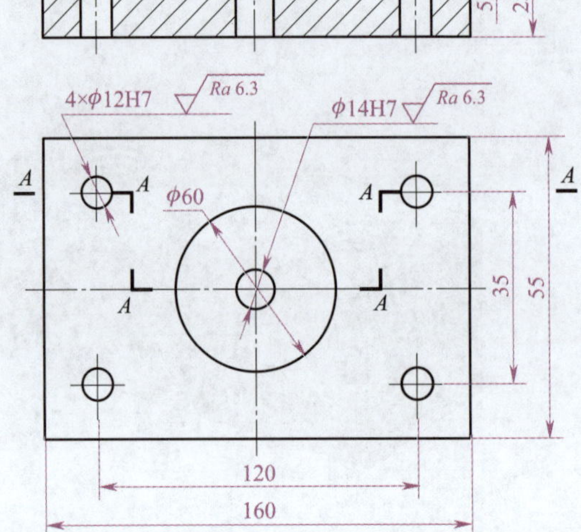

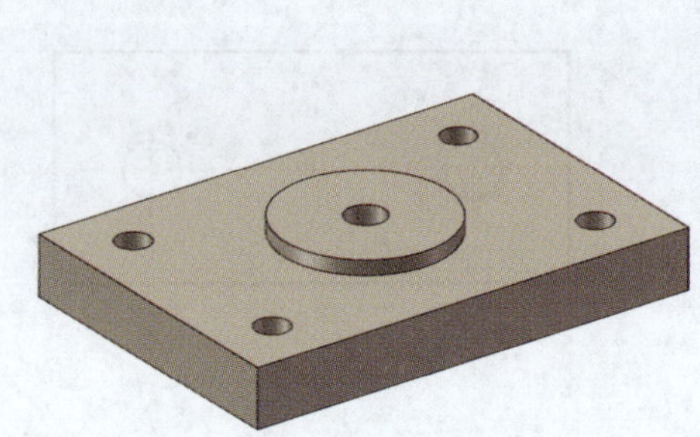

图 4–33　孔加工循环应用示例

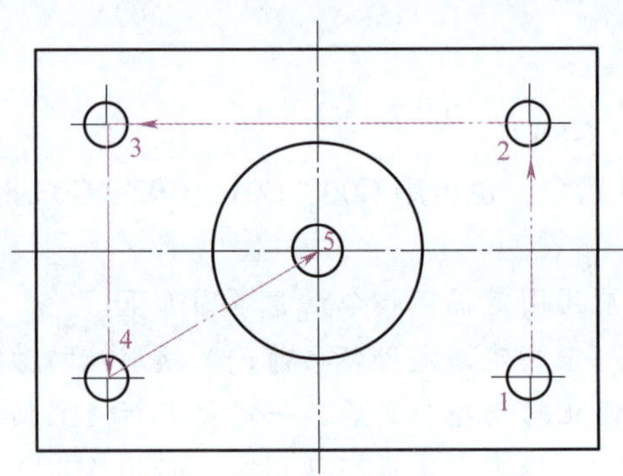

图 4–34　进给路线

（2）按 1、2、3、4、5 的顺序钻 5 个 ϕ11.8 mm 通孔。

（3）扩中心位置 ϕ13.8 mm 通孔。

（4）按 1、2、3、4 的顺序铰 4 个 ϕ12H7 孔。

（5）铰中心位置 ϕ14H7 孔。

2. 确定加工刀具

（1）用 A2 中心钻钻 4 个 ϕ12H7 孔和 1 个 ϕ14H7 孔的中心孔。

（2）用 ϕ11.8 mm 麻花钻钻 5 个通孔。

（3）用 ϕ13.8 mm 麻花钻扩中间空置孔。

（4）用 ϕ12 mm 铰刀铰 4 个 ϕ12H7 孔。

（5）用 ϕ14 mm 铰刀铰 ϕ14H7 孔。

3. 选择切削用量

（1）钻中心孔时，进给速度 f=80 mm/min，背吃刀量 a_p=2 mm，主轴转速 n=1 000 r/min。

（2）钻 ϕ11.8 mm 通孔时，进给速度 f=50 mm/min，背吃刀量 a_p =5.9 mm，主轴转速

n=560 r/min。

（3）扩 ϕ13.8 mm 通孔时，进给速度 f=50 mm/min，背吃刀量 a_p=1 mm，主轴转速 n=500 r/min。

（4）铰 ϕ12H7 通孔时，进给速度 f=50 mm/min，背吃刀量 a_p =0.1 mm，主轴转速 n=150 r/min。

（5）铰 ϕ14H7 通孔时，进给速度 f=50 mm/min，背吃刀量 a_p =0.1 mm，主轴转速 n=100 r/min。

4. 参考程序

选择工件上表面为 Z =0 面，工件中心为程序原点，编制零件加工程序，见表 4–6。

表 4–6　　参考程序

参考程序	注　释
O4005；	程序名
N10 G90 G80 G40 G49 G17 G54；	采用 G54 坐标系，程序初始化
N15 G28；	回机床参考点
N20 M03 S1000；	主轴正转，转速为 1 000 r/min
N30 M06 T01；	换 1 号刀
N40 G43 G00 Z50.0 H01；	建立 1 号长度补偿，快速定位到 Z50.0
N50 X60.0 Y–35.0 M08；	快速定位到点（60.0，–35.0）
N60 G99 G81 Z–7.0 R3.0 F50；	用 G81 指令钻第一个定位孔
N70 X60.0 Y35.0；	钻第二个定位孔
N80 X–60.0 Y35.0；	钻第三个定位孔
N90 X–60.0 Y–35.0；	钻第四个定位孔
N100 X0 Y0 Z–2.0 R5.0；	钻第五个定位孔
N110 G49 G80 G00 Z150.0 M09；	取消孔加工固定循环，快速退刀到 Z150.0
N120 M05；	主轴停止
N125 G28；	回机床参考点
N130 T02 M06；	换 2 号刀
N140 M03 S560；	主轴正转，转速为 560 r/min
N150 G43 G00 Z50.0 H02 M08；	建立 2 号长度补偿，快速定位到 Z50.0
N160 X60.0 Y–35.0；	快速定位到点（60.0，–35.0）
N170 G99 G83 Z–30.0 R5.0 Q3.0 F50；	用 G83 指令钻第一个通孔
N180 X60.0 Y35.0；	钻第二个通孔
N190 X–60.0 Y35.0；	钻第三个通孔

续表

参考程序	注　释
N200 X-60.0 Y-35.0;	钻第四个通孔
N210 X0 Y0;	钻中心位置的通孔
N220 G49 G80 G00 Z150.0 M09;	快速退刀到安全高度，切削液关
N230 M05;	主轴暂停
N235 G28;	回机床参考点
N240 T03 M06;	换 3 号刀
N250 M03 S500;	取消刀补，主轴正转，转速为 500 r/min
N260 G43 G00 Z50.0 H03 M08;	建立 3 号长度补偿，并快速定位
N270 X0 Y0;	快速定位到点（0，0）
N280 G99 G83 Z-30.0 R3.0 Q3.0 F50;	用 G83 指令扩中间位置通孔
N290 G49 G80 G00 Z10.00 M09;	快速退刀到安全高度，切削液关
N300 M05;	主轴停转
N305 G28;	回机床参考点
N310 T04 M06;	换 4 号刀
N320 M03 S150;	主轴正转，转速为 150 r/min
N330 G43 G00 Z50.0 H04 M08;	建立 4 号长度补偿，并快速定位
N340 X60.0 Y-35.0;	快速定位到点（60.0，-35.0）
N350 G99 G81 Z-30.0 R0 F50;	用 G81 指令铰第一个通孔
N360 X60.0 Y35.0;	铰第二个通孔
N370 X-60.0 Y35.0;	铰第三个通孔
N380 X-60.0 Y-35.0;	铰第四个通孔
N390 G80 G00 Z100.0 M09;	快速退刀到安全高度，切削液关
N400 M05;	主轴停止
N405 G28;	回机床参考点
N410 T05 M06;	换 5 号刀
N420 G49 M03 S100;	取消刀补，主轴正转，转速为 100 r/min
N430 G43 G00 Z50.0 H05 M08;	建立 5 号长度补偿，并快速定位到 *Z*50.0
N440 X0 Y0;	快速定位到点（0，0）
N450 G99 G81 Z-30.0 R5.0 F50;	用 G81 指令进行铰孔
N460 G80 G00 G49 Z100.0 M09;	快速退刀到安全高度，切削液关
N470 G28;	回机床参考点
N480 M30;	程序结束并复位

若用立式加工中心加工该零件，上述程序需要修改吗？

§4-4 综合零件编程实例

一、实例一

毛坯为 90 mm × 55 mm × 10 mm 块料，5 mm 深的外轮廓已粗加工过，周边留 2 mm 余量，要求加工如图 4-35 所示的外轮廓及 ϕ20 mm 孔，工件材料为硬铝。

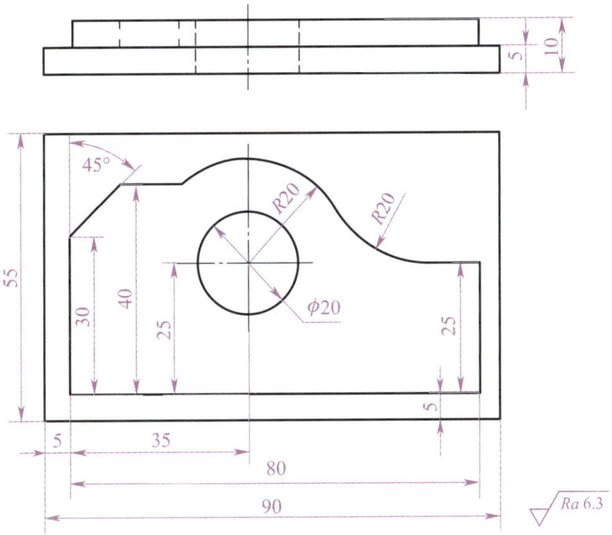

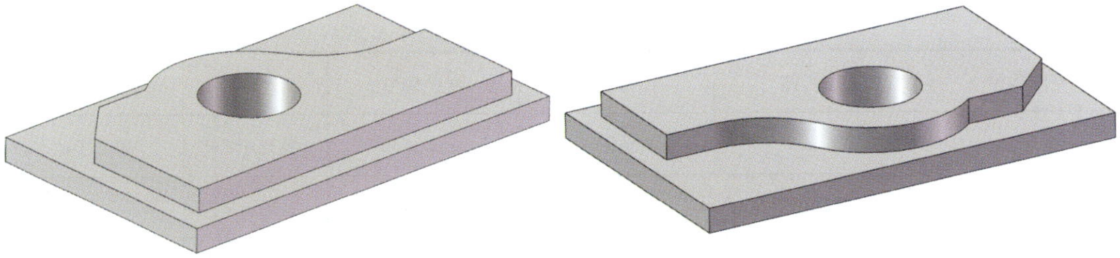

图 4-35 实例一零件图

1. 图样分析

图 4-35 所示为典型的轮廓类零件，需要加工 ϕ20 mm 孔及外轮廓（2 mm 余量），孔的中心位置由图中尺寸 35 mm 和 25 mm 确定。零件主要由直线及圆弧轮廓构成，如图 4-36

所示。*AB*、*BC*、*CD*、*FG*、*GH*、*AH* 段为直线轮廓，*DE*、*EF* 段为圆弧轮廓。*AB*、*BC*、*GH*、*AH* 直线轮廓可由图中标注的尺寸和角度确定，*CD*、*FG* 直线轮廓需要结合 *DE*、*EF* 圆弧轮廓求出。圆弧 *DE* 半径为 20 mm，圆心位置与 ϕ20 mm 孔的中心位置相同；圆弧 *EF* 与圆弧 *DE* 和 *FG* 直线相切，其半径为 20 mm。*CD*、*FG* 直线段的长度及圆弧 *EF* 与圆弧 *DE* 的切点坐标可通过上述关系求出。

2. 确定加工方案

根据图样要求、毛坯及前道工序加工情况，确定工艺方案及加工路线。

（1）以底面为定位基准，两侧用机用虎钳装夹，固定于加工中心工作台上。

（2）工步顺序

1）钻 ϕ20 mm 孔。

2）按坐标系原点→*A*→*B*→*C*→*D*→*E*→*F*→*G*→*H*→*A* 路线铣削轮廓，如图 4–36 所示。

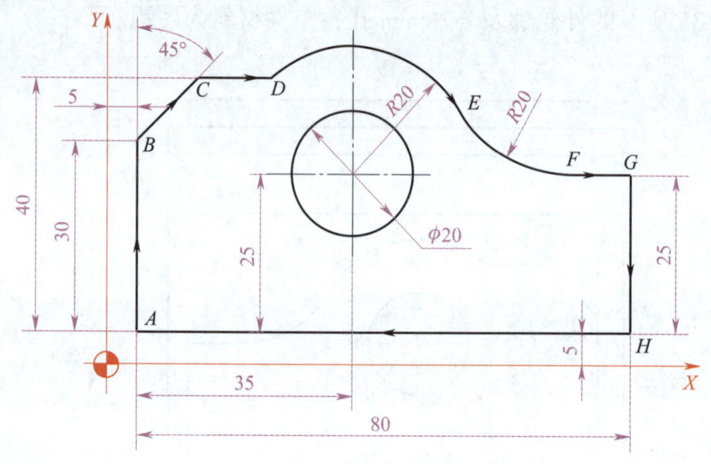

图 4–36 工件坐标系及基点示意图

3. 相关工艺卡片的填写

（1）数控加工刀具卡（见表 4–7）

表 4–7 数控加工刀具卡

<table>
<tr><td colspan="2">零件图号</td><td colspan="2">零件名称</td><td>材料</td><td colspan="2">程序编号</td><td>车间</td><td>使用设备</td></tr>
<tr><td colspan="2">×××</td><td colspan="2">××××</td><td>硬铝</td><td colspan="2">××××</td><td>数控中心</td><td>加工中心</td></tr>
<tr><td rowspan="2">刀号</td><td rowspan="2">刀具名称</td><td colspan="2">刀具直径 /mm</td><td rowspan="2">刀具长度 /mm</td><td colspan="2">刀补地址</td><td rowspan="2">换刀方式</td><td rowspan="2">加工部位</td></tr>
<tr><td>设定</td><td>补偿</td><td>直径</td><td>长度</td></tr>
<tr><td>T01</td><td>麻花钻</td><td>ϕ20</td><td></td><td>实测</td><td></td><td>H01</td><td></td><td>钻孔</td></tr>
<tr><td>T02</td><td>立铣刀</td><td>ϕ10</td><td></td><td>实测</td><td>D02</td><td>H02</td><td></td><td>铣外轮廓</td></tr>
<tr><td>编制</td><td></td><td>审核</td><td></td><td>批准</td><td></td><td>年 月 日</td><td>共 页</td><td>第 页</td></tr>
</table>

（2）数控加工工艺卡（见表 4–8）

表 4–8　　数控加工工艺卡

单位名称	×××		产品名称或代号		零件名称		零件图号	
			×××		××××		×××	
工序号	程序编号		夹具名称		使用设备		车间	
001	××××		机用虎钳		加工中心		数控中心	
工步号	工步内容	刀具号	刀具规格 / mm	主轴转速 /（r · min^{-1}）	进给速度 /（mm · min^{-1}）	背吃刀量 / mm	备注	
1	钻孔	T01	ϕ20	800	50	10	自动	
2	精铣外轮廓	T02	ϕ10	600	40	2	自动	
编制		审核		批准		年　月　日	共　页	第　页

4. 确定工件坐标系及基点坐标值

在 *XOY* 平面内确定以 *O* 点为工件原点，*Z* 方向以工件上表面为工件原点，建立工件坐标系，如图 4–36 所示。各基点坐标值见表 4–9。

表 4–9　　基点坐标值

基点	坐标值	基点	坐标值
A	（5.0，5.0）	*E*	（57.32，40.0）
B	（5.0，35.0）	*F*	（74.64，30.0）
C	（15.0，45.0）	*G*	（85.0，30.0）
D	（26.77，45.0）	*H*	（85.0，5.0）

5. 编写程序（见表 4-10）

表 4–10　　参考程序

参考程序	注　释
O4006；	程序名
N10 G40 G49 G98 G17 G54；	程序初始化
N20 G28 ；	回机床参考点
N30 T01 M06；	换 1 号刀（ϕ20 mm 麻花钻）
N40 M03 S800；	主轴正转，转速为 800 r/min
N50 G90 G00 G43 Z100.0 H01；	*Z* 向快速进刀，并执行刀具长度补偿
N60 Z5.0；	*Z* 向进刀至安全点
N70 G98 G81 X40.0 Y30.0 Z–15.0 R5.0 F50；	钻孔循环

续表

参考程序	注　释
N80 G00 G49 Z50.0 M09；	Z 向退刀，并取消刀具长度补偿
N90 M05；	主轴停
N100 G28；	回参考点
N110 T02 M06；	换 ϕ10 mm 立铣刀
N120 S600 M03；	主轴正转，转速为 600 r/min
N130 G41 G00 X–20.0 Y–10.0 Z50.0 D02；	执行刀具半径左补偿
N140 G00 G43 Z–5.0 H02；	执行刀具长度补偿
N150 G01 X5.0 Y–10.0 F150；	刀具快速靠近工件
N160 G01 Y35.0 F40；	$A \rightarrow B$
N170 X15.0 Y45.0；	$B \rightarrow C$
N180 X26.77；	$C \rightarrow D$
N190 G02 X57.32 Y40.0 R20.0；	$D \rightarrow E$
N200 G03 X74.64 Y30.0 R20.0；	$E \rightarrow F$
N210 G01 X85.0 Y30.0；	$F \rightarrow G$
N220 Y5.0；	$G \rightarrow H$
N230 X–5.0；	$H \rightarrow A$
N240 G40 G49 G00 Z50.0 M09；	取消刀具半径补偿，退至换刀点
N250 G28；	主轴停
N260 M30；	程序结束并复位

二、实例二

加工如图 4–37 所示平面轮廓零件，毛坯为 80 mm × 73 mm × 23 mm 块料，工件材料为硬铝。试编制其加工程序。

1. 图样分析

该零件为轮廓和孔复合类零件，需要加工 2 × ϕ12 mm 通孔和上表面 5 mm 厚的轮廓。两个孔的中心位置可由零件外形尺寸 80 mm、73 mm 及两孔中心距离 30 mm 确定。上表面轮廓主要由 5 个直线段和 3 个圆弧段轮廓组成，R12 mm 圆弧的圆心角为 180°，R10 mm 圆弧的圆心角为 90°。5 个直线段端点坐标和 3 个圆弧段的圆心坐标都可通过零件图中标注的尺寸求出。

2. 确定加工方案

根据零件形状、尺寸精度和表面粗糙度要求，确定加工工序如下：

（1）铣削外轮廓。

（2）钻孔。

（3）扩孔。

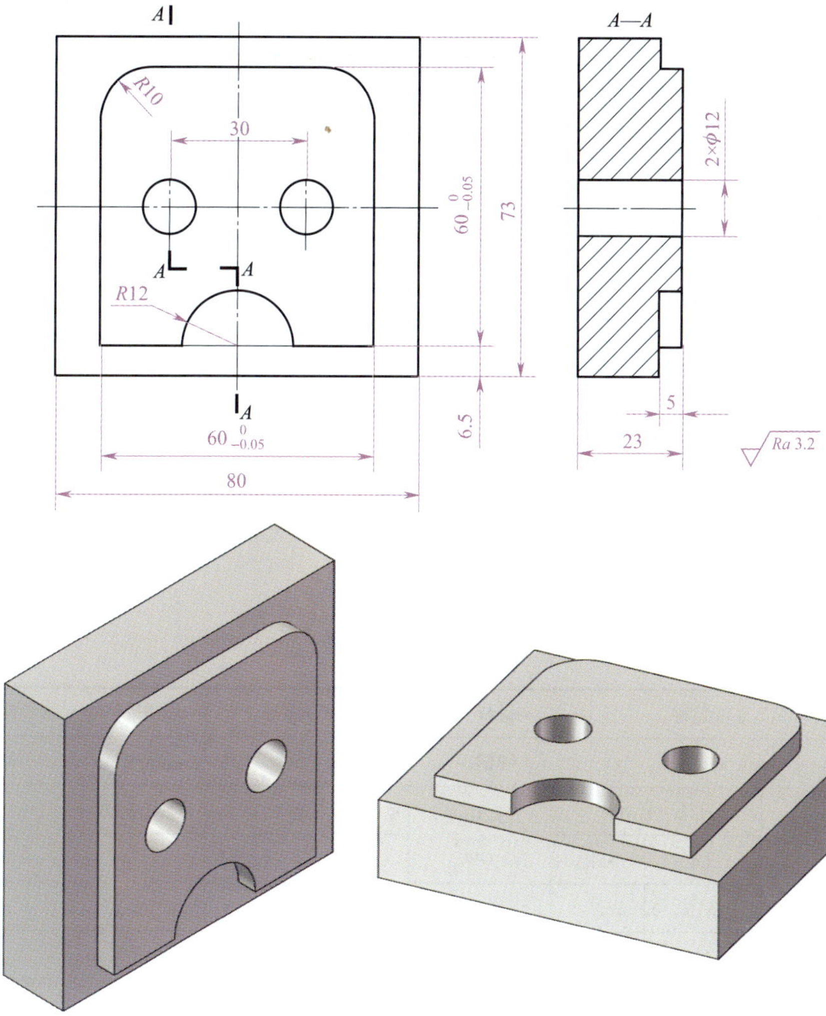

图 4-37　实例二零件图

粗、精加工轮廓形状一致，可将轮廓加工编制成子程序；粗、精加工时调用子程序，采用不同的刀补值即可实现。外轮廓加工路线如图 4-38 所示，加工顺序及各点的坐标如下：1（–60.0，–60.0）→ 2（–35.0，–40.0）→ 3（–35.0，32.0）→ 4（35.0，32.0）→ 5（35.0，–32.0）→ 6（–30.0，–32.0）→ 7（–30.0，20.0）→ 8（–20.0，30.0）→ 9（20.0，30.0）→ 10（30.0，20.0）→ 11（30.0，–30.0）→ 12（12.0，–30.0）→ 13（–12.0，–30.0）→ 14（–55.0，–30.0）→ 1（–60.0，–60.0）。

3. 确定装夹方案

以零件底平面定位，采用机用虎钳装夹。

4. 相关工艺卡片的填写

（1）数控加工刀具卡（见表 4-11）

（2）数控加工工艺卡（见表 4-12）

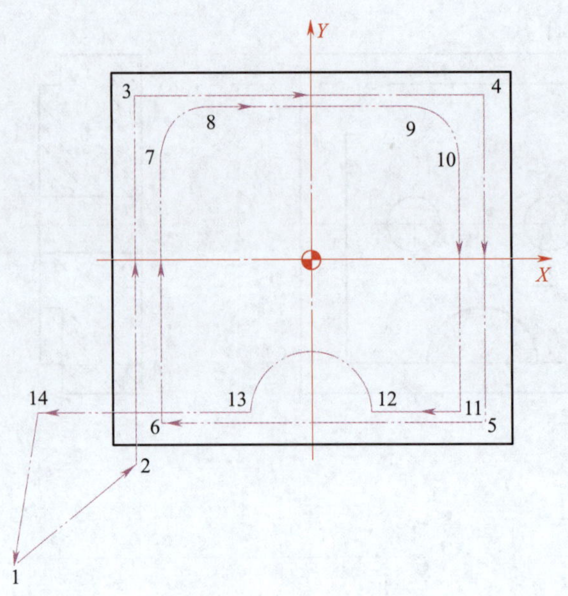

图 4–38　外轮廓加工路线

表 4–11　　**数控加工刀具卡**

零件图号		零件名称		材料	程序编号		车间	使用设备
×××		××××		硬铝	××××		数控中心	加工中心
刀号	刀具名称	刀具直径 /mm		刀具长度 / mm	刀补地址		换刀方式	加工部位
		设定	补偿		直径	长度		
T01	立铣刀	ϕ15		实测	D01			外轮廓
T02	麻花钻	ϕ11.8		实测		H01		钻孔
T03	扩孔钻	ϕ12		实测		H02		扩孔
编制		审核		批准		年　月　日	共　页	第　页

表 4–12　　**数控加工工艺卡**

单位名称	×××	产品名称或代号		零件名称		零件图号	
		×××		××××		×××	
工序号	程序编号	夹具名称		使用设备		车间	
001	××××	机用虎钳		加工中心		数控中心	
工步号	工步内容	刀具号	刀具规格 / mm	主轴转速 / (r · min^{-1})	进给速度 / (mm · min^{-1})	背吃刀量 / mm	备注
1	铣外轮廓	T01	ϕ15	600	80	—	自动
2	钻孔	T02	ϕ11.8	500	30	—	自动
3	扩孔	T03	ϕ12	800	20	—	自动
编制	审核	批准		年　月　日		共　页	第　页

5. 程序编制

以工件中心为 *X*、*Y* 轴工件原点，以工件上表面为 *Z* 轴工件原点，编制加工程序，见表 4–13。

表 4–13　　参考程序

参考程序	注　释
O4007;	程序名
N10 G90 G80 G49 G40 G98 G54;	程序初始化
N20 G28;	回机床参考点
N30 M06 T01;	换用 1 号刀
N40 S600 M03 M08;	主轴正转，转速为 600 r/min，切削液开
N50 G00 G41 X–60.0 Y–60.0 Z30.0 D01;	建立刀具半径左补偿
N60 G01 Z–5.0 F200;	*Z* 向下刀至加工平面
N70 X–35.0 Y–40.0 F80;	1 → 2
N80 Y32.0;	2 → 3
N90 X35.0;	3 → 4
N100 Y–32.0;	4 → 5
N110 X–30.0;	5 → 6
N120 Y20.0;	6 → 7
N130 G02 X–20.0 Y30.0 R10.0;	7 → 8
N140 G01 X20.0;	8 → 9
N150 G02 X30.0 Y20.0 R10.0;	9 → 10
N160 G01 Y–30.0;	10 → 11
N170 X12.0;	11 → 12
N180 G03 X–12.0 Y–30.0 R12.0;	12 → 13
N190 G01 X–55.0;	13 → 14
N200 G40 G00 X–60.0 Y–60.0;	14 → 1，并取消刀具半径补偿
N210 M05;	主轴停
N220 G49 G80 G91 G28;	机床返回参考点
N230 T02 M06;	换 2 号刀具
N240 M03 S500;	主轴正转，转速为 500 r/min
N250 G90 G43 G00 Z30.0 H02;	2 号刀建立刀具长度补偿
N260 G99 G81 X–15.0 Y0 Z–26.0 R3.0 F30;	钻孔 1（返回 *R* 点平面）

续表

参考程序	注　释
N260 G98 X15.0;	钻孔 2（返回初始平面）
N270 G00 Z100.0;	*Z* 向退刀
N280 G49 G80 G91 G28;	返回机床参考点
N290 T03 M06;	换 3 号扩孔钻
N300 M03 S800;	主轴正转，转速为 800 r/min
N310 G90 G43 G00 Z30.0 H03;	3 号刀建立刀具长度补偿
N320 G99 G81X-15.0 Y0 Z-26.0 R3.0 F20;	扩孔 1（返回 *R* 点平面）
N330 G98 X15.0;	扩孔 2（返回初始平面）
N340 G00 Z100.0;	*Z* 向退刀
N350 G49 G80 M09;	取消刀具长度补偿、取消钻孔循环
N360 G28;	返回机床参考点
N370 M30;	程序结束并复位

三、实例三

加工如图 4-39 所示平面轮廓零件，毛坯为 120 mm × 80 mm × 24 mm 块料，工件材料为硬铝。试编制其加工程序。

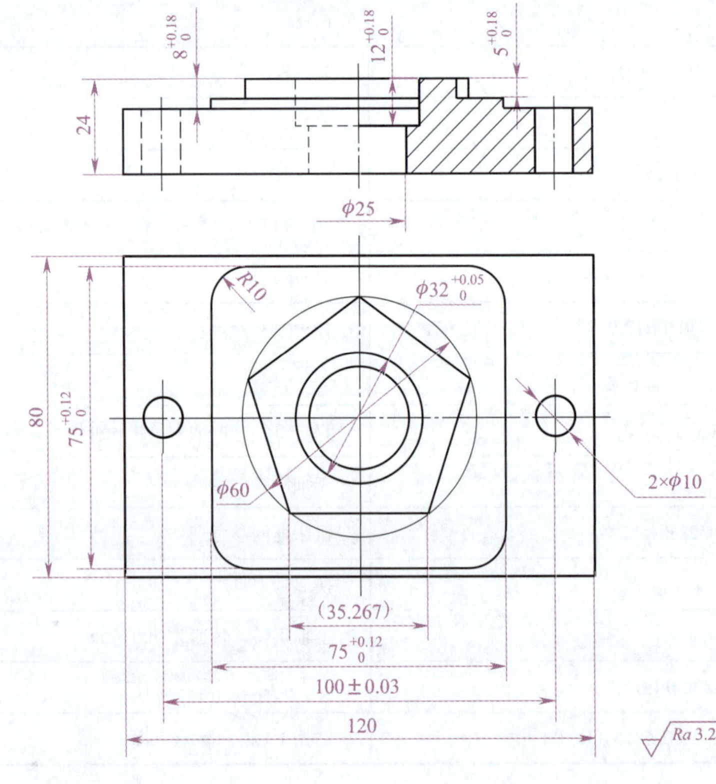

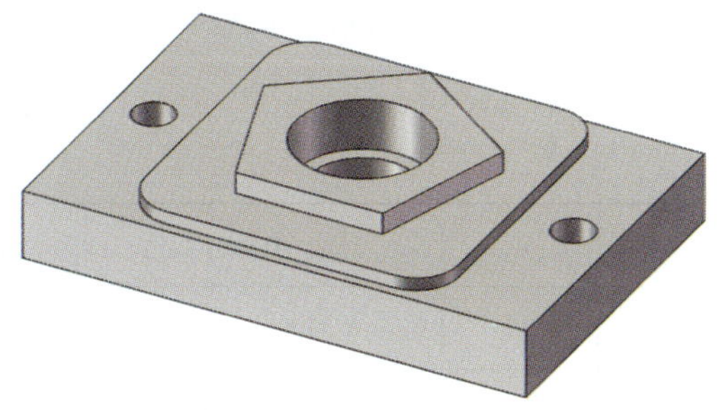

图 4–39　实例三零件图

1. 图样分析

该零件为典型的轮廓和孔复合类零件，需要加工 2 个 ϕ10 mm 通孔、零件中间台阶孔、正五边形轮廓、带有圆弧倒角的矩形轮廓。2 个 ϕ10 mm 通孔的孔心位置由尺寸（100 ± 0.03）mm 和 80 mm 确定，孔深为 16 mm。台阶孔小端直径为 25 mm，深度由尺寸 24 mm 和 $12^{+0.18}_{0}$ mm 确定；台阶孔大端直径为 $32^{+0.05}_{0}$ mm，深度为 $12^{+0.18}_{0}$ mm。正五边形轮廓的中心为零件的中心，其外接圆半径为 30 mm，厚度为 $5^{+0.18}_{0}$ mm。带有圆弧倒角的矩形轮廓的中心也为零件的中心，矩形的边长为 $75^{+0.12}_{0}$ mm，倒角半径为 10 mm，其厚度由尺寸 $8^{+0.18}_{0}$ mm、$5^{+0.18}_{0}$ mm 确定。

2. 确定加工方案

根据零件形状、尺寸精度和表面粗糙度要求，确定加工工序如下。

（1）用 ϕ25 mm 麻花钻钻孔。

（2）用 ϕ16 mm 立铣刀铣削带有圆角的矩形轮廓、正五边形轮廓，铣 ϕ32 mm 孔。其加工路线如图 4–40 所示。其中，1 → 12 铣削带有圆角的矩形轮廓，铣削深度为 8 mm；

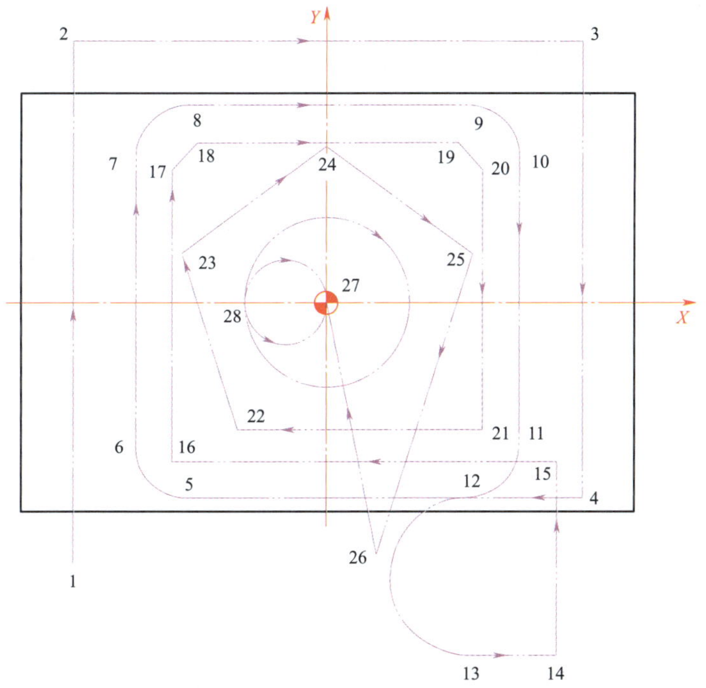

图 4–40　加工路线图

15 → 26 铣削正五边形轮廓，铣削深度为 5 mm；最后铣削 ϕ32 mm 孔，铣削深度为 12 mm。加工路线中各点的坐标见表 4–14。

表 4–14　加工路线中各点的坐标

点	坐标	点	坐标	点	坐标
1	(−50，−50)	11	(37.5，−27.5)	21	(30.5，−24.271)
2	(−50，50.0)	12	(27.5，−37.5)	22	(−17.634，−24.271)
3	(50.0，50.0)	13	(27.5，−67.5)	23	(−28.532，−9.271)
4	(50.0，−37.5)	14	(45.0，−67.5)	24	(0，30.0)
5	(−27.5，−37.5)	15	(45.0，−30.5)	25	(28.532，9.271)
6	(−37.5，−27.5)	16	(−30.5，−30.5)	26	(9.923，−48.0)
7	(−37.5，27.5)	17	(−30.5，25.264)	27	(0，0)
8	(−27.5，37.5)	18	(−25.5，30.5)	28	(−16.0，0)
9	(27.5，37.5)	19	(25.5，30.5)		
10	(37.5，27.5)	20	(30.5 25.627)		

(3) 用 ϕ10 mm 麻花钻钻 2 个 ϕ10 mm 孔。

3. 确定装夹方案

以零件底平面定位，采用机用虎钳装夹。

4. 相关工艺卡片的填写

(1) 数控加工刀具卡（见表 4–15）

表 4–15　数控加工刀具卡

零件图号		零件名称		材料	程序编号		车间	使用设备
×××		××××		硬铝	××××		数控中心	加工中心
刀号	刀具名称	刀具直径 /mm		刀具长度 /mm	刀补地址		换刀方式	加工部位
		设定	补偿		直径	长度		
T01	麻花钻	ϕ25		实测		H01		钻 ϕ25 mm 孔
T02	立铣刀	ϕ16		实测	D01			铣外轮廓
T03	麻花钻	ϕ10		实测		H02		钻 ϕ10 mm 孔
编制		审核		批准		年　月　日	共　页	第　页

（2）数控加工工艺卡（见表 4–16）

表 4–16　　数控加工工艺卡

<table>
<tr><td rowspan="2">单位名称</td><td rowspan="2">×××</td><td colspan="2">产品名称或代号</td><td colspan="2">零件名称</td><td colspan="2">零件图号</td></tr>
<tr><td colspan="2">×××</td><td colspan="2">××××</td><td colspan="2">×××</td></tr>
<tr><td>工序号</td><td>程序编号</td><td colspan="2">夹具名称</td><td colspan="2">使用设备</td><td colspan="2">车间</td></tr>
<tr><td>001</td><td>××××</td><td colspan="2">机用虎钳</td><td colspan="2">加工中心</td><td colspan="2">数控中心</td></tr>
<tr><td>工步号</td><td>工步内容</td><td>刀具号</td><td>刀具规格 / mm</td><td>主轴转速 / （r·min⁻¹）</td><td>进给速度 / （mm·min⁻¹）</td><td>背吃刀量 / mm</td><td>备注</td></tr>
<tr><td>1</td><td>钻孔</td><td>T01</td><td>ϕ25</td><td>350</td><td>30</td><td>—</td><td>自动</td></tr>
<tr><td>2</td><td>铣外轮廓</td><td>T02</td><td>ϕ16</td><td>600</td><td>80</td><td>—</td><td>自动</td></tr>
<tr><td>3</td><td>钻孔</td><td>T03</td><td>ϕ10</td><td>350</td><td>30</td><td>—</td><td>自动</td></tr>
<tr><td>编制</td><td></td><td>审核</td><td></td><td>批准</td><td></td><td>年　月　日</td><td>共　页</td><td>第　页</td></tr>
</table>

5. 程序编制

以工件中心为 X 轴、Y 轴工件原点，以工件上表面为 Z 轴工件原点。编制参考程序如下：

（1）用 ϕ25 mm 麻花钻钻孔（见表 4–17）

表 4–17　　参考程序

参考程序	注　释
O4008;	程序名
N5 G17 G54 G90 G80 G40 G28;	选择 XY 平面，选择 G54 坐标系
N10 T01 M06;	换 1 号刀具
N20 M03 S350;	主轴正转，转速为 350 r/min
N30 G00 X0 Y0;	快速定位至（0，0）
N40 G43 H01 Z10.0;	建立刀具长度补偿
N50 G98 G83 Z–26.0 R5.0 Q3 F30;	用 G83 指令钻孔
N60 G00 Z150.0;	快速抬刀至 Z150.0
N70 G80 G49;	取消钻孔循环，取消刀具长度补偿
N80 G28;	回机床参考点
N90 M30;	程序结束并复位

（2）铣带圆角的矩形、正五边形和孔

用 ϕ16 mm 立铣刀，铣 $75^{+0.12}_{0}$ mm × $75^{+0.12}_{0}$ mm 带圆角的矩形，铣正五边形，铣孔至 $\phi32^{+0.05}_{0}$ mm，见表 4–18。

表 4–18　　参考程序

参考程序	注　释
O4009；	用 ϕ16 mm 立铣刀铣 $75^{+0.12}_{0}$ mm × $75^{+0.12}_{0}$ mm 四边形
N5 G17 G54 G90 G80 G40 G28；	选择 *XY* 平面，选择 G54 坐标系
N10 T02 M06；	换 2 号刀具
N20 M03 S600；	主轴正转，转速为 600 r/min
N30 G00 G43 H02 X0 Y0 Z30.0；	快速定位至（0，0，30），建立刀具长度补偿
N40 G41 X–50.0 Y–50.0 D02；	快速移至点（–50，–50，30），建立刀具半径左补偿
N50 G01 Z–8.0 F80；	*Z* 向进刀，N50～N80 粗铣零件两端
N60 Y50.0；	平行于 *Y* 轴切削，1 → 2
N70 X50.0；	平行于 *X* 轴切削，2 → 3
N80 Y–37.5；	平行于 *Y* 轴切削，3 → 4
N90 X–27.5；	平行于 *X* 轴切削至圆弧起点，4 → 5
N100 G02 X–37.5 Y–27.5 R10.0；	切削左下角圆弧，5 → 6
N110 G01 Y27.5；	平行于 *Y* 轴切削，6 → 7
N120 G02 X–27.5 Y37.5 R10.0；	切削左上角圆弧，7 → 8
N130 G01 X27.5；	平行于 *X* 轴切削，8 → 9
N140 G02 X37.5 Y27.5 R10.0；	切削右上角圆弧，9 → 10
N150 G01 Y–27.5；	平行于 *Y* 轴切削，10 → 11
N160 G02 X27.5 Y–37.5 R10.0；	切削右下角圆弧，11 → 12
N170 G03 Y–67.5 R15.0；	逆时针圆弧切出，12 → 13
N180 G01 X45.0；	平行于 *X* 轴退刀，13 → 14
N190 Z–5.0；	*Z* 向退刀
N200 Y–30.5；	14 → 15
N210 X–30.5；	15 → 16
N220 Y25.264；	16 → 17
N230 X–25.5 Y30.5；	17 → 18
N240 X25.5；	18 → 19
N250 X30.5 Y25.627	19 → 20
N260 Y–24.271；	20 → 21
N270 X–17.634；	21 → 22
N280 X–28.532 Y9.271；	22 → 23

续表

参考程序	注　释
N290 X0 Y30.0；	23 → 24
N300 X28.532 Y9.271；	24 → 25
N310 X9.923 Y–48.0；	25 → 26
N320 G00 Z10.0；	*Z* 向退刀
N330 G00 X0 Y0；	刀具快速定位，26 → 27
N340 G01 Z–12.0 F80；	*Z* 向进刀
N350 G03 X–16.0 Y0 R8.0；	逆时针圆弧切入
N360 G03 I16.0；	逆时针铣整圆
N370 G03 X0 Y0 R8	逆时针圆弧切出
N380 G00 Z100.0；	快速抬刀至 *Z*100.0
N390 G28；	回机床参考点
N400 M30；	程序结束并复位

（3）用 ϕ10 mm 麻花钻钻 2 个 ϕ10 mm 孔（见表 4–19）

表 4–19　　参考程序

参考程序	注　释
O4010；	程序名
N10 G17 G90 G54 G80 G40 G28；	选择 *XY* 平面，选择 G54 坐标系
N20 T03 M06；	换 3 号刀具
N30 M03 S350；	主轴正转，转速为 350 r/min
N40 G00 X0 Y0 M08；	快速定位
N50 G43 H03 Z10.0；	刀具正伸长
N60 G98 G83 X–50.0 Y0 Z–29.0 R3 Q1.5 F30；	钻左孔
N70 X50.0；	钻右孔
N80 G00 Z100.0 G80 G49；	快速抬刀至 *Z*100.0，取消钻孔循环，取消刀具长度补偿
N90 G28；	回机床参考点
N100 M30；	程序结束并复位

§4-5 数控铣床/加工中心的操作

一、系统控制面板

FANUC 0i 数控铣床/加工中心系统控制面板主要由 CRT 显示器、MDI 键盘和功能软键组成，如图 4-41 所示。MDI 键盘上各键的名称及作用与数控车床基本相同，在此不再赘述。

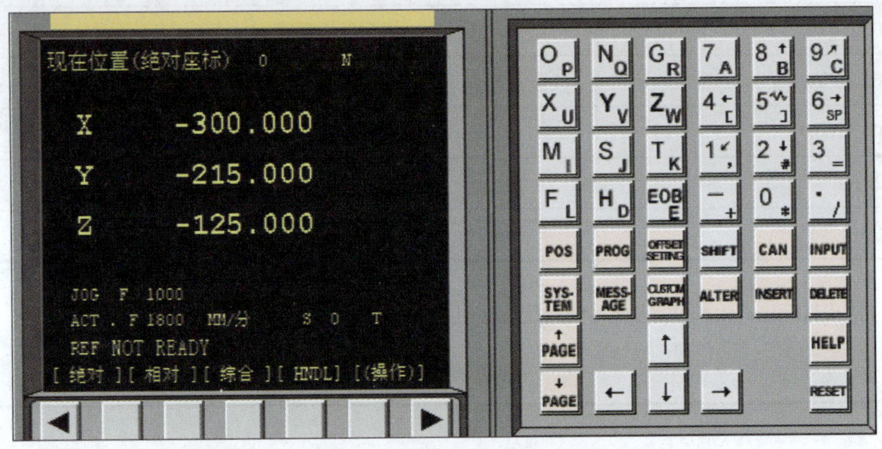

图 4-41　FANUC 0i 数控铣床/加工中心系统控制面板

二、机床操作面板

如图 4-42 所示为 FANUC 0i 数控铣床/加工中心机床操作面板，各按钮名称及用法见表 4-20。

图 4-42　FANUC 0i 数控铣床/加工中心机床操作面板

表 4-20　　按钮名称及用法

按钮	名称	功能说明
SBK	单段按钮	在自动模式下，按下该按钮，程序运行时每次执行一个程序段
BDT	跳段按钮	在自动模式下，按下该按钮，程序中的跳段符号“/”有效
OPS	选择性停止按钮	在自动模式下，按下该按钮，选择停止代码“M01”有效
MACHINE RESET	机床复位按钮	按下该按钮，数控系统复位
TOOL UNCLAMP	刀具放松按钮	在手动或手轮模式下，按下该按钮，刀具放松
MLK	机床锁定按钮	在自动模式下，按下该按钮，锁定机床
DRY	空运行按钮	在自动模式下，按下该按钮，进入空运行状态
FEED HOLD	进给保持按钮	在程序运行过程中，按下该按钮，程序运行暂停，按循环启动按钮 CYCLE START 恢复运行
CYCLE START	循环启动按钮	系统处于“自动运行”或“MDI”模式时按下该按钮程序运行开始，其余模式下使用无效
Z AXIS LOCK	*Z* 轴锁定按钮	在自动模式下，按下该按钮，锁定 *Z* 轴
+	正向移动按钮	手动模式下，按下该按钮，工作台或刀具沿选择轴的正向移动

续表

按钮	名称	功能说明
	负向移动按钮	手动模式下，按下该按钮，工作台或刀具沿选择轴的负向移动
	主轴倍率选择旋钮	旋转该旋钮，可调节主轴转速倍率
	进给倍率按钮	旋转该旋钮，可调节系统运行时的进给速度倍率
模式选择旋钮	EDIT	程序编辑模式，用于直接通过操作面板输入数控程序和编辑程序
	AUTO	自动模式，用于程序的自动加工
	ZRN	回参考点模式，用于机床的回参考点操作
	MDI	MDI 模式，手动数据输入并执行指令
	JOG	手动模式，用于机床的手动进给等操作
	HANDLE	手轮模式，用于机床的手轮操作
	RAPID	手动快速模式，用于机床的快速进给操作
	TAPE	磁盘模式，用于程序的存盘操作
	TEACH	示教模式，用于机床的示教操作
	进给轴选择旋钮	在手动 / 手轮模式下，选择需要移动的进给轴
	手轮倍率选择旋钮	手轮模式下，调节手轮步长。×1、×10、×100 分别代表移动量为 0.001 mm、0.01 mm、0.1 mm

续表

按钮	名称	功能说明
	急停按钮	按下急停按钮，使机床移动立即停止，并且所有的输出如主轴转动等都会关闭
	主轴控制按钮	从左至右分别为主轴正转按钮、主轴停止按钮、主轴反转按钮
	切削液控制按钮	控制切削液的开启和关闭
	手摇脉冲发生器	在手轮模式下，旋转手摇脉冲发生器，刀架沿指定的坐标轴移动，移动距离与手轮进给倍率有关
	系统电源开关按钮	“ON”为电源开启按钮，“OFF”为电源关闭按钮

三、数控铣床 / 加工中心的手动操作

1. 数控铣床 / 加工中心的开机和关机操作

（1）开机

1）检查数控机床外表是否正常，例如检查前门和后门是否已关闭。

2）合上位于机床后面电控柜上的主电源开关，应听到电控柜风扇和主轴电动机风扇开始工作的声音。

3）按下操作面板上的电源开启按钮  接通电源，几秒钟后 CRT 显示器上出现如图 4–43 所示的位置画面，然后才能操作数控系统的按钮，否则容易损坏机床。

4）顺时针方向松开急停按钮  。

5）绿灯亮后，机床液压泵已启动，机床进入准备状态。

（2）关机

1）检查操作面板上的 LED 指示循环启动应在停止状态。

2）检查数控机床的所有可移动部件都处于停止状态。

3）如外部输入 / 输出设备已连接到数控装置上，则关闭外部输入 / 输出设备。

4）按下急停按钮  。

5）按住电源关闭按钮  约 5 s。

图 4–43　位置画面

6）断开位于机床后面电控柜上的主电源开关。

（3）安全操作

在加工过程中，由于用户编程、操作以及产品故障等原因，可能会出现一些意想不到的结果。为了安全，可以按急停按钮、复位按钮或进给保持按钮来停止机床运动。为了防止机床超出行程终点，系统还有超程检查和行程检查功能。

1）急停按钮

如果按了机床操作面板上的急停按钮，除润滑油泵外，机床的动作及各种功能均被立即停止。同时，CRT 屏幕上出现数控系统未准备好（NOT READY）的报警信号。该按钮被按下时，它是自锁的，旋转按钮即可释放。

2）复位按钮

机床在自动运转过程中，按下复位按钮 RESET 则机床全部操作均停止，因此可以用此按钮完成急停操作。

3）进给保持按钮

机床在自动运转状态下，按下进给保持按钮，则工作台停止运动，但机床的其他功能仍有效。当需要恢复机床运转时，按下循环启动按钮，机床从当前程序位置开始继续执行下面的程序段。

4）超程

当机床试图移到由机床限位开关设定的行程终点的外面时，由于碰到限位开关，机床减速并停止，CRT 显示“OVER TRAVEL”。

2. 回参考点操作

回参考点操作的步骤如下：

（1）将模式选择旋钮旋至 ZRN 处，系统进入回参考点模式。

（2）旋转操作面板上的进给轴选择旋钮选择 X 轴。

（3）按下正向按钮，此时工作台沿 X 轴回参考点，X 轴回参考点灯 

变亮，

待 CRT 上的 X 坐标变为“0.000”，再松开正向按钮。

（4）同样，再分别选择 Y 轴、Z 轴，按下正向按钮 ，此时 Y 轴、Z 轴将回参考点，Y 轴、Z 轴回参考点灯 变亮。

完成回参考点操作后 CRT 界面如图 4-44 所示。

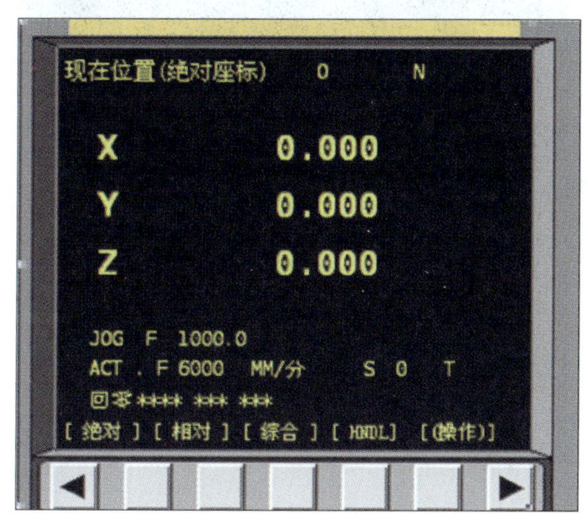

图 4-44　机床回参考点界面

3. JOG 进给（手动连续进给）操作

手动连续进给操作步骤如下：

（1）将模式选择旋钮旋至 JOG 模式。

（2）通过进给轴选择旋钮和正向 / 负向移动按钮，选择将要使刀具沿其移动的轴及其方向，按下正向 / 负向移动选择按钮 或 ，刀具按参数设定的进给速度移动，按钮释放机床就停止。

在按进给轴选择和正向 / 负向移动按钮期间，将模式开关切换到 JOG 进给方式，JOG 进给无效。为了使 JOG 进给有效，首先要进入 JOG 模式，然后再按进给轴选择和正向 / 负向移动按钮。

4. 手轮进给操作

手轮进给操作步骤如下：

（1）将模式选择旋钮旋至 HANDLE 模式。

（2）旋转手轮进给轴选择按钮，选择一个机床要移动的轴。

（3）旋转手轮进给倍率按钮，选择机床移动的倍率，当手摇脉冲发生器转过一个刻度时，机床移动的最小距离等于最小输入增量。

（4）旋转手摇脉冲发生器，机床沿选择轴移动。旋转手摇脉冲发生器 360°，机床移动距离相当于 100 个刻度的距离。

四、手动数据输入（MDI）操作

手动数据输入方式用于在系统操作面板上输入一段程序，然后按下循环启动按钮来执行该段程序。其操作步骤如下：

1. 将模式选择旋钮旋至 MDI 模式，系统进入 MDI 模式。在 MDI 键盘上按下程序键 PROG，进入编辑页面，如图 4–45 所示。

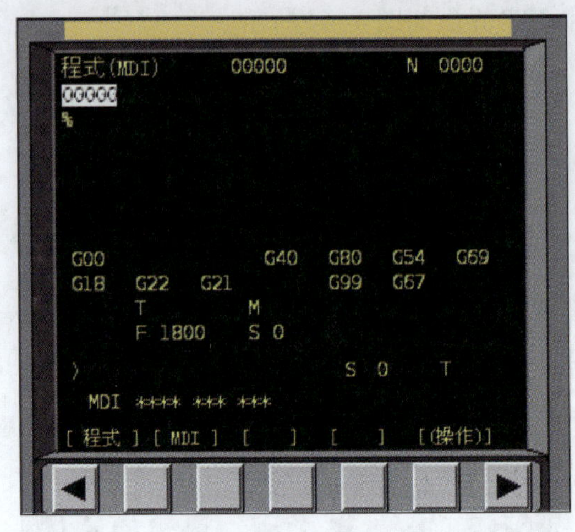

图 4–45　MDI 界面

2. 输入要运行的程序段。

3. 按下循环启动按钮 

，机床自动运行该程序段。

五、对刀

对刀的目的是通过刀具或对刀工具确定工件坐标系与机床坐标系之间的空间位置关系，并将对刀数据输入相应的存储位置。它是数控加工中最重要的操作内容，其准确性将直接影响零件的加工精度。数控铣床 / 加工中心对刀操作分为 *X*、*Y* 向对刀和 *Z* 向对刀。

1. 对刀方法

根据现有条件和加工精度要求选择对刀方法，可采用试切法、寻边器对刀、机内对刀仪对刀、自动对刀等。其中试切法对刀精度较低，加工中常用寻边器和 *Z* 轴设定器对刀，效率高，能保证对刀精度。

2. 对刀工具

（1）寻边器

寻边器主要用于确定工件坐标系原点在机床坐标系中的 *X*、*Y* 值，也可以测量工件的简单尺寸。

寻边器有偏心式和光电式等类型，其中以光电式较为常用，如图 4–46 所示。光电式寻边器的测头一般为直径 10 mm 的钢球，用弹簧拉紧在光电式寻边器的测杆上，碰到工件时可以退让，并将电路导通，发出光信号，通过光电式寻边器的指示和机床坐标位置即可得到被测表面的坐标位置。

（2）*Z* 轴设定器

Z 轴设定器主要用于确定工件坐标系原点在机床坐标系的 *Z* 轴坐标，或者说是确定刀具在机床坐标系中的高度。

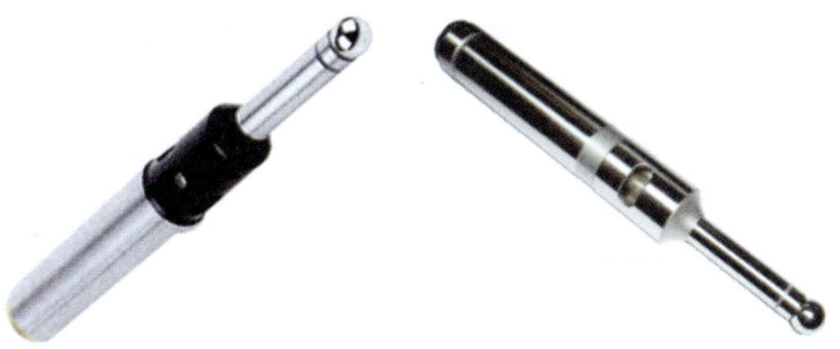

图 4–46　光电式寻边器

Z 轴设定器有光电式和指针式等类型，如图 4–47 所示。通过光电指示或指针判断刀具与对刀器是否接触，对刀精度一般可达 0.005 mm。Z 轴设定器带有磁性表座，可以牢固地附着在工件或夹具上，其高度一般为 50 mm 或 100 mm。

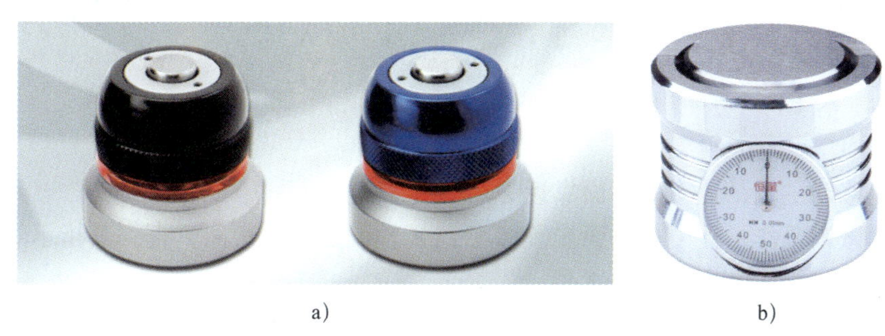

a）　　　　　　　　　　b）

图 4–47　Z 轴设定器

a）光电式 Z 轴设定器　b）指针式 Z 轴设定器

3. 对刀

以工件上表面对称中心为工件坐标系原点为例，讲解对刀过程。

（1）X、Y 向对刀

采用寻边器对刀，其详细步骤如下：

1）将工件通过夹具装在机床工作台上，装夹时工件的四个侧面都应留出寻边器的测量位置。

2）快速移动工作台和主轴，让寻边器测头靠近工件的左侧。

3）改用微调操作，让测头慢慢接触到工件左侧，直到寻边器发光，记下此时机床坐标系中的 X_1 坐标值，如图 4–48 所示。

4）抬起寻边器至工件上表面之上，快速移动工作台和主轴，让测头靠近工件右侧。

5）改用微调操作，让测头慢慢接触到工件右侧，直到寻边器发光，记下此时机床坐标系中的 X_2 坐标值，如图 4–48 所示。

6）若测头直径为 10 mm，则工件长度为（X_1-X_2-10），据此可得工件对称中心在机床坐标系中的 X 坐标值为（X_1+X_2）/2。

7）同理可测得工件对称中心在机床坐标系中的 Y 坐标值。

（2）Z 向对刀

1）卸下寻边器，将加工所用刀具装入主轴。

2）将 Z 轴设定器（或固定高度的对刀块，以下同）放置在工件上平面上，如图 4–49 所示。

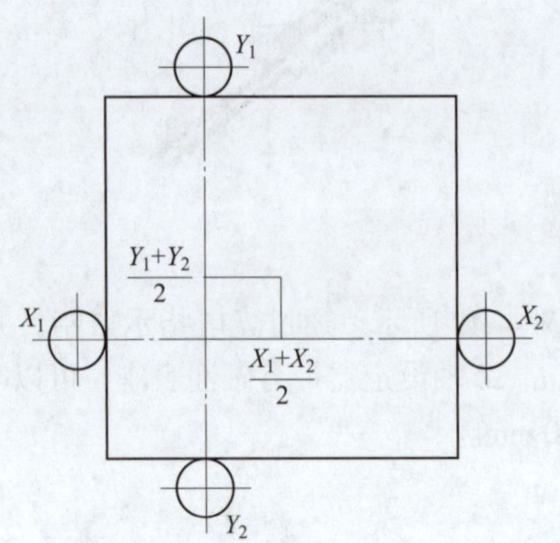

图 4–48　寻边器找对称中心

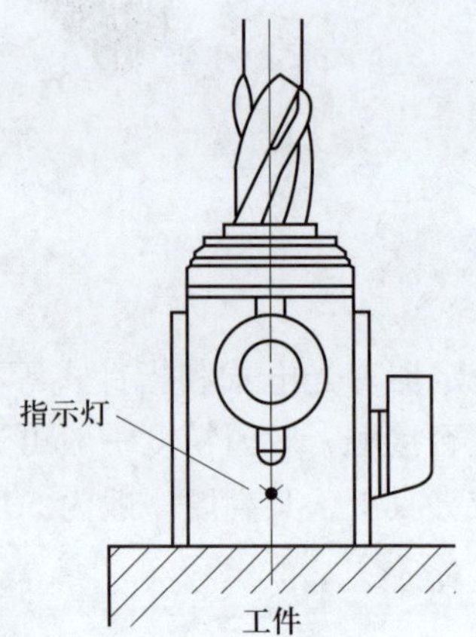

图 4–49　Z 轴设定器操作示意图

3）快速移动主轴，让刀具端面靠近 Z 轴设定器上表面。

4）改用微调操作，让刀具端面慢慢接触到 Z 轴设定器上表面，直到其指示灯亮。

5）记下此时机床坐标系中的 Z 值。

6）若 Z 轴设定器的高度为 50 mm，则工件上表面在机床坐标系中的 Z 坐标值为 Z–50。

（3）将测得的 X 值、Y 值、Z 值输入工件坐标系存储地址中（一般使用 G54～G59 代码存储对刀参数）。

在对刀操作过程中需注意以下问题：

（1）根据加工要求采用正确的对刀工具，控制对刀误差。

（2）在对刀过程中，可通过改变微调进给量来提高对刀精度。

（3）对刀时需小心谨慎操作，尤其要注意移动方向，避免发生碰撞危险。

（4）对刀数据一定要存入与程序对应的存储地址，防止因调用错误而产生严重后果。

4. 设置参数

（1）G54～G59 参数设置

在 MDI 键盘上按 OFFSET SETTING 键，然后按［坐标系］软键，进入坐标系参数设定界面，输入“0x”（01 表示 G54，02 表示 G55，以此类推），按菜单软键［NO 检索］，光标停留在选定的坐标系参数设定区域，如图 4–50 所示。

也可以用方位键 ↑ ↓ ← → 选择所需的坐标系和坐标轴。利用 MDI 键盘输入通过对刀所得到的工件坐标原点在机床坐标系中的坐标值。设通过对刀得到的工件坐标原点在机床坐标系中的坐标值为（–500，–415，–404），则首先将光标移到 G54 坐标系 X 的位置，用 MDI 键盘输入“–500.00”，按［输入］软键或按输入键 INPUT，将参数输入到指定区域。按取消键 CAN 可逐个删除输入域中的字符。按 ↓ 键，将光标移到 *Y* 的位置，输入“–415.00”，按［输入］软键或按输入键 INPUT，将参数输入到指定区域。同样可以输入 *Z* 坐标值。此时 CRT 界面如图 4–51 所示。

WORK COONDATES　O　N
(G54)

番号		数据	番号		数据
00	X	0.000	02	X	0.000
(EXT)	Y	0.000	(G55)	Y	0.000
	Z	0.000		Z	0.000
01	X	0.000	03	X	0.000
(G54)	Y	0.000	(G56)	Y	0.000
	Z	0.000		Z	0.000

>
EDIT**** *** ***

图 4–50　坐标系参数设定界面

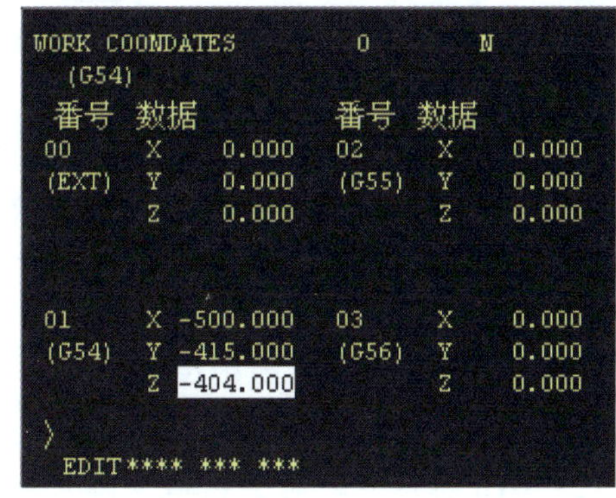

图 4–51　设定坐标系参数

（1）*X* 坐标值为 –100，须输入“–100.00”；若输入“–100”，则系统默认为 –0.100。

（2）如果按软键“+ 输入”，键入的数值将与原有的数值相加以后输入。

（2）设置数控铣床 / 加工中心刀具补偿参数

数控铣床 / 加工中心的刀具补偿包括刀具的半径补偿和长度补偿。

1）输入刀具半径补偿参数

FANUC 0i 的刀具半径补偿包括形状补偿（D）和磨耗补偿（D）。刀具半径输入到形状补偿里，刀具半径加工中的磨耗值输入到磨耗补偿里。

①在 MDI 键盘上按 OFFSET SETTING 键，进入参数补偿设定界面，如图 4–52 所示。

工具补正　O　N

番号	形状(H)	摩耗(H)	形状(D)	摩耗(D)
001	0.000	0.000	0.000	0.000
002	0.000	0.000	0.000	0.000
003	0.000	0.000	0.000	0.000
004	0.000	0.000	0.000	0.000
005	0.000	0.000	0.000	0.000
006	0.000	0.000	0.000	0.000
007	0.000	0.000	0.000	0.000
008	0.000	0.000	0.000	0.000

现在位置(相对座标)
X　-500.000　Y　-250.000　Z　0.000
>　S　0　T
MEM **** *** ***

图 4–52　参数补偿设定界面

②用方位键 ↑ ↓ ← → 选择所需的番号，并确定需要设定的刀具半径补偿是形状补偿还是磨耗补偿，将光标移到相应的区域。

③按 MDI 键盘上的数字 / 字母键，输入刀具半径补偿参数。

④按［输入］软键或按输入键 INPUT，将参数输入到指定区域。按 CAN 键可逐个删除输入域中的字符。

刀具半径补偿参数若为 4 mm，在输入时需输入“4.000”；如果只输入“4”，则系统默认为 0.004。

2）输入长度补偿参数

长度补偿参数在刀具表中按需要输入。FANUC 0i 的刀具长度补偿包括形状长度补偿和磨耗长度补偿。

①在 MDI 键盘上单击 OFFSET SETTING 键，进入参数补偿设定界面，如图 4–50 所示。

②用方位键 ↑ ↓ ← → 选择所需的番号，并确定需要设定的长度补偿是形状补偿（H）还是磨耗补偿（H），将光标移到相应的区域。

③按 MDI 键盘上的数字 / 字母键，输入刀具长度补偿参数。

④按［输入］软键或按输入键 INPUT，参数输入到指定区域。按 CAN 键可逐个删除输入域中的字符。

六、程序编辑与自动加工

FANUC 0i 数控铣床 / 加工中心数控系统程序编辑和自动加工操作与车床数控系统基本相同，在此不再赘述，可查阅第三章相关知识。

数控铣床 / 加工中心安全操作规程

1. 操作人员必须熟悉机床使用说明书等有关资料，熟悉机床的主要技术参数、传动原理、主要结构、润滑部位及维护、保养等一般知识。

2. 开机前应对机床进行全面细致的检查，确认无误后方可操作。

3. 机床通电后，检查各开关、按钮和键是否正常、灵活，机床有无异常现象。

4. 检查电压、气压、油压是否正常，有手动润滑的部位要先进行手动润滑。

5. 机床空运转应达 15 min 以上，使机床达到热平衡状态。

6. 各坐标轴手动回零（机床参考点）。

7. 程序输入后，应认真核对，确保无误，其中包括对代码、指令、地址、数值、正负号、小数点及语法的查对。

8. 正确测量和计算工件坐标系，并对所得结果进行验证和验算。

9. 将工件坐标系输入偏置页面，并对坐标、坐标值、正负号、小数点进行认真核对。

10. 装工件前空运行一次程序，看程序能否顺利执行，刀具长度选取和夹具安装是否合理，有无超程现象。

11. 刀具补偿值（位置、半径）输入偏置页面后，要对刀补号、补偿值、正负号、小数点进行认真核对。

12. 检查各刀头的安装方向及各刀具的旋转方向是否符合程序要求。

13. 查看各刀杆前后部位的形状和尺寸是否符合程序要求。

14. 无论是首次加工的零件，还是周期性重复加工的零件，首件都必须对照图样、工艺、程序和刀具调整卡进行逐段程序试切。

15. 单段试切时，快速倍率开关必须置于最低挡。

16. 每把刀具首次使用时，必须先验证它的实际长度与所给刀补值是否相符。

17. 在程序运行中，要观察数控系统上的坐标显示，了解目前刀具运动点在机床坐标系及工件坐标系中的位置。

18. 在程序运行中，也要观察数控系统中的工作寄存器和缓冲寄存器显示，查看正在执行的程序段各状态指令和下一个程序段的内容。

19. 在程序运行中，要重点观察数控系统中的主程序和子程序，了解正在执行主程序段的具体内容。

20. 试切和加工中，刃磨刀具和更换刀具后，一定要重新测量刀长并修改刀补值和刀补号。

21. 程序修改后，对修改部分一定要仔细计算和认真核对。

22. 手摇进给和手动连续进给操作时，必须检查各开关所选择的位置是否正确，弄清正、负方向，认准按键，然后再进行操作。

23. 必须在确认工件夹紧后才能启动机床，严禁工件转动时测量、触摸工件。

24. 操作中出现工件跳动、声音异常、夹具松动等异常情况时必须立即停车处理。

25. 自动加工过程中，不允许打开机床防护门。

26. 严禁盲目操作或误操作。工作时穿好工作服、安全鞋，戴好工作帽、防护镜，不可戴手套、领带操作机床。

27. 加工镁合金工件时，应戴防护面罩，注意及时清理加工中产生的切屑。

28. 一批零件加工完成后，应核对程序、偏置页面、刀具调整卡及工艺卡中的刀具号和刀补值，并做必要的整理、记录。

29. 做好机床卫生清扫工作，擦净导轨面上的切削液并涂防锈油，以防止导轨生锈。

30. 依次关闭机床操作面板上的电源开关和总电源开关。

§4-6 数控铣床/加工中心加工实训课题

一、实训任务及目的

本实训是在学习了数控铣床/加工中心编程和操作基础知识上进行的，实训时间为一周。通过本实训可掌握数控铣床/加工中心回参考点、手动、对刀、程序编辑、自动加工、尺寸修正等基本操作，能用数控铣床/加工中心加工典型零件。

二、实训内容及步骤

本实训采用一块尺寸为 200 mm × 150 mm × 53 mm 的毛坯（45 钢），依次完成平面铣削、外轮廓加工、孔加工三个实训课题（见图 4-53），由浅入深，由易到难，逐步掌握数控铣床/加工中心的操作与零件加工。

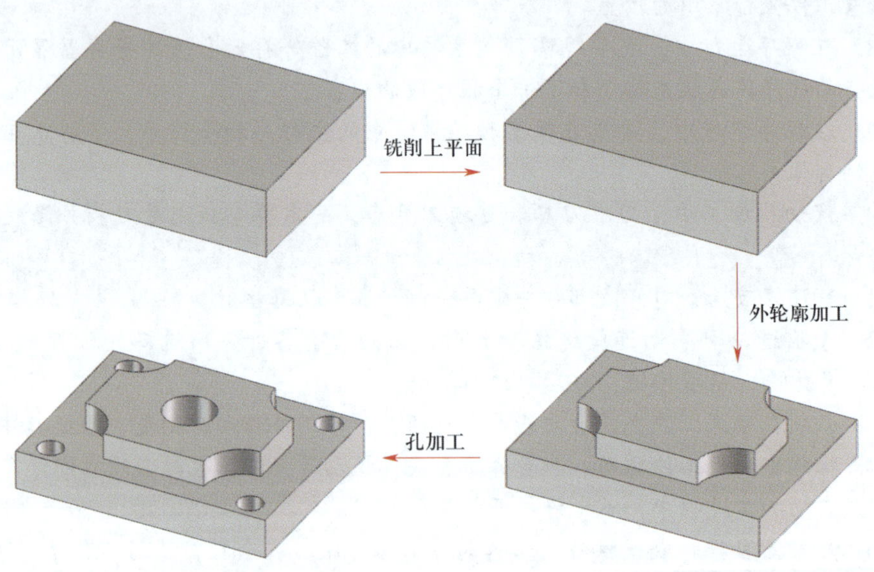

图 4-53　实训内容及步骤

实训课题 1　平 面 铣 削

加工如图 4-54 所示平板零件，设基准 *A* 面及四个侧面已经加工完成，现要在数控铣床/加工中心上加工上表面，保证最终厚度为 $50_{-0.1}^{\ 0}$ mm，且满足图上标注的几何公差和表

面粗糙度要求。上表面余量为 3 mm。通过本课题学习，掌握数控铣床 / 加工中心回参考点、对刀、程序输入与编辑、自动加工等基本操作，并学会用数控铣床 / 加工中心加工平面类零件。

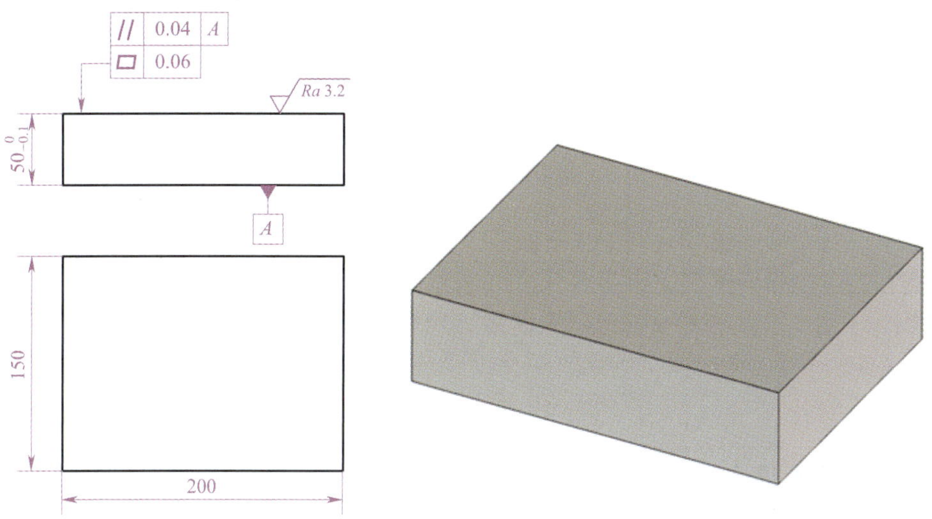

图 4–54　平面加工零件图

任务准备

1. 工、量具及材料准备

（1）游标卡尺、百分表、表面粗糙度样块、寻边器、*Z* 轴设定器、硬质合金可转位面铣刀（ϕ100 mm、ϕ200 mm 各一把）、面铣刀刀柄、垫铁、纯铜片若干、机用虎钳。

（2）200 mm × 150 mm × 53 mm 平板一块，45 钢。

2. 机床准备

数控铣床 / 加工中心（配 FANUC 0i 系统）。

任务实施

1. 制定加工工艺

（1）确定零件的装夹方式

由于该零件结构及其所对应的毛坯结构均为矩形，宜选铣床用机用虎钳装夹。

（2）确定加工顺序

粗铣上平面→精铣上平面。

（3）确定进给路线

粗铣上平面的进给路线如图 4–55 所示，刀具从右向左切削，分两次进给完成。第一次进给起点为（160，-40），终点为（-180，-40）；第二次进给起点为（160，40），终点为（-180，40）。

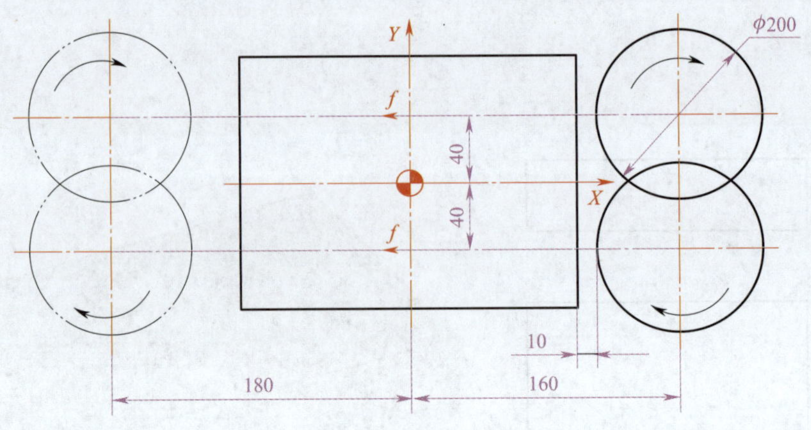

图 4-55　粗铣上平面进给路线

精铣上平面的进给路线如图 4-56 所示，刀具由右向左一次进给完成，起点为（210，0），终点为（-210，0）。

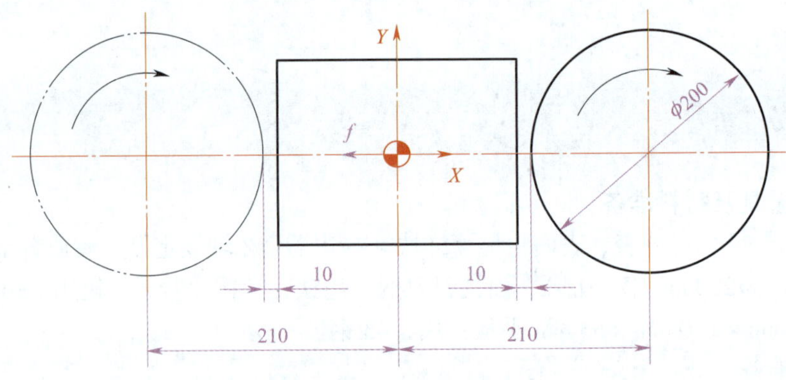

图 4-56　精铣上平面进给路线

（4）刀具的选择

零件材料为 45 钢，可选用硬质合金面铣刀。粗铣时，选用 ϕ100 mm 面铣刀；精铣时，选用 ϕ200 mm 面铣刀（零件上表面宽 150 mm，面宽不太大，拟用直径比平面宽度大的面铣刀单次铣削平面，平面铣刀最理想的宽度应为材料宽度的 1.3～1.6 倍，因此选用 ϕ200 mm 面铣刀较合适）。

（5）切削用量的选择

1）粗铣时，进给速度 f=100 mm/min，背吃刀量 a_p=2.5 mm，主轴转速 n=400 r/min。

2）精铣时，进给速度 f =80 mm/min，背吃刀量 a_p=0.5 mm，主轴转速 n= 450 r/min。

（6）填写数控加工工序卡片（见表 4-21）

表 4–21　　数控加工工序卡

<table>
<tr><td rowspan="2" colspan="2">单位名称</td><td rowspan="2" colspan="2">××××</td><td colspan="2">产品名称</td><td>零件名称</td><td>零件图号</td></tr>
<tr><td colspan="2">××××</td><td>××××</td><td>×××</td></tr>
<tr><td>工序号</td><td colspan="2">程序编号</td><td colspan="2">夹具</td><td colspan="2">使用设备</td><td>车间</td></tr>
<tr><td>××</td><td colspan="2">××××</td><td colspan="2">机用虎钳</td><td colspan="2">数控铣床</td><td>×××</td></tr>
<tr><td>工步号</td><td>工步内容</td><td>刀具号</td><td>刀具规格 / mm</td><td>主轴转速 / （r · min^{-1}）</td><td>进给速度 / （mm · min^{-1}）</td><td>背吃刀量 / mm</td><td>备注</td></tr>
<tr><td>1</td><td>粗铣上平面</td><td>T01</td><td>ϕ100</td><td>400</td><td>100</td><td>2.5</td><td>自动</td></tr>
<tr><td>2</td><td>精铣上平面</td><td>T02</td><td>ϕ200</td><td>450</td><td>80</td><td>0.5</td><td>自动</td></tr>
<tr><td>编制</td><td></td><td>审核</td><td></td><td>批准</td><td></td><td>年　月　日</td><td>共　页</td><td>第　页</td></tr>
</table>

2. 编制加工程序

选择毛坯上表面为 *Z* 轴原点，工件对称中心为 *X* 轴和 *Y* 轴原点，平面铣削的程序如下。

（1）平面粗铣（见表 4–22）

表 4–22　　参考程序

参考程序	注　释
O4011；	程序名
N10 G54 G21 G90；	选择 G54 工件坐标系
N20 M03 S400；	主轴正转，转速为 400 r/min
N30 G00 X160.0 Y–40.0 M08；	刀具快速接近工件，切削液开
N40 G01 Z–2.5 F1000；	*Z* 向进给 –2.5 mm，留 0.5 mm 精加工余量
N50 G01 X–180.0 F100；	第一刀粗加工上表面
N60 G00 Z20.0；	抬刀至 *Z*20.0 位置
N70 X160.0 Y40.0；	刀具移至（160.0，40.0）
N80 G01 Z–2.5 F1000；	*Z* 向进刀
N90 G01 X–180.0 F100；	第二刀粗加工上表面
N100 G00 Z100.0 M09；	抬刀，关切削液
N110 M30；	程序结束并复位

（2）平面精铣（见表 4–23）

表 4–23 参考程序

参考程序	注　释
O4012；	程序名
N10 G55 G21 G90；	选择 G55 工件坐标系
N20 M03 S450；	主轴正转，转速为 450 r/min
N30 G00 X210.0 Y0；	刀具接近工件
N40 G01 Z–3.0 M08 F1000；	刀具移到 Z–3.0 位置
N50 G01 X–210.0 F80；	精加工上表面
N60 G00 Z100.0；	抬刀至 Z100.0 位置
N70 M05 M09；	主轴停转，切削液关
N80 M30；	程序结束并复位

3. 加工准备

（1）开机，返回机床参考点。

（2）装夹工件，露出待加工的部位，以免刀头碰到夹具；用百分表校检工件基准面的水平误差和垂直误差，并确保夹紧后的定位精度。

（3）对刀

采用寻边器对刀，其详细步骤如下。

1）*X*、*Y* 向对刀

①快速移动工作台和主轴，让寻边器测头靠近工件左侧。

②改用微调操作，让测头慢慢接触到工件左侧，直到寻边器发光，记下此时机床坐标系中的 *X* 坐标值，如 –310.300。

③抬起寻边器至工件上表面之上，快速移动工作台和主轴，让测头靠近工件右侧。

④改用微调操作，让测头慢慢接触到工件右侧，直到寻边器发光，记下此时机床坐标系中的 *X* 坐标值，如 –100.300。

⑤工件坐标系 *X* 轴原点在机床坐标系中的 *X* 坐标值为（–310.300–100.300）/2=–205.300。

⑥同理可测得工件坐标系 *Y* 轴原点在机床坐标系中的 *Y* 坐标值。

2）*Z* 向对刀

①卸下寻边器，将加工所用 T01 刀具装入主轴。

②将 *Z* 轴设定器（或固定高度的对刀块，以下同）放置在工件上平面上。

③快速移动 *Z* 轴，让刀具端面靠近 *Z* 轴设定器上表面。

④改用微调操作，让刀具端面慢慢接触到 *Z* 轴设定器上表面，直到其指针指示到零位。

⑤记下此时机床坐标系中的 *Z* 值，如 –250.800。

⑥若 *Z* 轴设定器的高度为 50 mm，则工件坐标系 *Z* 轴原点在机床坐标系中的 *Z* 坐标值为 –250.800–50=–300.800。

⑦同理可测得 T02 刀具在机床坐标系中的 *Z* 坐标值。

（4）将测得的 *X* 值、*Y* 值、*Z* 值输入机床工件坐标系 G54、G55 存储地址中，并认真检查零点偏置数据的正确性。

（5）输入程序并进行校验

在编辑方式下，选取 PROGRAM 画面，键入顺序为：

O，4，0，1，1，INSERT 键

EOB 键，INSERT 键

N10 G54 G21 G90 EOB 键，INSERT 键

N20 M03 S400 EOB 键，INSERT 键

N30 G00 X160.0 Y–40.0 M08 EOB 键，INSERT 键

N40 G01 Z–2.5 F1000 EOB 键，INSERT 键

N50 G01 X–180.0 F100 EOB 键，INSERT 键

N60 G00 Z20.0 EOB 键，INSERT 键

N70 X160.0 Y40.0 EOB 键，INSERT 键

N80 G01 Z–2.5 F1000 EOB 键，INSERT 键

N90 G01 X–180.0 F100 EOB 键，INSERT 键

N100 G00 Z100.0 M09 EOB 键，INSERT 键

N110 M30 EOB 键，INSERT 键

用同样的方法，将 O4012 号程序输入数控系统中。对照程序单，逐行检查输入程序的对错。

4. 工件加工

将 O4011 号程序置为当前加工程序，并使光标移到程序开始位置。然后按操作面板上的循环启动按钮，系统执行加工程序粗铣工件上表面。加工完毕后，仔细检查加工尺寸是否合格。若合格，则运行 O4012 号程序进行精加工。若不合格，修正 O4012 号程序中的 *Z* 坐标值，或修正 G55 坐标系中的 *Z* 坐标值，使其满足加工尺寸要求；修正后，再运行 O4012 号程序进行精加工。

提 示

（1）执行每一个程序前检查其所用的刀具，检查切削参数是否合适，开始加工时宜把进给速度调至最小，密切观察加工状态，若有异常现象要及时停机检查。

（2）在加工过程中不断优化加工参数，使其达到最佳加工效果。粗加工后检查工件是否松动，检验工件尺寸，所留精加工余量是否正确，上平面与基准面是否平行。

（3）精加工后检验工件尺寸、平面度、平行度及表面粗糙度是否符合图样要求，调整加工参数，直至工件与图样、工艺要求相符。

任务测评

对加工完的工件进行测量，将检测结果填入表 4–24，对照评分标准进行任务评价。

表 4–24　　　　任务测评表

姓名		班级			成绩		
序号	项目	考核内容	评分标准	配分	检测手段	检测结果	得分
1	长度	$50_{-0.1}^{0}$ mm	超差 0.01 mm 扣 5 分	30	游标卡尺		
2	平行度	0.04 mm	超差 0.01 mm 扣 5 分	20	百分表		
3	平面度	0.06 mm	超差 0.01 mm 扣 5 分	20	百分表		
4	表面粗糙度	*Ra*3.2 μm	降级不得分	20	样块比较		
5	文明生产		按有关规定，每违反一次扣 3 分，扣分不超过 10 分				
加工时间	120 min		开始时间		结束时间		
监考			检查员		记录员		

实训课题 2　外轮廓加工

工作任务

加工如图 4–57 所示零件（沿用课题 1 所用材料），由于该零件六个表面均已加工，现要在数控铣床 / 加工中心上加工图中所示轮廓。通过本课题学习，进一步熟悉数控铣床 / 加工中心的基本操作，并学会用数控铣床 / 加工中心加工轮廓类零件。

任务准备

1. 工、量具及材料准备

（1）游标卡尺、游标深度卡尺、百分表、圆弧样板、表面粗糙度样块、寻边器、*Z* 轴设定器、*ϕ*40 mm 粗齿立铣刀、*ϕ*40 mm 中齿立铣刀、立铣刀刀柄、垫铁、纯铜片若干、机用虎钳。

（2）沿用课题 1 所用材料。

2. 机床准备

数控铣床 / 加工中心（配 FANUC 0i 系统）。

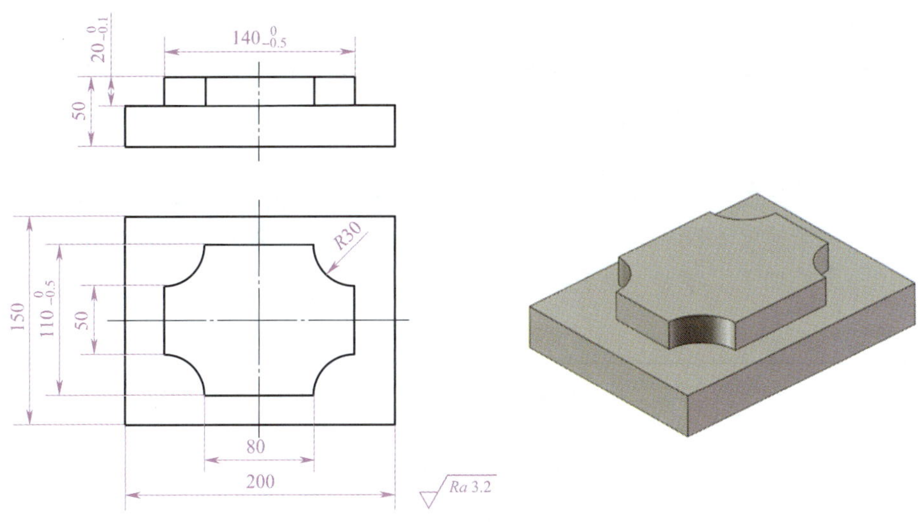

图 4-57　外轮廓加工零件图

1. 制定加工工艺

（1）确定零件的装夹方式

由于该毛坯结构为矩形，宜用铣床用机用虎钳装夹。

（2）确定加工顺序

由于去除毛坯余量比较大，按照粗、精加工分开原则确定加工顺序，先用粗齿立铣刀进行粗加工，再用中齿立铣刀进行精加工。

（3）确定进给路线

根据加工轮廓，确定如图 4-58 所示进给路线：1→2→3→4→5→6→7→8→9→10→11→12→13→14，切削起点选 1（*X*-80.0，*Y*-100.0）点，顺时针方向加工，切削终点选 14（*X*-130.0，*Y*-25.0）点。

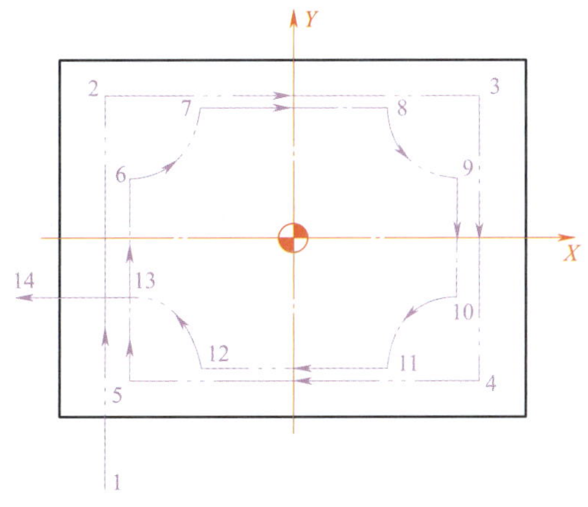

图 4-58　进给路线

（4）刀具的选择

由于零件材料为 45 钢，可加工性能较好，宜选用高速钢立铣刀，可选 ϕ40 mm 粗齿立铣刀和 ϕ40 mm 中齿立铣刀进行粗、精加工。

（5）切削用量的选择

粗加工：进给速度 f=80 mm/min，背吃刀量 a_p=5 mm，主轴转速 n=600 r/min。

精加工：进给速度 f=80 mm/min，背吃刀量 a_p=0.5 mm，主轴转速 n=800 r/min。

（6）填写数控加工工序卡（见表 4–25）

表 4–25　　　　数控加工工序卡

单位名称	××××	产品名称		零件名称		零件图号	
		××××		××××		××	
工序号	程序编号	夹具		使用设备		车间	
××	××××	机用虎钳		×××××		×××	
工步号	工步内容	刀具号	刀具规格 /mm	主轴转速 /（$r \cdot min^{-1}$）	进给速度 /（$mm \cdot min^{-1}$）	背吃刀量 /mm	备注
1	粗铣轮廓	T01	ϕ40	600	80	5.0	自动
2	精铣轮廓	T02	ϕ40	800	80	0.5	自动
编制		审核		批准	年　月　日	共　页	第　页

2. 编制加工程序

X、Y 原点选在工件中心，Z 轴原点取工件上平面。其加工程序见表 4–26。

表 4–26　　　　参考程序

参考程序	注　释
O4013；	程序名
N10 G54 G90 G17 G40；	程序初始化，并建立工件坐标系
N20 M03 S600；	主轴正转，转速为 600 r/min
N30 G00 X–120.0 Y–100.0；	刀具快速靠近工件
N40 G00 Z2.5；	Z 向进刀
N50 M98 P44202；	调用 O4202 号子程序 4 次，进行粗加工
N60 G00 Z100.0；	Z 向退刀
N70 M05；	主轴停转
N80 M00；	程序暂停，换精加工立铣刀
N90 G55 G90 G17 G40；	程序初始化，并建立工件坐标系
N100 M03 S800；	主轴正转，转速为 800 r/min

续表

参考程序	注　释
N110 G00 X-120.0 Y-100.0;	刀具快速靠近工件
N120 Z-13.0;	*Z* 向进刀
N130 M98 P4202;	调用 O4202 号子程序进行精加工
N140 G00 Z100.0;	*Z* 向退刀
N150 X0.0 Y0.0;	*X*、*Y* 向回程序原点
N160 M30;	程序结束
O4202;	子程序名
N10 G91 G01 Z-7.0;	*Z* 向进刀
N20 G90 G41 G00 X-80.0 Y-100.0 D01;	快速靠近工件
N30 G01 Y60.0 F80;	加工 1 → 2
N40 X80.0;	2 → 3
N50 Y-60.0;	3 → 4
N60 X-70.0;	4 → 5
N70 Y25.0;	5 → 6
N80 G03 X-40.0 Y55.0 R30 .0 ;	6 → 7
N90 G01 X40.0 Y55.0;	7 → 8
N100 G03 X70.0 Y25.0 R30.0 ;	8 → 9
N110 G01 X70.0 Y-25.0;	9 → 10
N120 G03 X40.0 Y-55.0 R30.0;	10 → 11
N130 G01 X-40.0 Y-55.0;	11 → 12
N140 G03 X-70.0 Y-25.0 R30.0;	12 → 13
N150 G01 X-125.0 F100;	13 → 14
N160 G91 G00 Z2.0;	*Z* 向退刀
N170 G90 G00 G40 X-120.0 Y-100.0;	取消刀具半径补偿，退至安全点
N180 M99;	子程序结束

运用 G41、G42 刀具半径补偿功能加工工件轮廓时，直接利用图样上的坐标值进行编程，修改刀具半径补偿单元 D01 中输入的刀具半径，进行粗、精加工。

3. 加工操作

（1）加工准备

1）阅读零件图，检查毛坯尺寸。

2）开机，返回机床参考点。

3）输入程序并检查程序正误。

4）装夹工件，露出待加工部位，以免刀头碰到夹具；用百分表校检工件基准面的水平误差和垂直误差，并确保夹紧后的定位精度。

（2）对刀、设定工件坐标系

1）*X*、*Y* 向对刀

通过寻边器进行对刀，得到 *X*、*Y* 零偏置值，并输入 G54、G55 中。

2）*Z* 向对刀

本例采用两把刀具加工外轮廓，零件的上表面被设定为 *Z*=0 面。可以借助 *Z* 轴对刀仪对刀，分别测出两把刀具至零件上表面的距离，并将测得的 *Z* 值输入 G54 和 G55 中。

（3）输入刀具半径补偿值

将刀具半径补偿值输入对应的半径补偿单元 D01 中。

（4）程序调试

将工件坐标系的 *Z* 值正方向平移 50 mm，按下循环启动按钮，适当降低进给速度，检查刀具运动是否正确。

（5）工件加工

将工件坐标系的 *Z* 值恢复原值，进给速度旋钮旋到低挡，按下循环启动按钮。机床加工时适当调整主轴转速和进给速度，保证加工正常。

（6）尺寸测量

程序执行完毕，*Z* 轴返回设定高度，机床自动停止。检查工件外轮廓尺寸是否合格，若不合格需修改补偿值后再加工，直至合格为止。

（7）结束加工

松开夹具，卸下工件，清理机床。

任务测评

对加工完的工件进行测量，将检测结果填入表 4–27，对照评分标准进行任务评价。

表 4–27　　任务测评表

姓名		班级		成绩			
序号	项目	考核内容	评分标准	配分	检测手段	检测结果	得分
1	长度	$20_{-0.1}^{0}$ mm	超差 0.01 mm 扣 2 分	20	游标深度卡尺		
2		$110_{-0.5}^{0}$ mm	超差 0.1 mm 扣 2 分	15	游标卡尺		

续表

序号	项目	考核内容	评分标准	配分	检测手段	检测结果	得分
3	长度	$140_{-0.5}^{0}$ mm	超差 0.1 mm 扣 2 分	10	游标卡尺		
4		30 mm	超差 0.1 mm 扣 2 分	5	游标深度卡尺		
5		20 mm	超差 0.1 mm 扣 2 分	5	游标深度卡尺		
6		80 mm（2 处）	超差 0.1 mm 扣 2 分	5	游标卡尺		
7	圆弧	*R*30 mm（4 处）	不合格不得分	20	圆弧样板		
8	表面粗糙度	*Ra*3.2 μm	降级不得分	10	样块比较		
9	文明生产		按有关规定，每违反一次扣 3 分，扣分不超过 10 分				
加工时间		120 min	开始时间		结束时间		

实训课题 3　孔 的 加 工

加工如图 4–59 所示零件上的 4 个 ϕ20H7 孔和 1 个 ϕ40H7 孔（沿用课题 2 所用材料），并保证零件尺寸精度和表面粗糙度。通过本课题学习，进一步熟悉数控铣床 / 加工中心的基本操作，并掌握孔加工的基本技能。

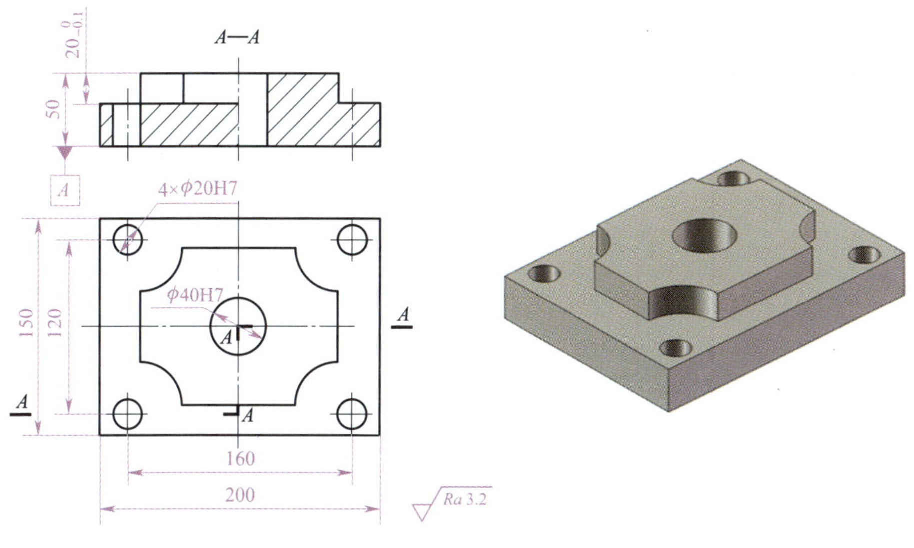

图 4–59　孔加工零件图

1. 工、量具及材料准备

（1）游标卡尺、塞规、内径百分表、表面粗糙度样块、A2 mm 中心钻、ϕ19.6 mm 麻花钻、ϕ38 mm 麻花钻、ϕ20 mm 铰刀、ϕ25 mm 内孔镗刀、寻边器、*Z* 轴设定器、垫铁、纯铜片若干、机用虎钳。

（2）沿用课题 2 所用材料。

2. 机床准备

数控铣床 / 加工中心（配 FANUC 0i 系统）。

1. 制定加工工艺

（1）确定零件的装夹方式

由于该零件结构及其所对应的毛坯结构均为矩形，宜用铣床用机用虎钳装夹，为避免钻到钳身可加适当厚度的垫板。

（2）确定加工顺序

加工顺序为：钻 5 个中心孔→钻 5 个 ϕ19.6 mm 通孔→铰 4 个 ϕ20 mm 通孔→钻 1 个 ϕ38 mm 通孔→粗镗 1 个 ϕ39.6 mm 通孔→精镗 1 个 ϕ40 mm 通孔。

（3）确定进给路线（见图 4–60）

1）按 1、2、3、4、5 顺序钻中心孔。

2）按 1、2、3、4、5 顺序钻 5 个 ϕ19.6 mm 通孔。

3）按 1、2、3、4 顺序铰 4 个 ϕ20 mm 通孔。

4）钻中心位置 ϕ38 mm 通孔。

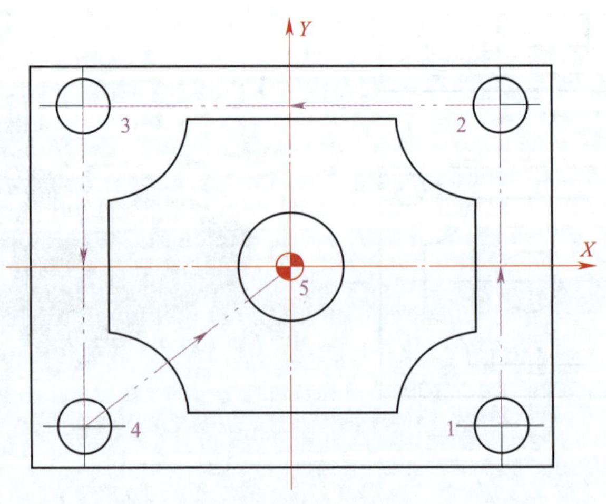

图 4–60 进给路线

5）粗镗中心位置 ϕ39.6 mm 通孔。

6）精镗中心位置 ϕ40 mm 通孔。

（4）刀具的选择

1）用 A2 中心钻钻中心孔。

2）用 ϕ19.6 mm 麻花钻钻削 5 个通孔。

3）用 ϕ20 mm 铰刀铰削 4 个 ϕ20H7 通孔。

4）用 ϕ38 mm 麻花钻钻削中心位置 ϕ38 mm 通孔。

5）用 ϕ25 mm 内孔镗刀粗、精镗 ϕ40H7 通孔。

（5）填写数控加工工序卡（见表 4–28）

表 4–28　　数控加工工序卡

<table>
<tr><td rowspan="2">单位名称</td><td colspan="2" rowspan="2">×××</td><td colspan="3">产品名称</td><td colspan="2">零件名称</td><td>零件图号</td></tr>
<tr><td colspan="3">××××</td><td colspan="2">××××</td><td>××</td></tr>
<tr><td colspan="2">工序号</td><td>程序编号</td><td colspan="2">夹具</td><td colspan="2">使用设备</td><td colspan="2">车间</td></tr>
<tr><td>××</td><td colspan="2">××××</td><td colspan="2">机用虎钳</td><td colspan="2">加工中心</td><td colspan="2">××</td></tr>
<tr><td>工步号</td><td>工步内容</td><td>刀具号</td><td>刀具规格 / mm</td><td>主轴转速 / （r · min⁻¹）</td><td>进给速度（mm · min⁻¹）</td><td>背吃刀量 / mm</td><td>备注</td></tr>
<tr><td>1</td><td>钻中心孔</td><td>T01</td><td>A2</td><td>1000</td><td>80</td><td>2.0</td><td></td></tr>
<tr><td>2</td><td>钻 5 个 φ19.6 mm 通孔</td><td>T02</td><td>φ19.6</td><td>500</td><td>50</td><td>9.8</td><td></td></tr>
<tr><td>3</td><td>铰 4 个 φ20 H7 通孔</td><td>T03</td><td>φ20</td><td>150</td><td>50</td><td>0.2</td><td></td></tr>
<tr><td>4</td><td>钻 φ38 mm 通孔</td><td>T04</td><td>φ38</td><td>500</td><td>50</td><td>9.2</td><td></td></tr>
<tr><td>5</td><td>粗镗 φ40H7 通孔</td><td>T05</td><td>φ25</td><td>600</td><td>50</td><td>0.8</td><td></td></tr>
<tr><td>6</td><td>精镗 φ40H7 通孔</td><td>T05</td><td>φ25</td><td>800</td><td>50</td><td>0.2</td><td></td></tr>
<tr><td>编制</td><td></td><td>审核</td><td></td><td>批准</td><td></td><td>年　月　日</td><td>共　页</td><td>第　页</td></tr>
</table>

2. 编制加工程序

X 轴、*Y* 轴原点选在工件中心，*Z* 轴原点取工件上平面。其加工程序见表 4–29。

表 4–29　　参考程序

参考程序	注　释
O4014；	程序名
N10 G90 G80 G40 G49 G17 G54；	程序初始化，采用 G54 坐标系
N20 M06 T01；	换中心钻
N30 M03 S1000；	主轴正转，转速为 1000 r/min
N40 G43 G00 Z50.0 H01；	建立 01 号长度补偿，钻中心孔
N50 X80.0 Y–60.0；	快速定位到点（80.0，–60.0）

续表

参考程序	注　释
N60 G99 G81 Z-22.0 R0 F80;	用 G81 指令钻第一个定位孔
N70 X80.0 Y60.0;	钻第二个定位孔
N80 X-80.0 Y60.0;	钻第三个定位孔
N90 X-80.0 Y-60.0;	钻第四个定位孔
N100 X0 Y0 Z-2.0 R3.0;	钻第五个定位孔
N110 G49 G80 G00 Z150.0;	取消孔加工固定循环，快速退刀到 *Z*150.0
N120 M05;	主轴停
N130 M06 T02;	换 ϕ19.6 mm 麻花钻
N140 M03 S500;	主轴正转，转速为 500 r/min
N150 G43 G00 Z50.0 H02;	建立 02 号长度补偿，快速定位到 *Z*50.0
N160 X80.0 Y-60.0;	快速定位到点（80.0，-60.0）
N170 G99 G83 Z-52.0 R3.0 F50;	用 G83 指令钻第一个孔
N180 X80.0 Y60.0;	钻第二个孔
N190 X-80.0 Y60.0;	钻第三个孔
N200 X-80.0 Y-60.0;	钻第四个孔
N210 X0 Y0;	钻第五个孔
N220 G49 G80 G00 Z150.0;	取消孔加工固定循环，快速退刀到 *Z*150.0
N230 M05;	主轴停
N240 M06 T03;	换 ϕ20 mm 铰刀
N250 M03 S150;	主轴正转，转速为 150 r/min
N260 G43 G00 Z50.0 H03;	建立 03 号长度补偿，快速定位到 *Z*50.0
N270 X80.0 Y-60.0;	快速定位到点（80.0，-60.0）
N280 G99 G81 Z-52.0 R3.0 F50;	用 G81 指令铰第一个孔
N290 X80.0 Y60.0;	铰第二个孔
N300 X-80.0 Y60.0;	铰第三个孔
N310 X-80.0 Y-60.0;	铰第四个孔
N320 G49 G80 G00 Z150.0;	取消孔加工固定循环，快速退刀到 *Z*150.0
N330 M05;	主轴停
N340 M06 T04;	换 ϕ38 mm 麻花钻
N350 M03 S500;	主轴正转，转速为 500 r/min

续表

参考程序	注　释
N360 G43 G00 Z50.0 H04；	建立 04 号长度补偿，快速定位到 Z50.0
N370 X0.0 Y0.0；	快速定位到点（0.0，0.0）
N380 G99 G81 Z-52.0 R3.0 F50；	用 G81 指令钻中心 ϕ38 mm 通孔
N390 G49 G80 G00 Z150.0；	取消孔加工固定循环，快速退刀到 Z150.0
N400 M05；	主轴停
N410 M06 T05；	换镗孔刀
N420 M03 S600；	主轴正转，转速为 600 r/min
N430 G43 G00 Z50.0 H05；	建立 05 号长度补偿，快速定位到 Z50.0
N440 G99 G76 X0.0 Y0.0 Z-52.0 Q0.8 R3.0 F50；	粗镗 ϕ40H7 通孔
N450 M03 S800；	主轴正转，转速为 800 r/min
N460 G99 G76 X0.0 Y0.0 Z-52.0 Q1.0 R3.0 F50；	精镗 ϕ40H7 通孔
N470 G49 G80 G00 Z150.0；	取消孔加工固定循环，快速退刀到 Z150.0
N480 M30；	程序结束并复位

3. 加工操作

（1）加工准备

1）阅读零件图，检查坯料尺寸。

2）开机，返回机床参考点。

3）输入程序并检查程序正误。

4）装夹工件。为避免钻到钳身，在工件底部垫 5 mm 厚度的垫板，并用百分表校检工件基准面的水平误差和垂直误差，确保夹紧后的定位精度。

（2）对刀、设定工件坐标系

1）X、Y 向对刀

通过寻边器进行对刀，得到 X、Y 零偏置值，并输入到 G54 中。

2）Z 向对刀

本例采用五把刀具加工孔，零件的上表面被设定为 Z=0 面。将 T01 作为基准刀，然后通过 Z 轴对刀仪对刀，测出 T01 至零件上表面的距离，并将测得的 Z 值输入到 G54。再测出其他四把刀与 T01 的长度差值，调出刀具参数表，将上述长度差值依次输入到 H02、H03、H04、H05 中，并将 0 值输入到 H01 里。

（3）程序调试

将工件坐标系的 Z 值正方向平移 50 mm，按下循环启动键，适当降低进给速度，检查刀具运动是否正确。

（4）工件加工

将工件坐标系的 Z 值恢复原值，进给速度旋钮旋到低挡，按下循环启动键。机床加工时适当调整主轴转速和进给速度，保证加工正常。

（5）尺寸测量

程序执行完毕后，Z 轴返回到设定高度，机床自动停止。用塞规、内径百分表检查孔的尺寸是否合格，若不合格需修改补偿值再加工，直至合格为止。

（6）结束加工

松开夹具，卸下工件，清理机床。

任务测评

对加工完的工件进行测量，将检测结果填入表 4–30，对照评分标准进行任务评价。

表 4–30　　任务测评表

姓名		班级			成绩		
序号	项目	考核内容	评分标准	配分	检测手段	检测结果	得分
1	长度	160 mm（2 处）	不合格不得分	20	游标卡尺		
2		120 mm（2 处）	不合格不得分	20	游标卡尺		
3	直径	ϕ20H7（4 处）	不合格不得分	20	塞规		
4		ϕ40H7	不合格不得分	20	内径百分表		
5	表面粗糙度	Ra3.2 μm	降级不得分	10	样块比较		
6	文明生产		按有关规定，每违反一次扣 3 分，扣分不超过 10 分				
加工时间		180 min	开始时间		结束时间		

第五章 数控仿真加工

§5-1 数控加工仿真软件的使用

常用的数控加工仿真软件有斐克数控仿真系统、斯沃数控仿真系统、宇航数控仿真系统和宇龙数控仿真系统等，虽然这些仿真系统各有特点，但其操作却大同小异。下面以宇龙数控仿真系统为例介绍数控仿真软件的使用。

宇龙数控仿真系统是上海宇龙软件公司开发的含有数控车、数控铣和加工中心多种数控系统的仿真操作软件，目前常用的软件版本为“宇龙数控加工仿真软件 V5.0 版”，其数控铣床 FANUC 0i Mate 系统操作界面如图 5-1 所示。

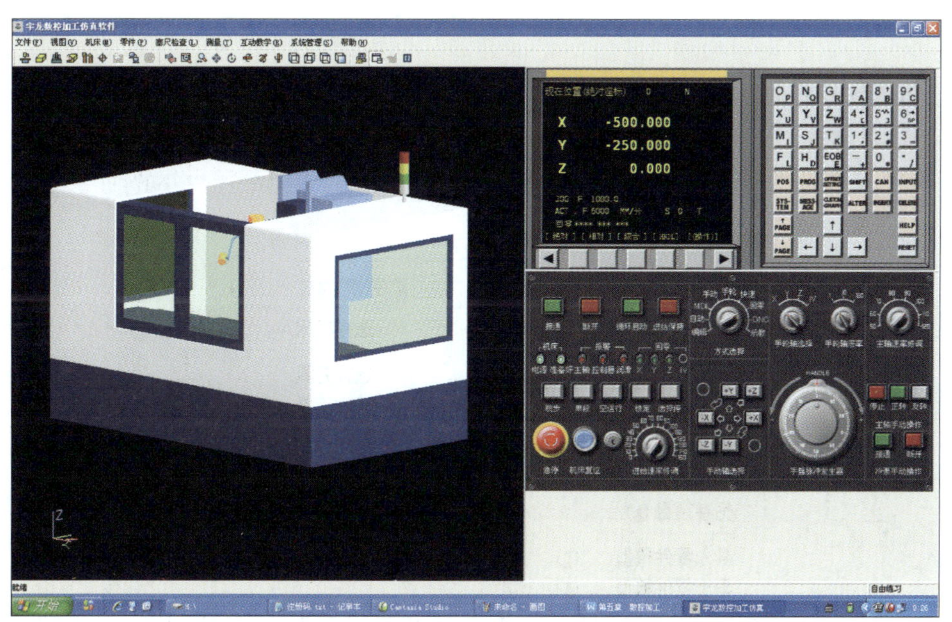

图 5-1　宇龙数控仿真系统（FANUC 系统）操作界面

一、宇龙数控仿真系统操作界面简介

1. 启动宇龙数控仿真系统

（1）单击［开始］/［所有程序］/［数控加工仿真系统］/［加密锁管理程序］，打开宇

龙数控仿真系统加密锁管理程序，此时在教师机右下角出现“ ”图标。

注意：一定要启动加密锁管理程序后才能启动用户界面。

（2）单击［开始］/［所有程序］/［数控加工仿真系统］/［数控加工仿真系统］，出现如图 5–2 所示用户登录界面，此时无须填写【用户名】和【密码】，直接单击【快速登录】登录数控仿真系统，此时仿真软件的操作界面如图 5–2 所示。

宇龙数控加工仿真软件 V5.0
上海宇龙软件工程有限公司
用户名:
密 码:
快速登录
确 定
取 消

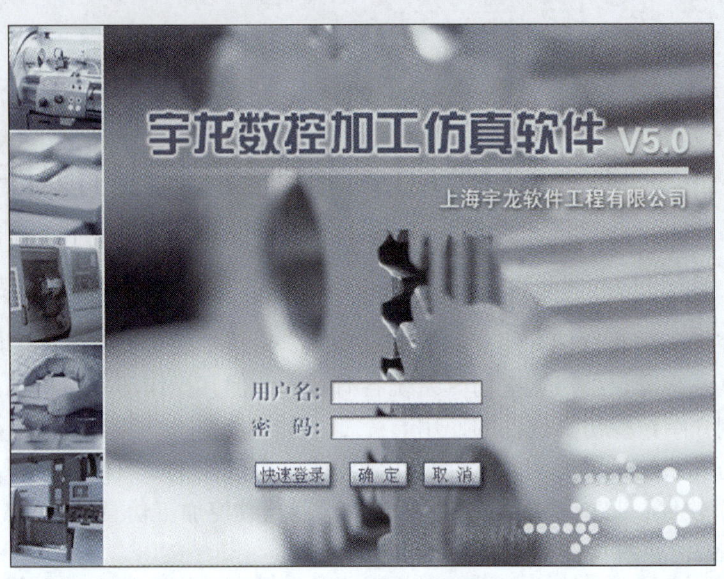

图 5–2 用户登录界面

2. 仿真软件界面

（1）仿真软件的主菜单

主菜单为下拉式菜单，部分下拉菜单的展开图如图 5–3 所示，可根据需要选择其中的一个。

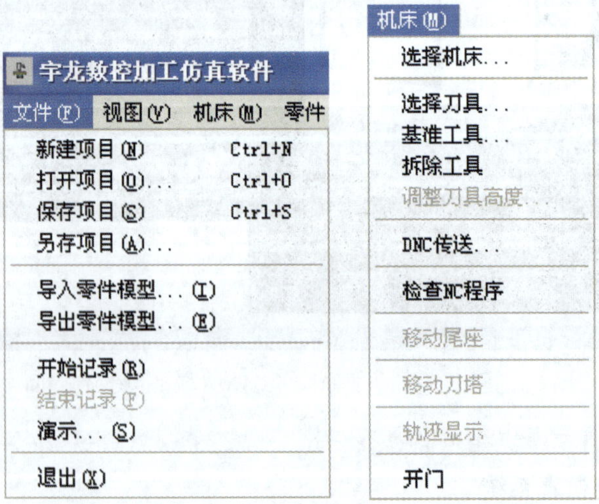

宇龙数控加工仿真软件
文件(F) 视图(V) 机床(M) 零件
新建项目(N) Ctrl+N
打开项目(O)... Ctrl+O
保存项目(S) Ctrl+S
另存项目(A)...
导入零件模型...(I)
导出零件模型...(E)
开始记录(R)
结束记录(F)
演示...(S)
退出(X)
机床(M)
选择机床...
选择刀具...
基准工具...
拆除工具
调整刀具高度...
DNC传送...
检查NC程序
移动尾座
移动刀塔
轨迹显示
开门

图 5–3 下拉菜单展开图

（2）仿真软件的工具栏

宇龙数控加工仿真软件的工具栏及其功能如图 5–4 所示。这些工具栏是下拉菜单的快捷方式，在仿真软件的操作过程中应尽量选用这些工具栏。

图 5–4　工具栏及其功能

（3）仿真软件的机床操作面板

宇龙数控加工仿真软件的机床操作面板是根据相应系统数控机床的实际操作面板定制而成。

（4）仿真软件的机床显示

根据所选择的不同类型的机床，在机床显示区域将显示相应的数控机床。

3. 各种按钮及旋钮的操作方法

（1）按钮操作

对于如图 5–5 所示的各种按钮，用鼠标左键单击即可使该按钮处于接通状态，再次用鼠标左键单击即可松开该按钮。

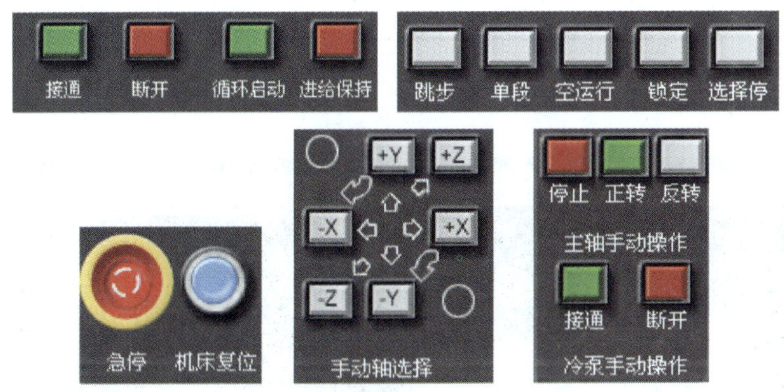

图 5–5　各种按钮

（2）旋钮操作

对于如图 5–6 所示的各种旋钮及如图 5–7 所示的手摇脉冲发生器，用鼠标左键单击可使旋钮逆时针旋转，用鼠标右键单击可使旋钮顺时针旋转。

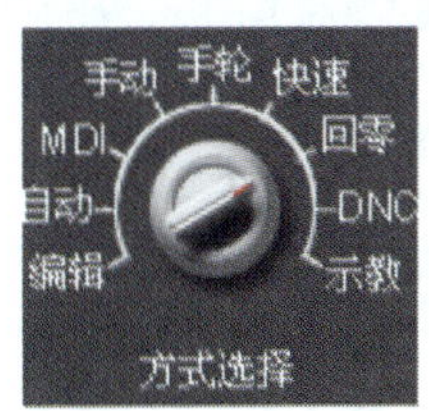

图 5–6　各种旋钮

（3）MDI 功能面板操作

仿真软件中的 MDI 功能面板和真实数控系统相对应的 MDI 功能面板完全相同，只需用鼠标左键单击某一功能键即可实现该功能键的相应操作。

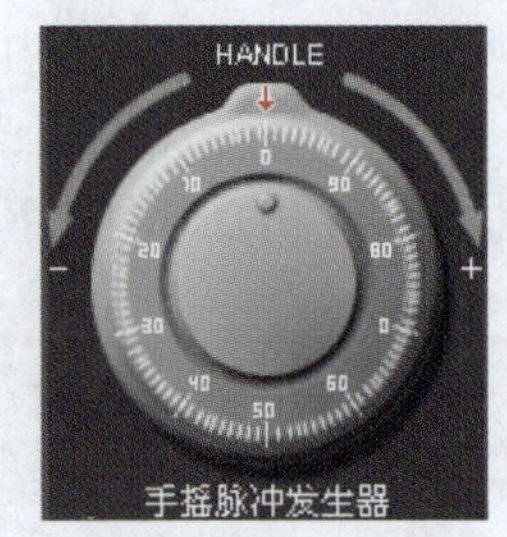

图 5-7　手摇脉冲发生器

二、宇龙数控仿真系统数控车床的操作

1. 选择机床和数控系统

（1）单击下拉菜单［机床］/［选择机床…］或直接单击工具栏图标“ ”，弹出如图 5-8a 所示选择机床界面。

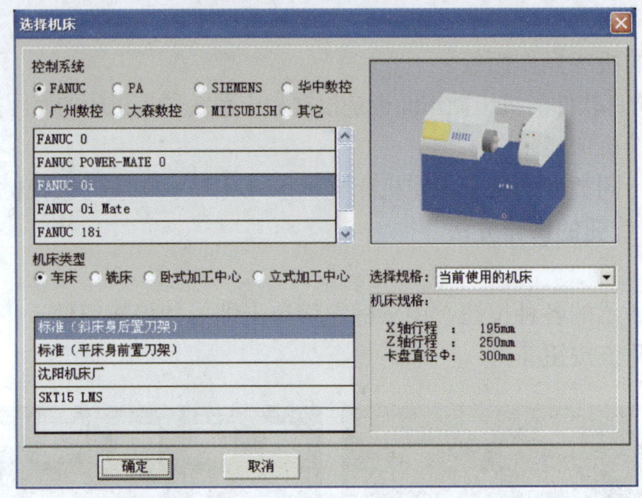

a）

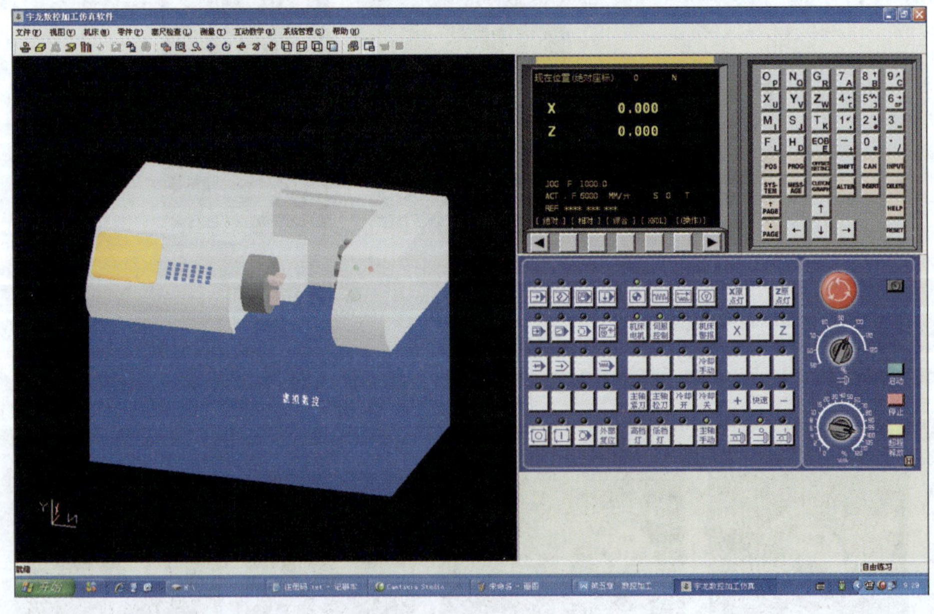

b）

图 5-8　选择机床

a）选择机床界面　b）FANUC0i 界面

（2）在图 5-8a 所示界面中，“控制系统”选中 FANUC 系统“FANUC”，再在次级菜单中选中 FANUC 0i 系统；“机床类型”选中车床“车床”，再在次级菜单中选中标准（斜床身后置刀架）。然后单击【确定】，系统弹出如图 5-8b 所示界面，完成机床和数控系统的选择。

2. 机床开机回参考点

（1）在图 5-8b 所示机床操作面板中单击红色急停按钮“ ”，此时机床报警指示灯“机床警报”熄灭。

（2）在机床操作面板中单击“启动”，此时“机床电机 伺服控制”指示灯变亮。

（3）单击回参考点图标“ ”，其指示灯变亮；选择“X”轴，使其指示灯变亮；再选择图标“+ 快速 -”中的“+”，使 X 轴返回参考点。用同样的方法使 Z 轴返回参考点。

（4）返回参考点后，仿真系统的显示屏显示如图 5-9 所示界面。

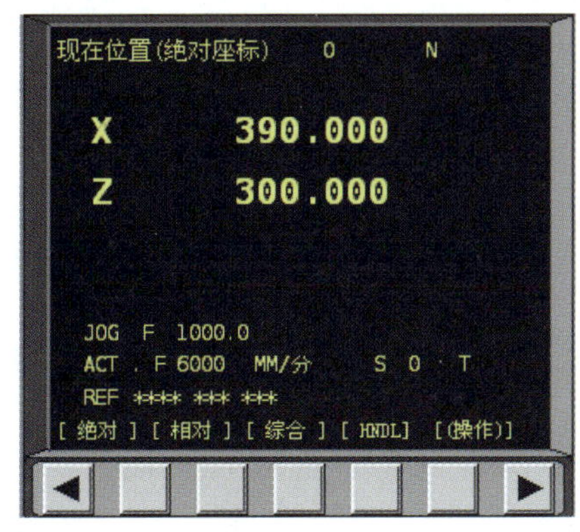

图 5-9　返回参考点后的显示

3. 安装工件

（1）单击下拉菜单［零件］/［定义毛坯…］或直接单击工具栏图标“ ”，弹出如图 5-10 所示“定义毛坯”对话框。图中的【形状】选项选中“U形”，出现如图 5-11 所

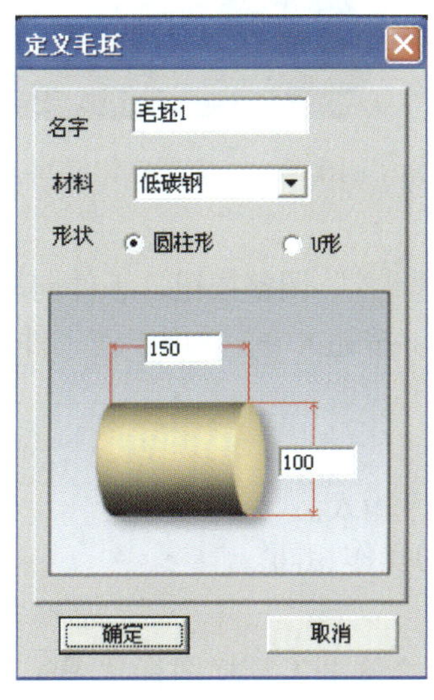

图 5-10　“定义毛坯”对话框

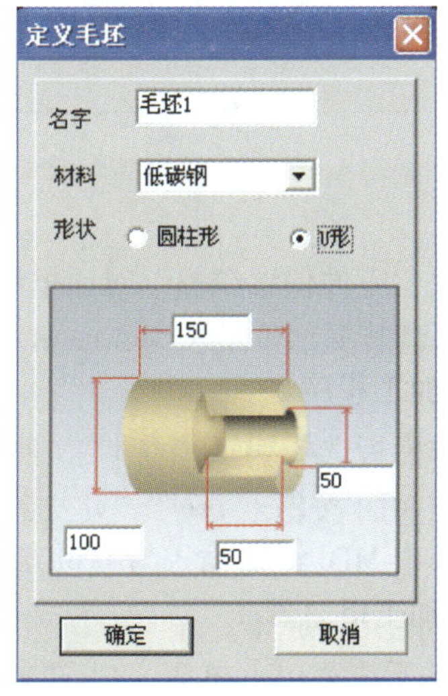

图 5-11　定义“U 形”毛坯对话框

示“U 形”毛坯对话框，根据图中对应的各项参数设置 ϕ60 mm × 82 mm 并预钻出 ϕ20 mm 通孔的毛坯。

（2）单击下拉菜单［零件］/［放置零件…］或直接单击工具栏图标“ ”，弹出如图 5–12 所示“选择零件”对话框，选中上一步定义的毛坯后选择【安装零件】，弹出如图 5–13 所示“零件位置调整”对话框。

（3）调整工件的伸出量后，单击【退出】，完成工件安装。工件安装完成后，单击工具栏中的局部放大“ ”图标，框选三爪自定心卡盘局部，放大后的工件位置如图 5–14 所示。

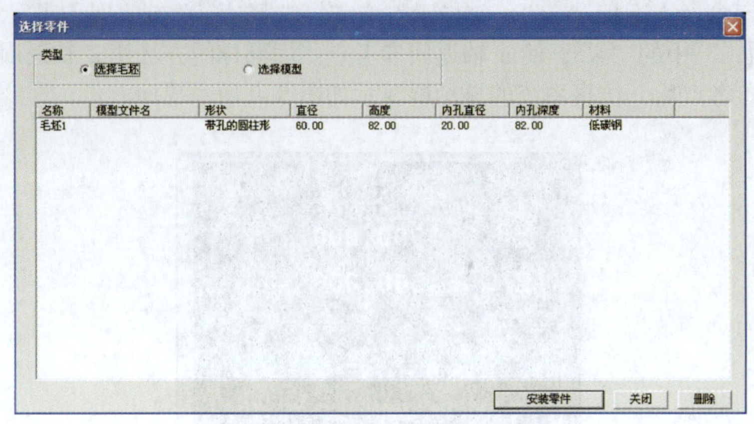

图 5–12 “选择零件”对话框

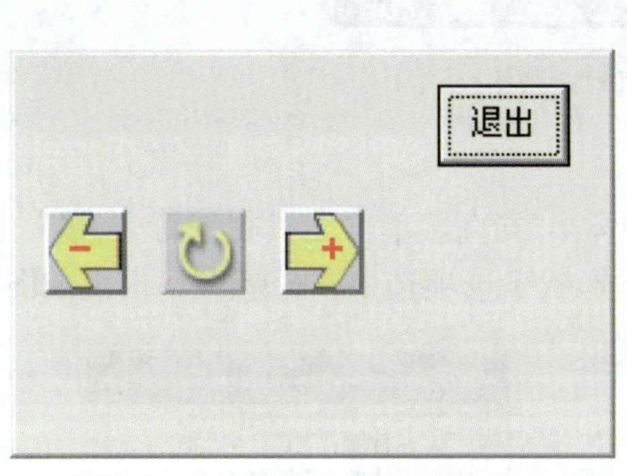

图 5–13 “零件位置调整”对话框

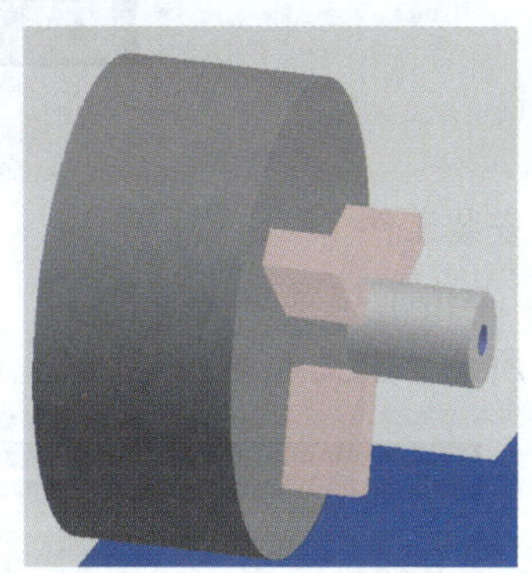

图 5–14 安装后的工件

每按一次“零件位置调整”对话框中的“ ”或“ ”调整按钮，工件向里或向外移动 10 mm。卡盘装夹部位最长为 50 mm，最短为 10 mm。按钮“ ”用于使工件掉头。

4. 输入加工程序

（1）操作面板选择编辑“ ”，使其指示灯变亮。

（2）单击 MDI 按钮“ ”，建立新程序后进行程序输入。

仿真操作中 MDI 键盘输入与编辑方法与实际机床的操作相同。

5. 安装加工用刀具

（1）单击下拉菜单［机床］/［选择刀具…］或直接单击工具栏图标“ ”，弹出如图 5–15 所示“选择刀具”对话框。

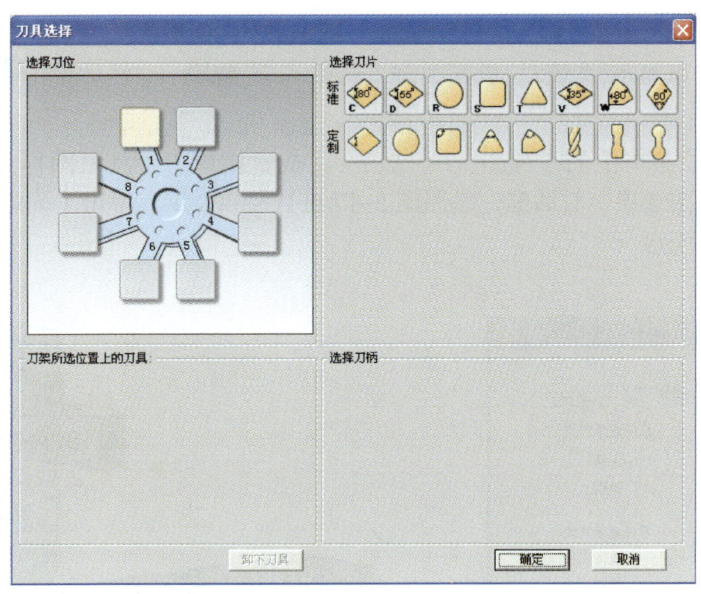

图 5-15 “选择刀具”对话框

（2）在该对话框中首先选择刀位，再选择刀片，然后选择刀具角度、刀长和刀尖半径等参数，最后选择刀柄和主偏角。

（3）采用同样的方法，根据零件的加工要求，在不同的刀位上选择不同的刀具。

三、宇龙数控仿真系统数控铣床 / 加工中心的操作

1. 选择机床和数控系统

（1）单击下拉菜单［机床］/［选择机床…］或直接单击工具栏图标“ ”，弹出如图 5-16 所示“选择机床”界面。

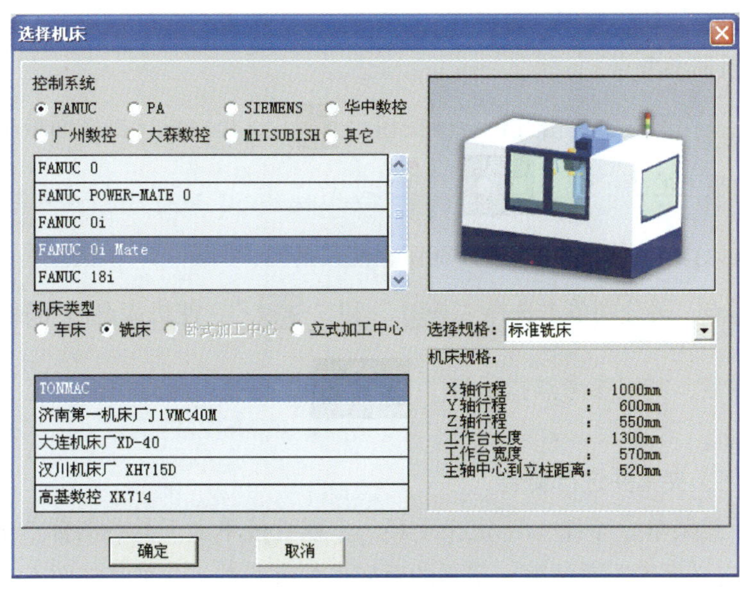

图 5-16 “选择机床”界面

（2）在图 5-16 所示界面中，“控制系统”选中 FANUC 系统“ FANUC ”，再在次级菜单中选中 FANUC 0i Mate 系统；“机床类型”选中“ 铣床 ”。然后单击【确定】，完成机床和数控系统的选择。

（3）单击下拉菜单中的［视图］/［选项…］或直接单击工具栏图标“ ”，弹出如图 5-17 所示“视图选项”对话框，参照图 5-17 进行参数设定。单击【确定】按钮，此时机床显示如图 5-18 所示。

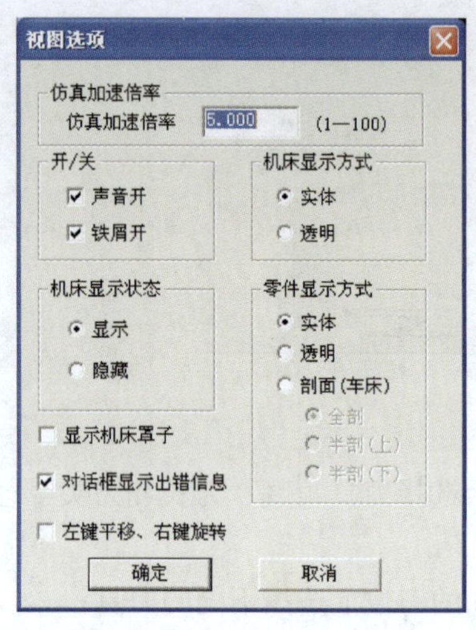

图 5-17 “视图选项”对话框

图 5-18 拆除罩子后的机床

（4）将光标移到机床位置，上下滚动鼠标中间的滚轮，可使机床变大或变小。另外，还可采用工具条“ ”中的相应按钮，对机床进行“移动”“转动”“缩放”“切换视图”等操作。

2. 机床开机回参考点

（1）在机床操作面板中单击红色急停按钮“ ”，再在机床操作面板中单击“ 接通 ”，此时机床操作面板上的指示灯“ 机床 电源 准备好 ”变亮。

（2）旋转机床操作面板中方式选择旋钮，使其指向“回零”，单击选择“ +Z ”轴，使其 *Z* 方向回参考点；再分别单击选择“ +X ”和“ +Y ”，使机床返回 *X* 轴和 *Y* 轴参考点。机床返回参考点后，其回参考点指示灯“ 回零 X Y Z IV ”变亮，此时仿真系统的显示屏显示如图 5-19 所示界面。

3. 定义毛坯、夹具并进行安装

（1）单击下拉菜单［零件］/［定义毛坯…］或直接单击工具栏图标“ ”，弹出如图 5-20 所示“定义毛坯”对话框。定义的毛坯形状有两种，一种是如图 5-20a 所示定义长方体毛坯，另一种是如图 5-20b 所示定义圆柱体毛坯。

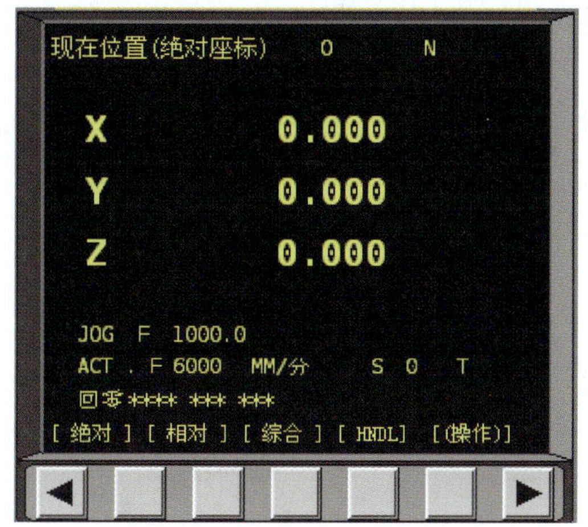

图 5-19 回参考点后的显示

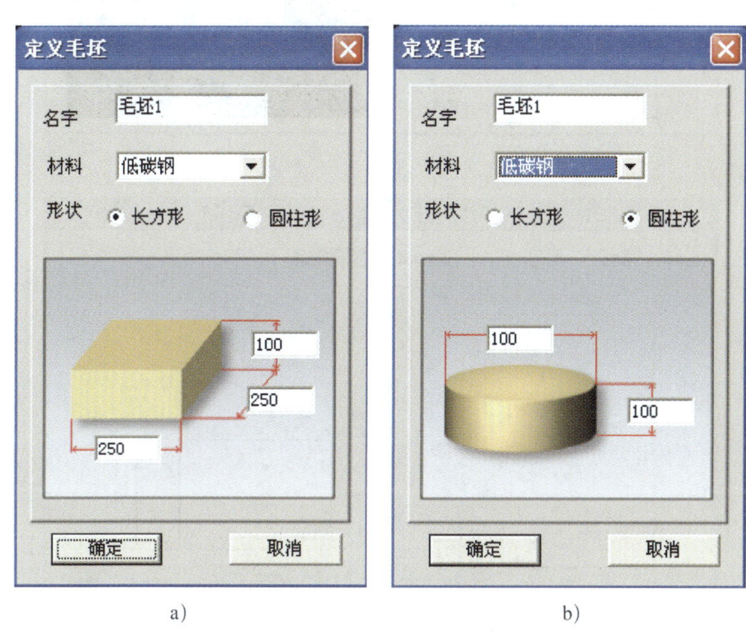

图 5-20 “定义毛坯”对话框

a）定义长方体毛坯 b）定义圆柱体毛坯

（2）单击下拉菜单［零件］/［安装夹具…］或直接单击工具栏图标“ ”，弹出如图 5-21a 所示“选择夹具”对话框。单击对话框中的【选择零件】右侧向下箭头，选择“毛坯 1”；再单击对话框中的【选择夹具】右侧向下箭头，出现“平口钳”和“工艺板”两种选择，选择“平口钳”后的对话框如图 5-21b 所示。

单击对话框中“移动”中的按钮，可实现毛坯在各个方向上的位置调整，单击【确定】关闭该对话框。

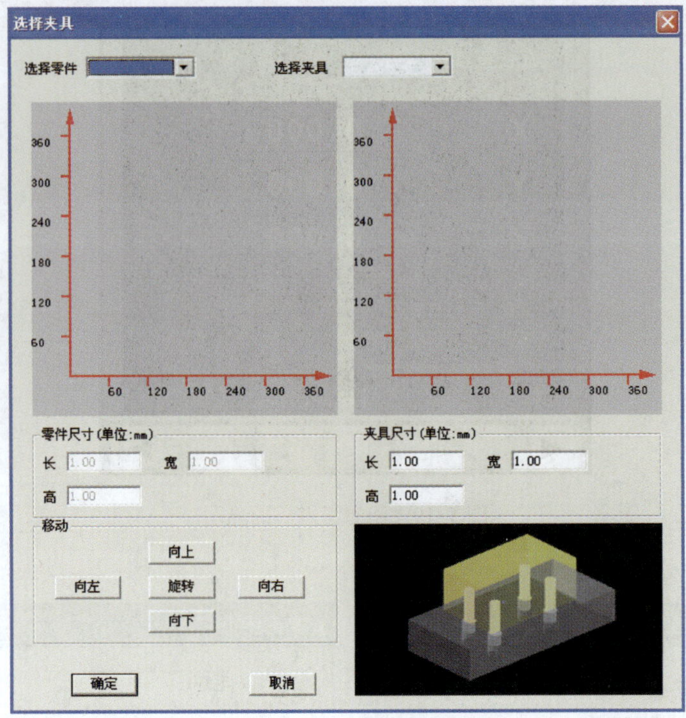

a)

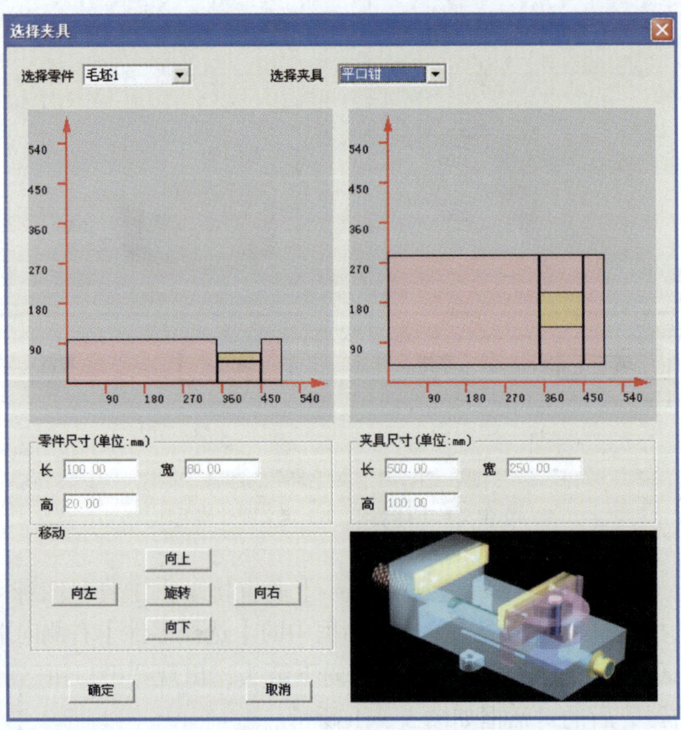

b)

图 5-21 “选择夹具”对话框

（3）单击下拉菜单［零件］/［放置零件…］或直接单击工具栏图标“ ”，弹出如图 5-22 所示“选择零件”对话框，选中上一步定义的毛坯后选择【安装零件】，弹出如图 5-23 所示工件位置调整界面。

（4）如果采用平口钳作为夹具，调整夹具在工件台面上的位置后，单击【退出】，完成夹具及其上工件的安装。安装完成后单击工具栏中的局部放大“ ”图标，框选平口钳局部，放大后的工件位置如图 5-24 所示。

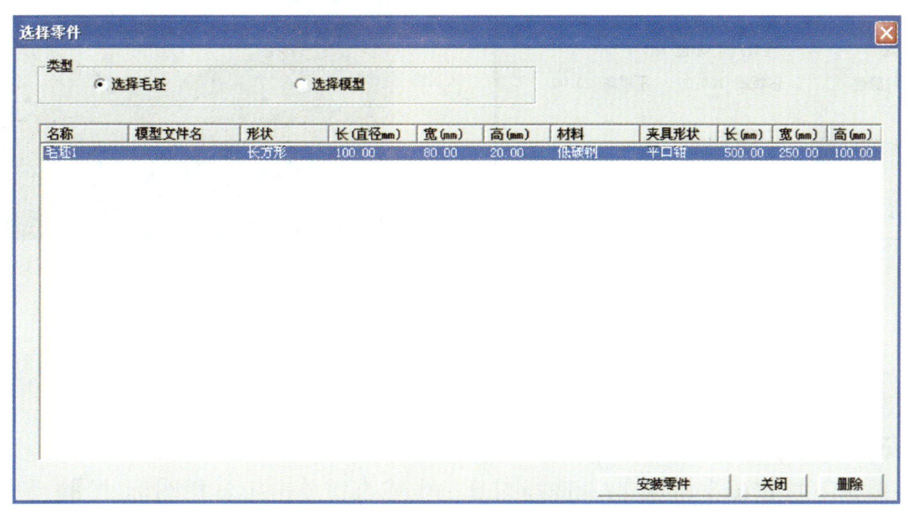

图 5-22　“选择零件”对话框

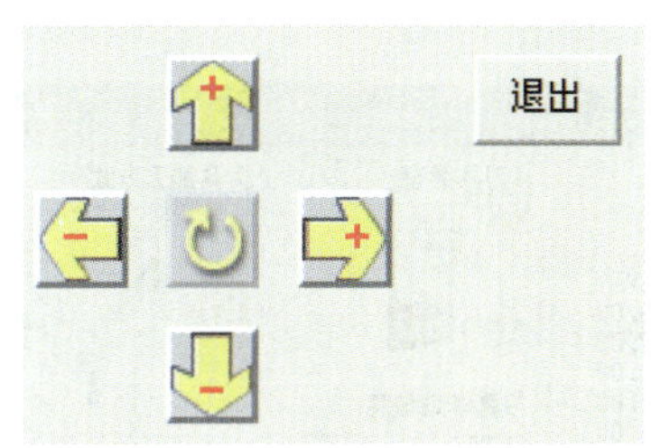

图 5-23　工件位置调整界面

图 5-24　安装后的平口钳与工件

（5）如果采用工艺板作为夹具，调整夹具在工件台面上的位置后，单击【退出】，完成夹具及其上工件的安装。安装完成后工件位置如图 5-25 所示。

采用工艺板装夹时，需用压板来压紧工艺板。单击下拉菜单［零件］/［安装压板］，弹出如图 5-26 所示“选择压板”对话框，选择其中的一种压板类型后单击【确定】，此时工件的装夹如图 5-27 所示。

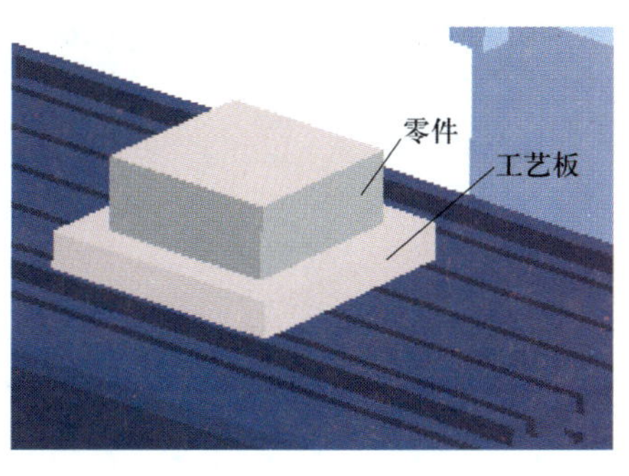

图 5-25　安装后的工艺板与工件

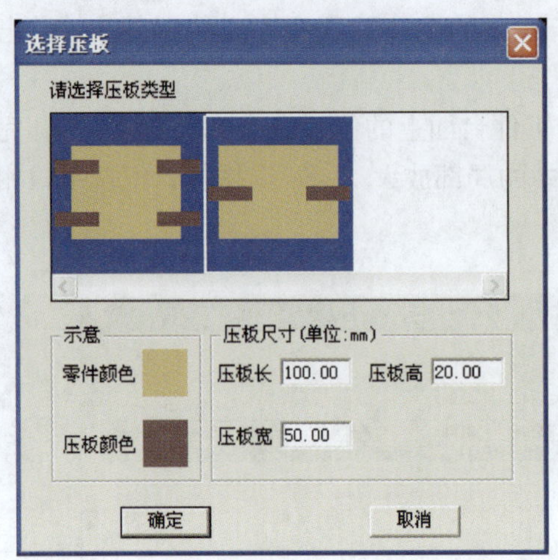

图 5-26　选择压板对话框

图 5-27　安装压板

（6）如果选择的是圆柱体毛坯，则在夹具栏中会显示卡盘夹具，可选择三爪自定心卡盘进行装夹。

4. 安装刀具

（1）单击下拉菜单［机床］/［选择刀具…］或直接单击工具栏图标“ ”，弹出如图 5-28 所示“选择刀具”对话框。

（2）在该对话框中的“可选刀具”栏中选择其中的一把刀具，其余参数不变，单击【确认】，此时在主轴位置显示如图 5-29 所示刀具。

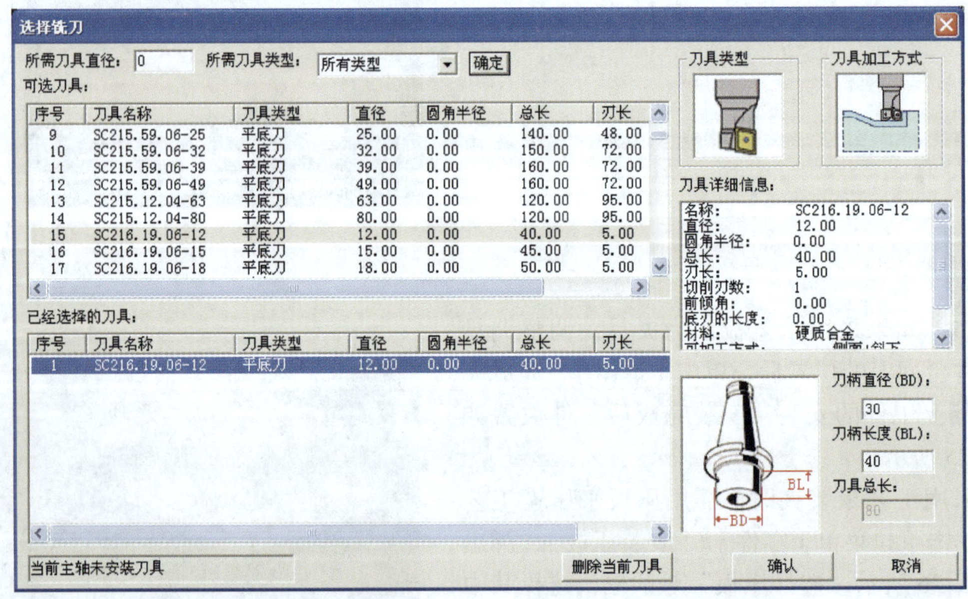

图 5-28　“选择刀具”对话框

5. 输入 NC 程序

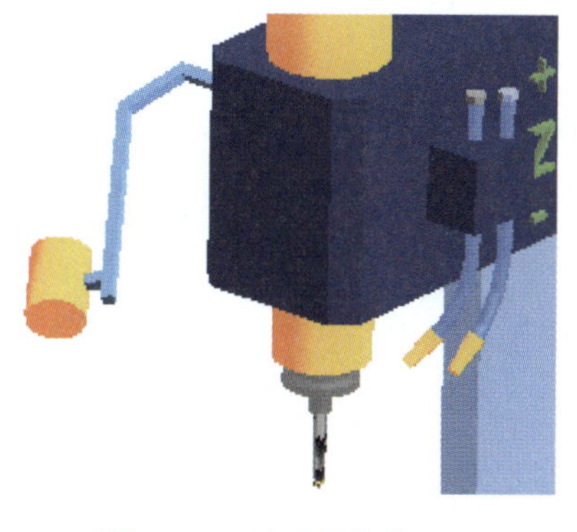

图 5-29　显示安装的刀具

数控程序既可通过 MDI 键盘输入，也可通过传输方式输入。采用 MDI 键盘输入程序的操作步骤如下：

（1）完成机床开机操作和回参考点操作。

（2）旋转操作面板上的“方式选择”旋钮指向“编辑”。

（3）单击 MDI 按钮“PROG”。

（4）采用手工方式输入加工程序，输入完成后的界面如图 5-30 所示。

6. 保存项目

（1）单击下拉菜单［文件］/［保存项目］，弹出如图 5-31 所示“选择保存类型”对话框。

（2）单击【确定】，弹出如图 5-32 所示另存文件对话框，选择保存文件的位置，单击【保存】，将相应的项目文件保存。

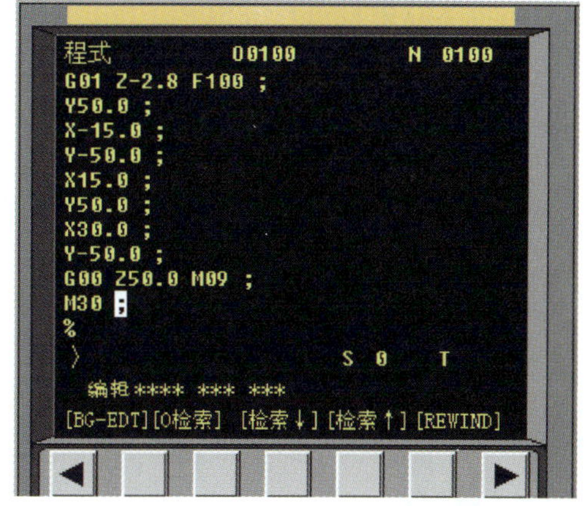

图 5-30　完成程序输入后的界面

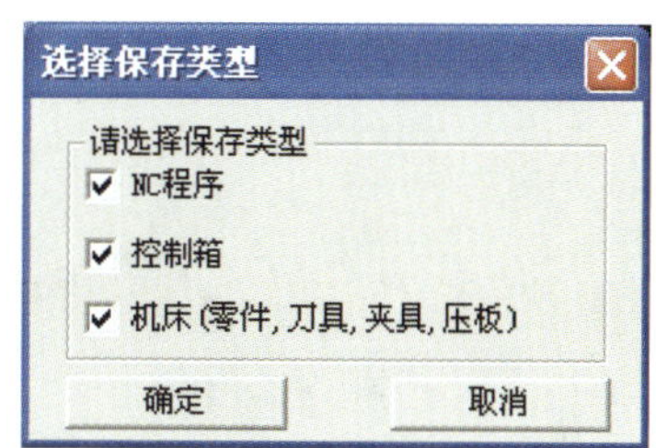

图 5-31　“选择保存类型”对话框

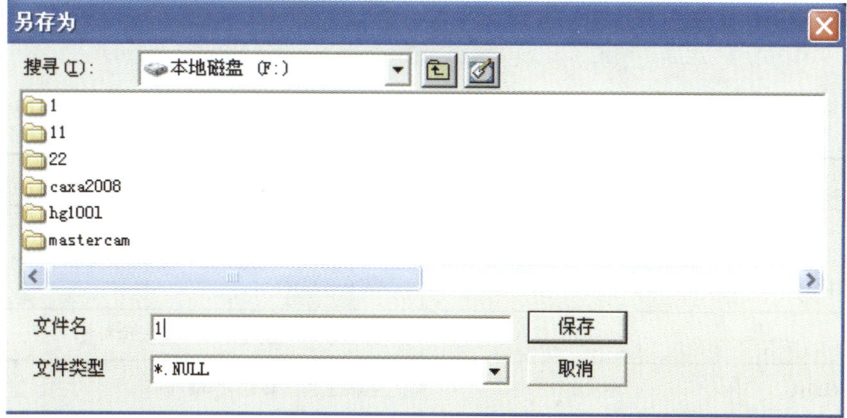

图 5-32　另存文件对话框

§5-2　数控车床仿真加工实例

一、零件图样及加工程序

利用仿真系统加工如图 5-33 所示零件，毛坯尺寸为 ϕ50 mm × 102 mm。右端加工程序见表 5-1，左端加工程序见表 5-2。

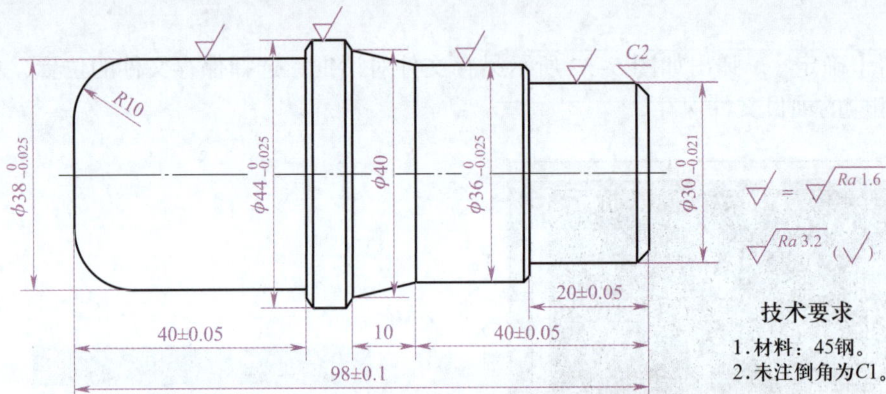

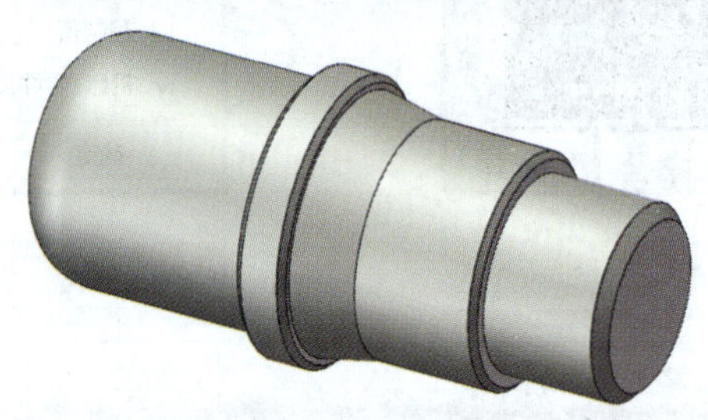

图 5-33　数控车床仿真加工实例

表 5-1　　右端加工程序

参考程序	注　释
O0010;	工件右端加工程序名
N10 G00 G40 G97 G99;	程序初始化
N20 T0101;	换 1 号刀，执行 1 号刀具长度补偿
N30 M03 S600;	主轴正转，转速为 600 r/min
N40 G00 X52.0 Z0;	定位至循环起点

续表

参考程序	注　释
N50 G01 X0 F0.2；	车削端面
N60 G00 X52.0 Z1.0；	退刀至循环起点
N70 G71 U1.0 R0.5；	粗车外圆轮廓
N80 G71 P90 Q180 U0.5 W0 F0.2；	
N90 G00 G42 X24.0 S1 200；	精加工轮廓描述
N100 G01 X30.0 Z-2.0；	
N110 Z-20.0；	
N120 X34.0；	
N130 X36.0 Z-21.0；	
N140 Z-40.0；	
N150 X40.0 Z-50.0；	
N160 X42.0；	
N170 X50.0 Z-54.0；	
N180 G01 X52.0；	
N190 G70 P90 Q180；	精车外圆轮廓
N200 G00 G40 X100.0 Z50.0；	程序结束部分
N210 M05；	
N220 M30；	

表 5-2　　左端加工程序

参考程序	注　释
O0020；	工件左端加工程序名
N10 G00 G40 G97 G99 ；	程序初始化
N20 T0101；	换 1 号刀，执行 1 号刀具长度补偿
N30 M03 S600；	主轴正转，转速为 600 r/min
N40 G00 X52.0 Z0；	定位至循环起点
N50 G01 X0 F0.2；	车削端面
N60 G00 X52.0 Z1.0；	退刀至循环起点
N70 G71 U1.0 R0.5；	粗车外圆轮廓
N80 G71 P90 Q160 U1.0 W0 F0.2；	

续表

参考程序	注　释
N90 G00 G42 X18.0 S1200；	精加工轮廓描述
N100 G01 Z0；	
N110 G03 X38.0 Z-10.0 R10.0；	
N120 G01 Z-40.0；	
N130 X42.0；	
N140 X44.0 Z-41.0；	
N150 Z-50.0；	
N160 X52.0；	
N170 G70 P90 Q160；	精车外圆轮廓
N180 G00 G40 X100.0 Z50.0；	程序结束部分
N190 M05；	
N200 M30；	

二、仿真加工准备

1. 在记事本中输入加工程序

（1）单击［开始］/［所有程序］/［附件］/［记事本］。

（2）输入左端轮廓加工程序，其界面如图 5-34 所示。

（3）文件以“.txt”格式保存于“我的文档”中。

2. 新建加工项目

（1）单击下拉菜单［文件］/［新建项目］，弹出“是否保存当前修改的项目”对话框，单击【否】，完成项目的新建。

（2）接通机床电源，执行机床回参考点操作。

3. 输入右端轮廓加工程序

（1）单击操作面板上的编辑“ ”按钮，使其指示灯变亮。

（2）单击 MDI 按钮“PROG”，建立新程序后进行程序输入（直接用鼠标单击输入），输入后的显示屏显示如图 5-35 所示。

4. 机床、毛坯、刀具、夹具准备

（1）单击工具栏图标“ ”，选择 FANUC 0i 系统的数控车床。

（2）单击工具栏图标“ ”，设置毛坯为 ϕ50 mm × 102 mm 圆柱棒料，材料为低碳钢。

（3）单击工具栏图标“ ”，完成工件的放置与位置调整。

（4）单击工具栏图标“ ”，在 1 号刀位上安装刀片为 35°菱形刀片、刃长为 11 mm、刀尖圆弧半径为 0.2 mm、外圆左向横柄、主偏角为 93°的外圆车刀。

左端加工程序 - 记事本

文件(F) 编辑(E) 格式(O) 查看(V) 帮助(H)

```
O0020
N10 G99
N20 T0101
N30 M03 S600
N40 G00 X52.0 Z0
N50 G01 X0 F0.2
N60 G00 X52.0 Z1.0
N70 G71 U1.0 R0.5
N80 G71 P90 Q160 U1.0 W0 F0.2
N90 G00 G42 X18.0 S1200
N100 G01 Z0
N110 G03 X38.0 Z-10.0 R10.0
N120 G01 Z-40.0
N130 X42.0
N140 X44.0 Z-41.0
N150 Z-50.0
N160 X52.0
N170 G70 P90 Q160
N180 G00 G40 X100.0 Z50.0
N190 M05
N200 M30
```

图 5-34 在记事本中输入程序

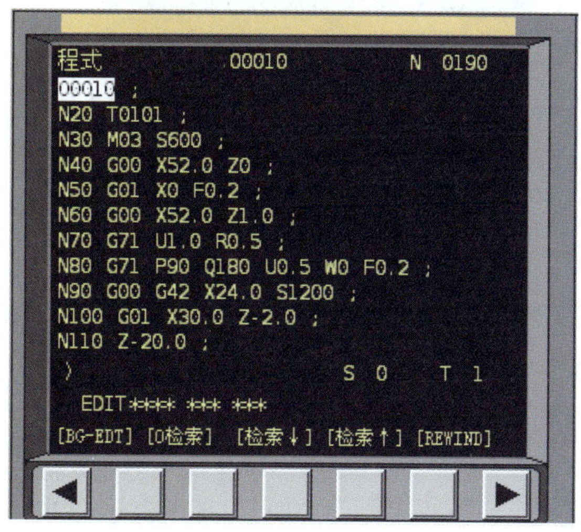

图 5-35 MDI 输入右端加工程序

5. 对刀与对刀参数的设置

（1）单击手动按钮“ ”，使其指示灯变亮；单击俯视图按钮“ ”，使视图变为俯视图显示。

（2）分别选择 X 轴或 Z 轴，再分别按下正向或负向轴移动按钮“ + 快速 − ”，将刀具移动至工件附近。

（3）单击操作面板上的主轴正转 或反转按钮“ ”，使主轴转动。

（4）选择 X 轴，试切端面，并沿 X 轴正方向退刀（Z 轴不动），如图 5-36 所示。

（5）单击 MDI 面板中的刀具偏置按钮“ OFFSET SETTING ”，按［形状］软键，系统显示“工具补正 / 形状”界面，如图 5-37 所示。将光标移动至 01 号刀具的 Z 向刀具补正处，输入“Z0.0”，按屏幕下方的软键［测量］，Z 向刀具补正数值由数控系统自动计算得出，如图 5-38 所示。

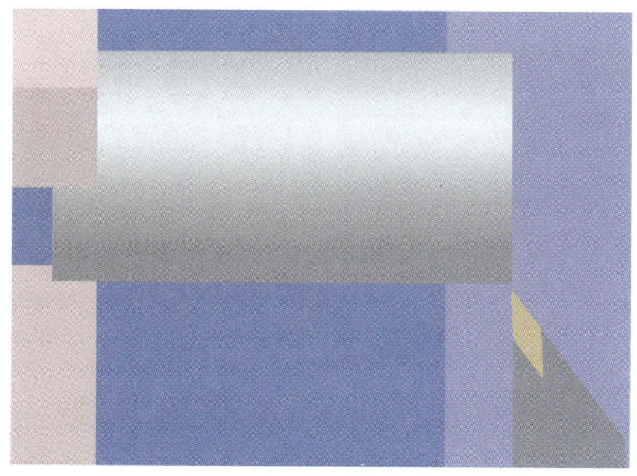

图 5-36 试切端面

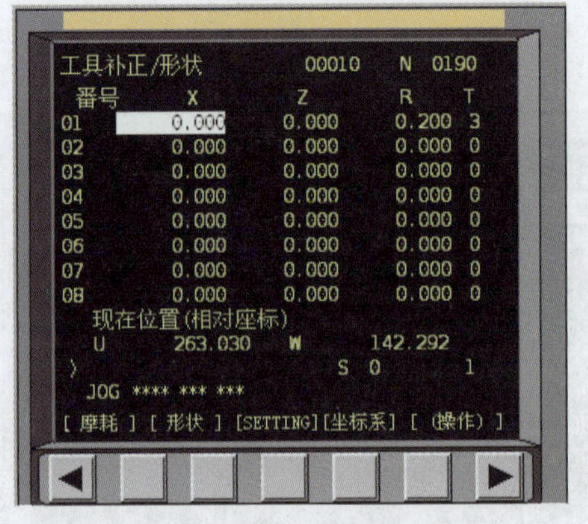

图 5-37 “工具补正 / 形状”界面

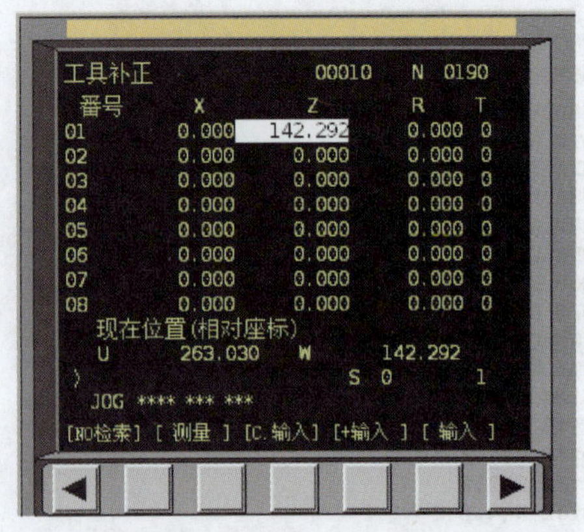

图 5-38 *Z* 向对刀界面

（6）沿 *Z* 轴负方向试切外圆表面，并沿 *Z* 轴方向退刀（*X* 轴不动），如图 5-39a 所示。按下主轴停转按钮“ ”，单击下拉菜单［测量］/［剖面图测量…］，忽略刀尖圆弧半径，弹出如图 5-39b 所示对话框，选择刚加工的外圆表面，记下直径值（本次测得直径值为 49.380 mm）。

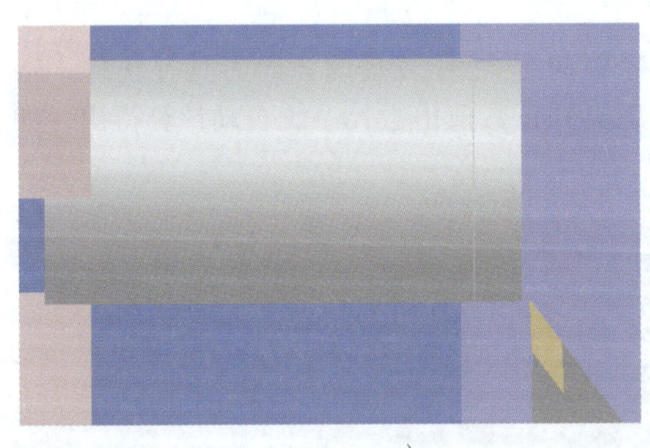

a）

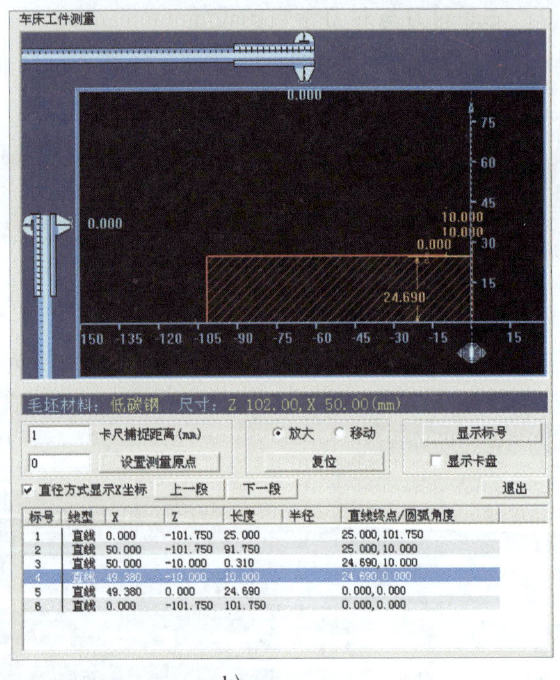

b）

图 5-39 试切外圆并测量

a）试切外圆 b）测量外圆

（7）退出测量界面，在“工具补正 / 形状”界面，将光标移动至 01 号刀具的 *X* 向刀具补正处，输入刚才测量出的直径值“X49.380”，按屏幕下方的软键［测量］，*X* 向刀具补正值由数控系统自动计算得出，如图 5-40a 所示。

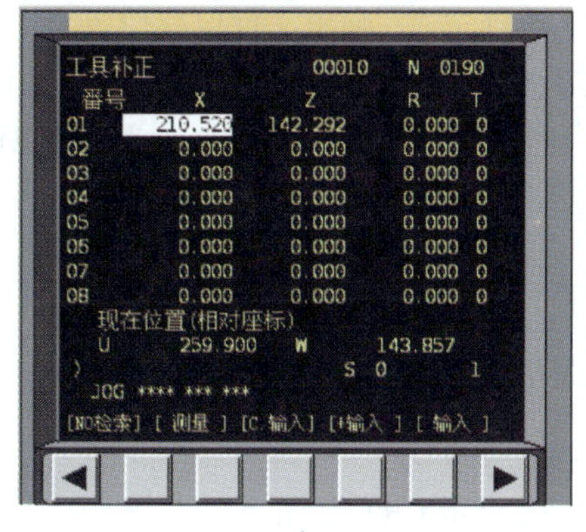

a)

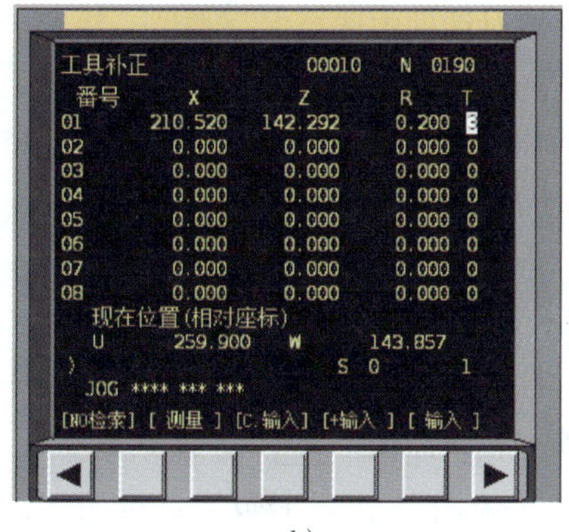

b)

图 5-40　*X* 向对刀并设置刀具参数

a）*X* 向对刀界面　b）设置刀尖半径及刀尖方位

（8）将光标移至刀尖半径 R 处，输入 0.2，按［输入］软键，刀尖圆弧半径被输入；将光标移至刀具方位 T 处，输入 3，按［输入］软键，刀具方位被输入。结果显示如图 5-40b 所示。

三、完成右端轮廓的自动加工并保存项目

1．自动加工操作

完成对刀和对刀参数设置后，即可进行自动加工操作，其操作步骤如下。

（1）机床再次返回参考点，在编辑状态下选择要自动运行的程序。

（2）单击操作面板上的自动加工按钮“ ”，使其指示灯变亮。

（3）单击循环启动按钮“ ”，进行自动运行加工，加工完成后的工件形状如图 5-41 所示。

注：在自动运行或自动运行前，还可按下单段运行按钮“ ”，执行单段运行操作。

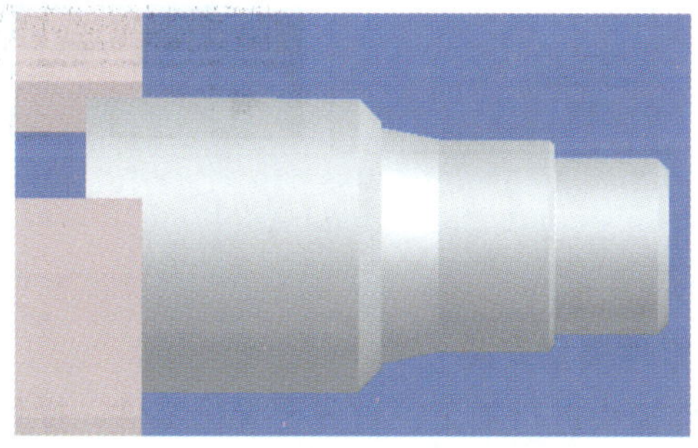

图 5-41　工件左端加工后的形状

2．保存项目

当完成了以上某些步骤的操作后，即可将其保存，其项目可以是对刀、安装工件等操作，也可以是程序、对刀参数等具体内容。保存项目的操作步骤如下。

（1）单击下拉菜单［文件］/［另存项目］（第一次为［保存项目］），出现保存类型对话框。

（2）在该对话框中选择保存类型，然后单击【确定】，弹出文件保存位置对话框。

（3）选择相应的保存位置，输入保存的项目名称，点击【保存】，完成项目的保存。

保存的项目可以打开，只需单击下拉菜单［文件］/［打开项目］，在弹出的对话框中选中所要打开的项目，单击【打开】即可。

四、工件左端轮廓仿真加工

1. 输入 NC 程序

本例工件左端加工程序采用传输的方式输入仿真系统，传输输入的步骤如下。

（1）单击编辑按钮“ ”，使其指示灯变亮。

（2）单击 MDI 按钮“PROG”，在如图 5–42a 所示 CRT 界面下按［操作］软键，再按［▶］软键，出现下一级菜单，如图 5–42b 所示。

（3）单击［F 检索］软键，弹出如图 5–42c 所示选择输入程序对话框，选择先前保存的文件“左端加工程序 .txt”，单击【打开】。按图 5–42b 中的［READ］软键，弹出如图 5–42d 所示下一级子菜单。

（4）单击 MDI 键盘上的数字和字母键，输入“O0020”，按下图 5–42d 中的［EXEC］软键，即可完成数控程序的输入，屏幕中出现所要输入的程序。

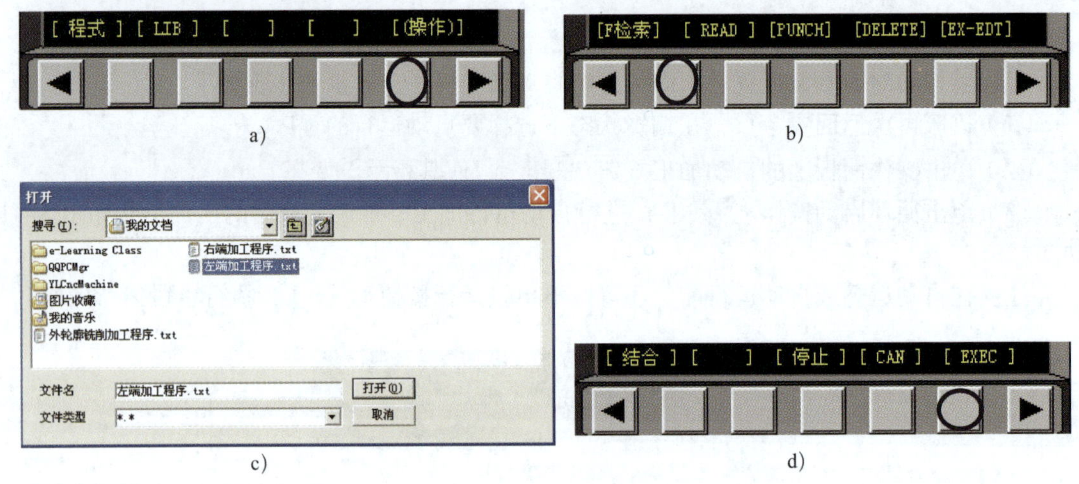

图 5–42　数控程序的传输输入

2. 导入 / 导出零件与零件模型安装

如果要将加工好的零件掉头进行加工，首先要导出零件，操作步骤如下：当工件右端加工完成后，单击［文件］/［导出零件模型…］，在弹出的对话框中选择保存的位置和名称，单击【保存】即完成了零件模型的导出。

导入零件的操作步骤为：单击［文件］/［导入零件模型…］，在弹出的对话框中选择所要导入的零件，单击【打开】即完成了零件模型的导入。

安装零件模型的方法和安装毛坯的方法相似，只不过零件类型选择“⊙ 选择模型”（见图 5–43）。安装过程中如果方向不对可选择掉头安装（见图 5–44），安装好的模型零件如图 5–45 所示。

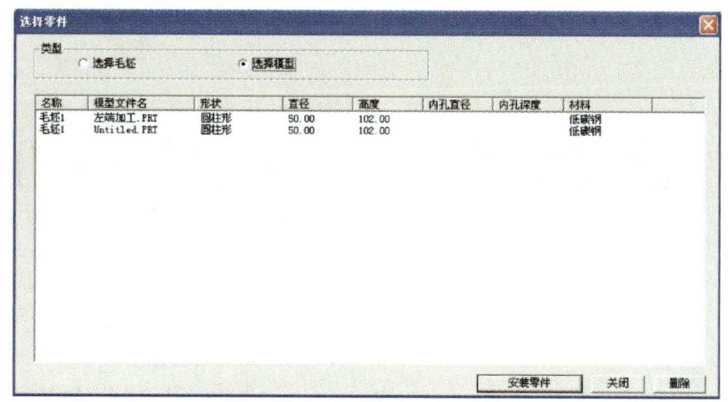

图 5-43　安装零件模型

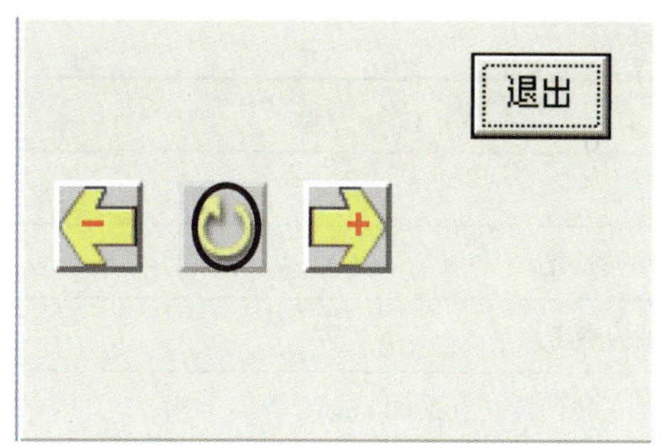

图 5-44　掉头安装

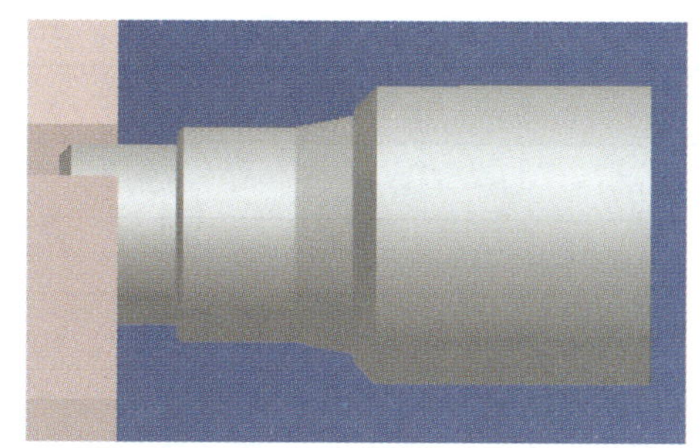

图 5-45　模型安装完成

3. 重新对刀

工件掉头安装后，需对刀具进行重新对刀。对刀时，只需进行 *Z* 向对刀即可，*X* 向可沿用前面的对刀参数。

注：在不拆卸刀具的情况下进行重新对刀，只需进行 *Z* 向对刀即可，不需要进行 *X* 向对刀。

4. 自动加工与保存项目

按前述的自动加工步骤对工件左端进行仿真加工，加工完成后的工件如图 5-46 所示。加工完成后保存加工项目。

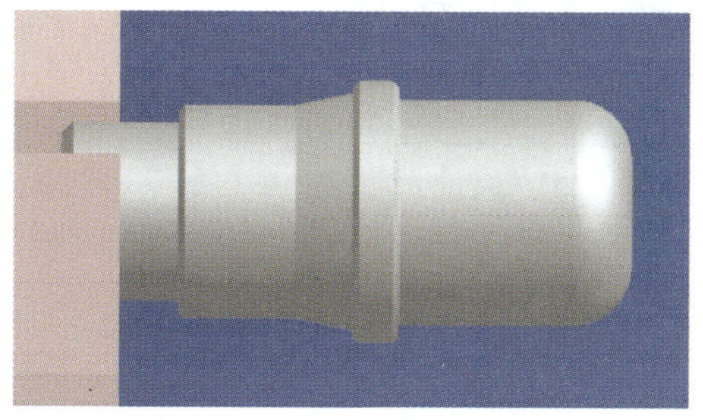

图 5-46　加工完成后的工件模型

§5-3 数控铣床/加工中心仿真加工实例

一、零件图样及加工程序

根据现有的加工程序（见表 5-3），采用 ϕ10 mm 平底铣刀在宇龙数控仿真软件上加工如图 5-47 所示零件，毛坯为 80 mm × 40 mm × 20 mm 铝件。

表 5-3　外轮廓加工程序

参考程序	注　释
O0030;	程序名
N10 G90 G94 G21 G40 G17 G54;	程序初始化
N20 G91 G28 Z0;	*Z* 轴回参考点
N30 M03 S3000;	主轴正转，转速为 3000 r/min
N40 G90 G00 G41X20.0 Y0 D01;	在 *XY* 平面中快速定位，并建立刀具半径左补偿
N50 Z5.0;	刀具 *Z* 轴快速定位
N60 G01 X12.0 Y2.0 F50;	进刀至切削起点
N70 Z-10.0 F40;	刀具 *Z* 轴进刀
N80 X-78.0;	沿零件外轮廓粗加工
N90 Y38.0;	
N100 X-2.0;	
N110 Y5.0;	
N120 X-60.0;	沿零件轮廓进行加工
N130 G02 Y35.0 R15.0;	
N140 G01 X-5.0;	
N150 Y15.0;	
N160 X-20.0 Y0.0;	
N170 G00 G40 Z5.0;	*Z* 轴退刀
N180 G28 Z100.0 M09;	*Z* 轴回参考点
N190 M05;	主轴停止
N200 M30;	程序结束并复位

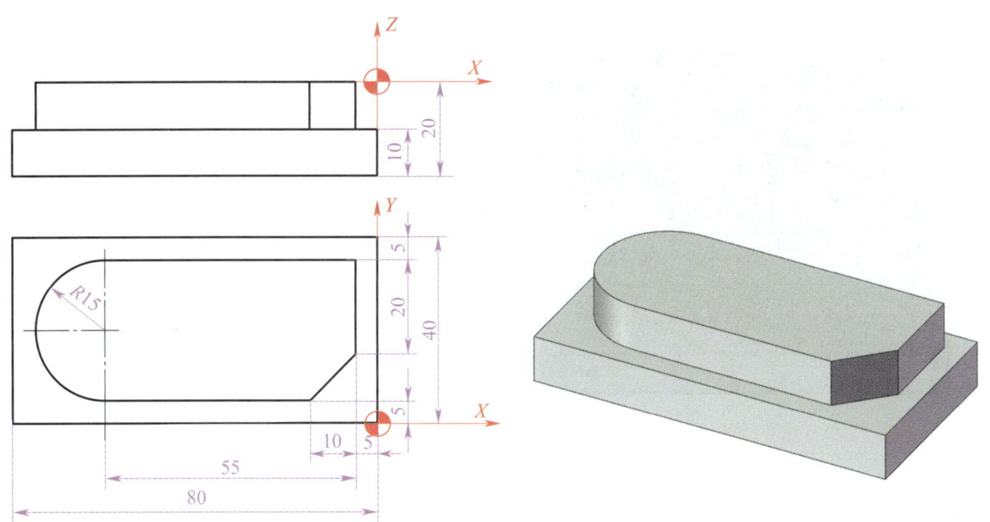

图 5-47　数控铣床仿真加工实例

二、仿真加工准备

1. 在记事本中输入加工程序

（1）单击［开始］/［所有程序］/［附件］/［记事本］。

（2）输入加工程序，其界面如图 5-48 所示。

（3）保存文件至“我的文档”，文件名为“外形轮廓铣削加工程序 .txt”。

2. 新建加工项目

（1）单击下拉菜单［文件］/［新建项目］，弹出“是否保存当前修改的项目”对话框，单击【否】，完成项目的新建。

（2）接通机床电源，执行机床回参考点操作。

3. 导入加工程序并检查刀具运行轨迹

（1）旋转“方式选择”旋钮，选择“编辑”工作方式。

（2）单击 MDI 按钮“PROG”，在如图 5-42a 所示 CRT 界面下按软键［操作］，再按软键［▶］，出现如图 5-42b 所示下一级菜单。

（3）单击［F 检索］软键，弹出如图 5-42c 所示选择输入程序对话框，选择先前保存的文件“外形轮廓铣削加工程序 .txt”，单击【打开】。按图 5-42b 中的［READ］软键，弹出如图 5-42d 所示下一级子菜单。

（4）单击 MDI 键盘上的数字和字母键，输入“O0030”，按下图 5-42d 中的［EXEC］软键，即可完成数控程序的输入，屏幕中出现如图 5-49 所示加工程序。

（5）执行刀具运行轨迹检查，结果如图 5-50 所示。

注：本例的加工程序，除采用传输方式输入外，也可采用 MDI 键盘输入。

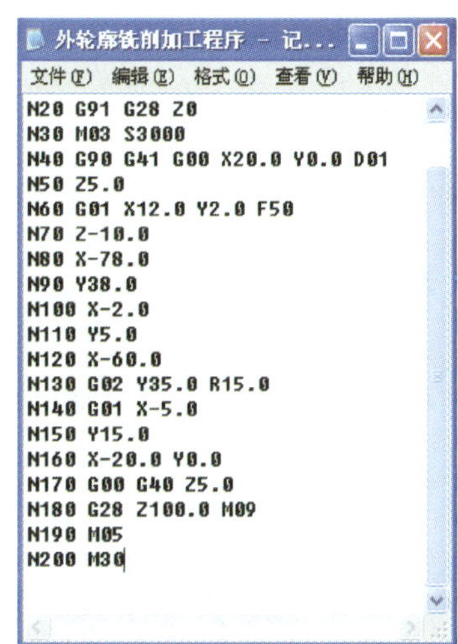
外轮廓铣削加工程序 - 记...
文件(F)　编辑(E)　格式(O)　查看(V)　帮助(H)

```
N20 G91 G28 Z0
N30 M03 S3000
N40 G90 G41 G00 X20.0 Y0.0 D01
N50 Z5.0
N60 G01 X12.0 Y2.0 F50
N70 Z-10.0
N80 X-78.0
N90 Y38.0
N100 X-2.0
N110 Y5.0
N120 X-60.0
N130 G02 Y35.0 R15.0
N140 G01 X-5.0
N150 Y15.0
N160 X-20.0 Y0.0
N170 G00 G40 Z5.0
N180 G28 Z100.0 M09
N190 M05
N200 M30
```

图 5-48　在记事本中输入程序

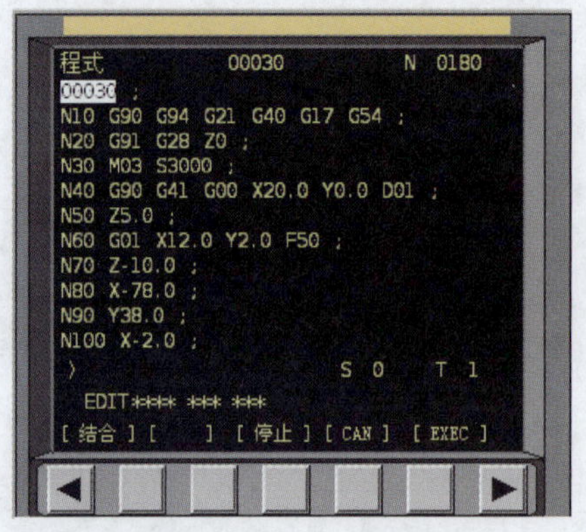

图 5-49 本例工件的加工程序

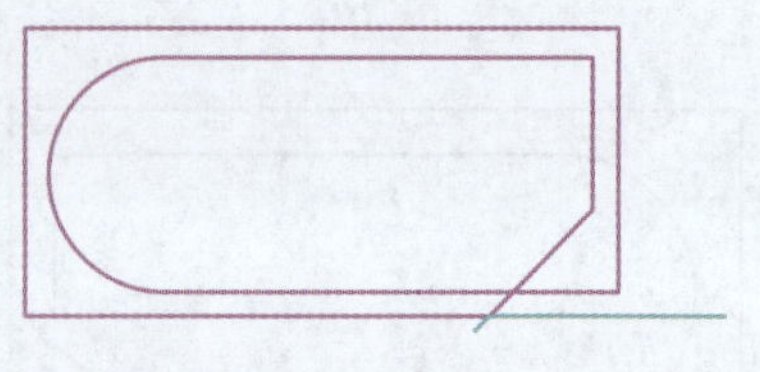

图 5-50 运行轨迹

4. 机床、毛坯、刀具、夹具准备

（1）单击工具栏图标“ ”，选择 FANUC 0i mate 系统的数控铣床。

（2）单击工具栏图标“ ”，打开机床罩门；也可以单击工具栏图标“选项 ”，在“视图选项”对话框中（见图 5-51），单击“显示机床罩子”单选框按钮，可以关闭或显示机床罩子。

（3）单击工具栏图标“ ”，设置毛坯为 80 mm × 40 mm × 20 mm 的长方体。

（4）单击工具栏图标“ ”，选择“平口钳”作为装夹用的夹具。

（5）单击工具栏图标“ ”，完成零件放置与位置调整。

（6）单击工具栏图标“ ”，选择 DZ2000-10 平底铣刀，其直径为 10 mm，总长 70 mm，刃长 35 mm。

5. 设定刀具参数

（1）旋转“方式选择”旋钮，选择“编辑”“手动”“手轮”等工作方式。

（2）单击机床 MDI 按键“ ”，找到如图 5-52 所示“工具补正”界面。

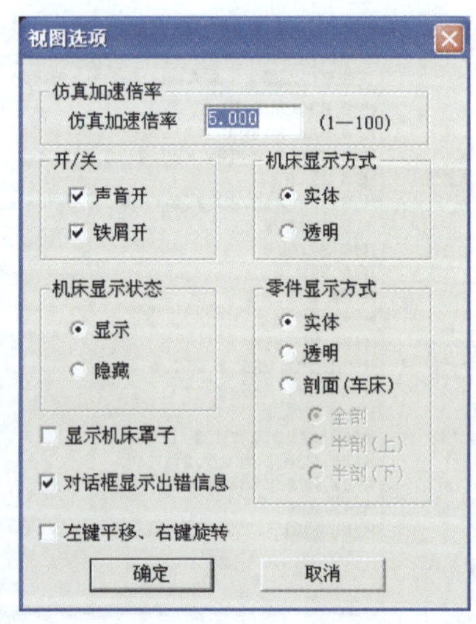

图 5-51 “视图选项”对话框

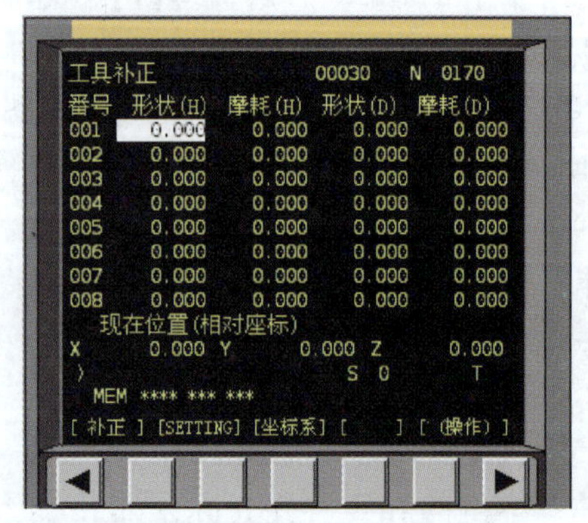

图 5-52 “工具补正”界面

（3）单击光标移动键“←↓→↑”，将光标移动至“形状（D）”下方与“001”对应的位置，输入刀具半径数值后单击“INPUT”键完成刀具半径输入。

（4）将光标移动至“形状（H）”下方与“001”对应的位置，可进行刀具长度的输入。

注：输入“形状（D）”刀具参数时，应注意输入的值为半径量。另外，应将刀具参数输入在“形状（D）”的下方。

三、对刀操作

加工该工件时，以图 5–47 所示编程坐标系进行对刀。其对刀过程如下。

1. 手动对刀

（1）单击下拉菜单［机床］/［基准工具…］，弹出如图 5–53 所示“基准工具”对话框，单击【确定】，这时基准工具装入主轴。

（2）旋转“方式选择”旋钮，选择“手动”工作方式，选择不同的手动轴选择按钮，移动刀具使其移动至如图 5–54 所示工件附近（在刀具移动过程中，单击视图按钮“ ”变换不同的视角）。另外，在手动过程中可单击“进给倍率”按钮对进给倍率进行调节。

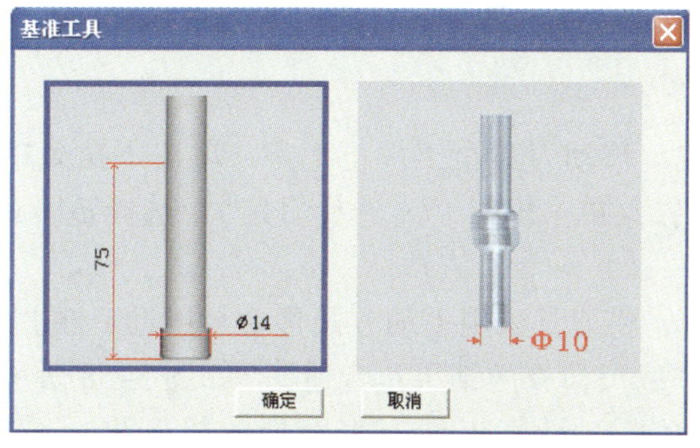

图 5–53 “基准工具”对话框

图 5–54 基准工具接近工件

（3）*Y* 向对刀。单击下拉菜单［塞尺检查］/［0.1 mm］，将刀具移动至接近工件前侧，此时在机床显示区的显示如图 5–55 所示，并提示“塞尺检查的结果：太松”。

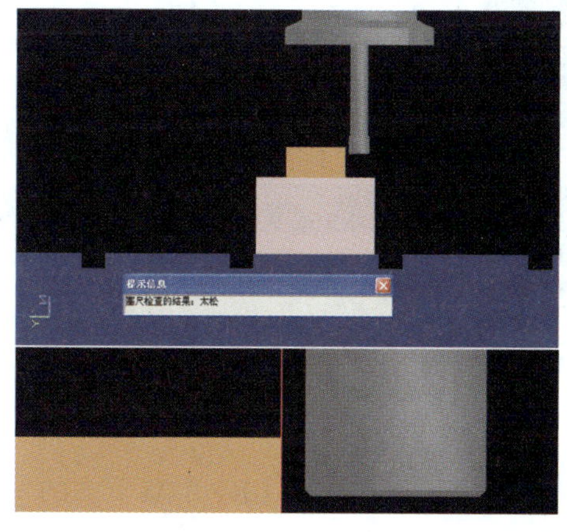

图 5–55 塞尺对刀界面

选择“手轮”工作方式（旋钮见图 5–56），选择 Y 轴和适当的增量倍率，单击手摇脉冲发生器，使基准工具接近工件并提示“塞尺检查结果：合适”，记下屏幕显示的 Y 值，记为 Y_1（假设 Y_1=–442.100）。计算工件左侧的机床坐标系 Y 值：Y=–442.100+7.0+0.1=–435.000。

（4）X 向对刀。单击下拉菜单［塞尺检查］/［收回塞尺］。选择“手动”工作方式，按下“+Z”按钮将 Z 轴抬起，再按下“+X”按钮与“+Y”按钮，将基准工具调整到工件右侧，如图 5–57 所示。

选择“手轮”工作方式，选择 X 轴和适当的增量倍率，单击手摇脉冲发生器，使基准工具接近工件并提示“塞尺检查结果：合适”，记下屏幕显示的 X 值，记为 X_1（假设 X_1 =–452.900）。计算工件右侧的机床坐标系 X 值：X=–452.900–7.0–0.1=–460.000。

图 5–56　手摇脉冲发生器

图 5–57　将基准工具移至工件右侧

（5）Z 向对刀。选择“手动”工作方式，移动刀具至工件正上方。单击下拉菜单［机床］/［拆除工具］，拆下基准工具。单击下拉菜单［机床］/［选择刀具］，选择 ϕ10 mm 平底铣刀作为当前刀具。

单击下拉菜单［塞尺检查］/［0.1 mm］，将刀具采用手动方式移动至接近工件上表面，再使用手摇方式移动刀具接近工件并提示“塞尺检查的结果：合适”，如图 5–58 所示。记下 CRT 中的 Z 值，记为 Z_1（假设 Z_1=–387.900）。计算工件上表面处的机床坐标系 Z 值，Z=–387.900–0.1=–388.000。

图 5–58　Z 向对刀界面

2. 设定工件坐标系

（1）单击机床 MDI 按键“OFFSET SETTING”，再单击 CRT 屏幕下方的［坐标系］软键，CRT 屏幕显示如图 5–59 所示工件坐标系设定窗口。

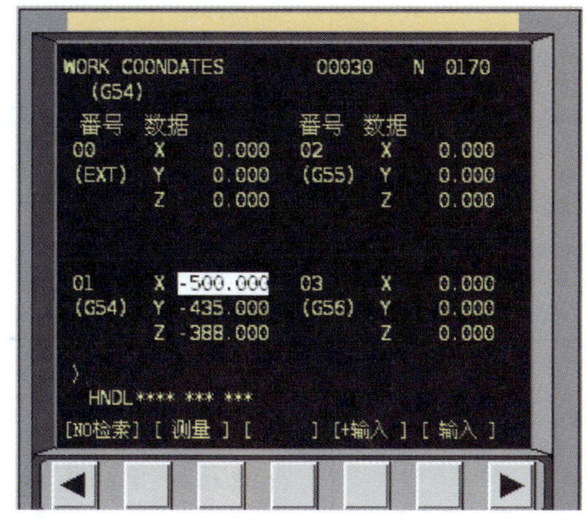

图 5-59　工件坐标系设定窗口

（2）单击光标移动键“←↓→↑”，将光标移动至 G54 所对应的位置，将前面记录的 *X*、*Y*、*Z* 坐标值输入对应位置。例如，将光标移至 G54 坐标系的 *X* 坐标后，采用 MDI 方式键入“-460.0”再单击“INPUT”键，即可完成 *X* 坐标的输入。

四、自动加工

完成对刀和对刀参数的设置后，即可进行自动加工操作，其操作步骤如下。

（1）机床再次返回参考点，在编辑状态下选择要自动运行的程序。

（2）选择“自动”工作方式。

（3）单击循环启动按钮“循环启动”，进行自动运行加工，加工过程如图 5-60 所示。

注：在自动运行前，还可按下单段运行按钮“单段”，执行单段运行操作。

（4）加工完成后保存加工项目。

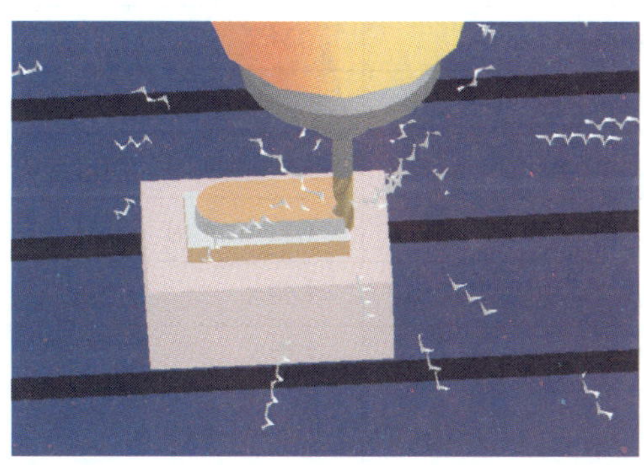

图 5-60　自动加工过程

附 录

附表 1　　FANUC 0i 数控车床常用准备功能

G 指令	组别	功能	程序格式及说明	备注
▲ G00	01	快速点定位	G00 X（U）__ Z（W）__；	模态
G01		直线插补	G01 X（U）__ Z（W）__ F__；	模态
G02		顺时针圆弧插补	G02 X（U）__ Z（W）__ R__ F__； G02 X（U）__ Z（W）__ I__ K__ F__；	模态
G03		逆时针圆弧插补	G03 X（U）__ Z（W）__ R__ F__； G03 X（U）__ Z（W）__ I__ K__ F__；	模态
G04	00	暂停	G04 X__；或 G04 U__；或 G04 P__；	非模态
G20	06	英制输入	G20;	模态
▲ G21		公制输入	G21;	模态
G27	00	返回参考点检查	G27 X__ Z__；	非模态
G28		返回参考点	G28 X__ Z__；	非模态
G30		返回第 2、3、4 参考点	G30 P3 X__ Z__； 或 G30 P4 X__ Z__；	非模态
G32	01	螺纹插补	G32 X__ Z__ F__；（F 为导程）	模态
G34		变螺距螺纹插补	G34 X__ Z__ F__ K__；	模态
▲ G40	07	刀尖圆弧半径补偿取消	G40 G00/G01 X（U）__ Z（W）__；	模态
G41		刀尖圆弧半径左补偿	G41 G00/G01 X（U）__ Z（W）__ F__；	模态
G42		刀尖圆弧半径右补偿	G42 G00/G01 X（U）__ Z（W）__ F__；	模态
G50	00	坐标系设定或主轴最大速度设定	G50 X__ Z__；或 G50 S__；	非模态
G52		局部坐标系设定	G52 X__Z__;	非模态
G53		选择机床坐标系	G53 X__Z__;	非模态
▲ G54	14	选择工件坐标系 1	G54;	模态
G55		选择工件坐标系 2	G55;	模态
G56		选择工件坐标系 3	G56;	模态
G57		选择工件坐标系 4	G57;	模态
G58		选择工件坐标系 5	G58;	模态
G59		选择工件坐标系 6	G59;	模态

续表

G 指令	组别	功能	程序格式及说明	备注
G65	00	宏程序调用	G65 P_ L_ < 自变量指定 >;	非模态
G66	12	宏程序模态调用	G66 P_ L_ < 自变量指定 >;	模态
▲ G67		宏程序模态调用取消	G67;	模态
G70	00	精加工复合固定循环	G70 P_ Q_ ;	非模态
G71		内外圆复合固定粗车循环	G71 U_ R_ ; G71 P_ Q_ U_ W_ F_ ;	非模态
G72		端面复合固定粗车循环	G72 W_ R_ ; G72 P_ Q_ U_ W_ F_ ;	非模态
G73		形状复合固定粗车循环	G73 U_ W_ R_ ; G73 P_ Q_ U_ W_ F_ ;	非模态
G74		镗孔与深孔钻削复合固定循环	G74 R_ ; G74 X（U）_ Z（W）_ P_ Q_ R_ F_;	非模态
G75		内 / 外圆切槽复合固定循环	G75 R_ ; G75 X（U）_ Z（W）_ P_ Q_ R_ F_;	非模态
G76		螺纹复合固定切削循环	G76 P_ Q_ R_ ; G76 X（U）_ Z（W）_ R_ P_ Q_ F_;	非模态
G90	01	内 / 外圆车削循环	G90 X（U）_ Z（W）_ F_ ; G90 X（U）_ Z（W）_ R_ F_ ;	模态
G92		螺纹车削循环	G92 X（U）_ Z（W）_ F_ ; G92 X（U）_ Z（W）_ R_ F_ ;	模态
G94		端面切削循环	G94 X（U）_ Z（W）_ F_ ; G94 X（U）_ Z（W）_ R_ F_ ;	模态
G96	02	恒线速度控制	G96 S_ ;	模态
▲ G97		取消恒线速度控制	G97 S_ ;	模态
G98	05	每分钟进给	G98 F_ ;	
▲ G99		每转进给	G99 F_ ;	模态

注：1. 标▲的为开机默认指令。

2. 00 组 G 代码都是非模态指令。

3. 不同组的 G 代码能够在同一程序段中指定。如果同一程序段中指定了同组 G 代码，则最后指定的 G 代码有效。

4. G 代码按组号显示，对于表中没有列出的功能指令，请参阅有关厂家的编程说明书。

附表 2　　FANUC 0i 数控铣床常用准备功能

G 代码	组别	说明	编程格式	备注
▲ G00		快速定位	G00 IP__ ;	模态
▲ G01		直线插补	G01 IP__ F__ ;	模态
G02	01	顺时针圆弧插补	G17 G02/G03 X__ Y__ R__ F__ ; G17 G02/G03 X__ Y__ I__ J__ F__ ; G18 G02/G03 X__ Z__ R__ F__ ;	模态
G03		逆时针圆弧插补	G18 G02/G03 X__ Z__ I__ K__ F__ ; G19 G02/G03 Y__ Z__ R__ F__ ; G19 G02/G03 Y__ Z__ J__ K__ F__ ;	模态
G04	00	程序暂停	G04 X__ ; G04 P__ ;	非模态
G09		准确停止	G09 G01/G02/G03 IP__ ;	非模态
▲ G15	17	极坐标指令取消	G15;	模态
G16		极坐标指令	G17 G16 X_P__ Y_P__ … ; G18 G16 Z_P__ Y_P__ … ; G19 G16 Y_P__ Z_P__ … ;	模态
▲ G17		*XY* 平面选择	G17;	模态
▲ G18	02	*ZX* 平面选择	G18;	模态
▲ G19		*YZ* 平面选择	G19;	模态
G20	06	英制（in）	G20;	模态
G21		公制（mm）	G21;	模态
G27		参考点返回检查	G27 IP__ ;	非模态
G28		返回参考点	G28 IP__ ;	非模态
G29	00	从参考点返回	G29 IP__ ;	非模态
G30		返回第 2、3、4 参考点	G30 IP__ ;	非模态
G31		跳步功能	G31 IP__ F__ ;	非模态
G33	01	螺纹切削	G33 IP__ F__ ; F 为导程	模态
▲ G40	07	刀具半径补偿取消	G40 G00/G01 X __ Y __; G40 G00/G01 X __ Z __; G40 G00/G01 Y __ Z __;	模态
G41		刀具半径左补偿	G17 G41 G00/G01 X__ Y__ D__ ; G18 G41 G00/G01 X__ Z__ D__ ; G19 G41 G00/G01 Y__ Z__ D__ ; D 为刀具偏置号	模态

续表

G 代码	组别	说明	编程格式	备注
G42	07	刀具半径右补偿	G17 G42 G00/G01 X__ Y__ D__； G18 G42 G00/G01 X__ Z__ D__； G19 G42 G00/G01 Y__ Z__ D__； D 为刀具偏置号	模态
G43	08	刀具长度正补偿	G17 G43 G00/G01 Z__ H__； G18 G43 G00/G01 Y__ H__； G19 G43 G00/G01 X__ H__； H 为刀具偏置号	模态
G44		刀具长度负补偿	G17 G44 G00/G01 Z__ H__； G18 G44 G00/G01 Y__ H__； G19 G44 G00/G01 X__ H__； H 为刀具偏置号	模态
G45	00	刀具偏置增加	G45 IP__ D__；D 为刀具偏置号	非模态
G46		刀具偏置减小	G46 IP__ D__；D 为刀具偏置号	非模态
G47		2 倍刀具偏置增加	G47 IP__ D__；D 为刀具偏置号	非模态
G48		2 倍刀具偏置减小	G48 IP__ D__；D 为刀具偏置号	非模态
▲ G49	08	刀具长度补偿取消	G49;	模态
▲ G50	11	比例缩放取消	G50;	模态
G51		比例缩放有效	G51 X__ Y__ Z__ P__； G51 X__ Y__ Z__ I__ J__ K__； X、Y、Z 为比例缩放中心坐标 P、I、J、K 为比例缩放倍率	模态
▲ G50.1	22	可编程镜像取消	G50.1;	模态
G51.1		可编程镜像有效	G51.1 IP__；	模态
G52	00	局部坐标系设置	G52 IP__；	非模态
G53		机床坐标系设置	G53 IP__；	非模态
▲ G54	14	第一工件坐标系设置	G54 IP__；	模态
G55		第二工件坐标系设置	G55 IP__；	模态
G56		第三工件坐标系设置	G56 IP__；	模态
G57		第四工件坐标系设置	G57 IP__；	模态
G58		第五工件坐标系设置	G58 IP__；	模态
G59		第六工件坐标系设置	G59 IP__；	模态

续表

G 代码	组别	说明	编程格式	备注
G73	09	高速深孔钻削循环	G73 X__ Y__ Z__ P__ Q__ R__ F__ K__;	模态
G74		攻左旋螺纹循环	G74 X__ Y__ Z__ P__ Q__ R__ F__ K__;	模态
G76		精镗循环	G76 X__ Y__ Z__ P__ Q__ R__ F__ K__;	模态
▲ G80		钻孔固定循环取消	G80;	模态
G81		普通钻孔循环	G81 X__ Y__ Z__ P__ Q__ R__ F__ K__;	模态
G82		钻孔、锪镗循环	G82 X__ Y__ Z__ P__ Q__ R__ F__ K__;	模态
G83		深孔钻削循环	G83 X__ Y__ Z__ P__ Q__ R__ F__ K__;	模态
G84		攻右旋螺纹循环	G84 X__ Y__ Z__ P__ Q__ R__ F__ K__;	模态
G85		铰孔、粗镗循环	G85 X__ Y__ Z__ P__ Q__ R__ F__ K__;	模态
G86		镗孔循环	G86 X__ Y__ Z__ P__ Q__ R__ F__ K__;	模态
G87	09	反镗孔循环	G87 X__ Y__ Z__ P__ Q__ R__ F__ K__;	模态
G88		镗孔循环	G88 X__ Y__ Z__ P__ Q__ R__ F__ K__;	模态
G89		铰孔、粗镗循环	G89 X__ Y__ Z__ P__ Q__ R__ F__ K__;	模态
▲ G90	03	绝对坐标编程	G90;	模态
▲ G91		增量坐标编程	G91;	模态
G92	00	设定工件坐标系或最大主轴速度钳制	G92 IP__;	非模态
G92.1		工件坐标系预置	G92.1 IP 0;	非模态
▲ G94	05	每分钟进给	G94 F__;	模态
G95		每转进给	G95 F__;	模态
G96	13	恒线速度控制	G96 S__;	模态
▲ G97		恒线速度控制取消	G97 S__;	模态
▲ G98	10	固定循环返回到初始点	G98;	模态
G99		固定循环返回到 *R* 点	G99;	模态

注：1. 标“▲”为开机默认指令。

2. IP__：绝对值编程时是终点的坐标值；增量值编程时是刀具移动的距离。